全国高等院校"十二五"规划教材

农业部兽医局推荐精品教材

姜国均 主编

新编

家畜内科病

【兽医及相关专业】

U0349783

中国农业科学技术出版社

图书在版编目（CIP）数据

新编家畜内科病／姜国均主编．—北京：中国农业科学技术出版社，
2012.7

ISBN 978 - 7 - 5116 - 0964 - 9

Ⅰ. ①新…　Ⅱ. ①姜…　Ⅲ. ①家畜 - 兽医学 - 内科学　Ⅳ. ①S856

中国版本图书馆 CIP 数据核字（2012）第 124795 号

责任编辑	闫庆健
责任校对	贾晓红

出 版 者	中国农业科学技术出版社
	北京市中关村南大街 12 号　邮编：100081
电　　话	(010)82106632(编辑室)(010)82109704(发行部)
	(010)82109709(读者服务部)
传　　真	(010) 82106632
网　　址	http://www.castp.cn
经 销 者	各地新华书店
印 刷 者	北京科信印刷有限公司
开　　本	787 mm×1 092 mm　1/16
印　　张	12.875
字　　数	316 千字
版　　次	2012 年 7 月第 1 版　2012 年 7 月第 1 次印刷
定　　价	25.00 元

《新编家畜内科病》编委会

主　　编　姜国均

副 主 编　邓华学　付志新　解跃雄

主　　审　刘宗平（扬州大学）

参 编 者（以姓氏笔画为序）

孔春梅（保定职业技术学院）

邓华学（重庆三峡职业学院）

付志新（河北科技师范学院）

利　凯（河北北方学院）

李前勇（西南大学）

杨慧萍（杨凌职业技术学院）

侯佐赢（云南省曲靖农业学校）

姜国均（河北农业大学）

赵爱华（江苏畜牧兽医职业技术学院）

郭红斌（河北农业大学）

解跃雄（山西农业大学）

序

中国是农业大国，同时又是畜牧业大国。改革开放以来，我国畜牧业取得了举世瞩目的成就，已连续20年以年均9.9%的速度增长，产值增长近5倍。特别是"十五"期间，我国畜牧业取得持续快速增长，畜产品质量逐步提升，畜牧业结构布局逐步优化，规模化水平显著提高。2005年，我国肉、蛋产量分别占世界总量的29.3%和44.5%，居世界第一位，奶产量占世界总量的4.6%，居世界第五位。肉、蛋、奶人均占有量分别达到59.2千克、22千克和21.9千克。畜牧业总产值突破1.3万亿元，占农业总产值的33.7%，其带动的饲料工业、畜产品加工、兽药等相关产业产值超过8 000亿元。畜牧业已成为农牧民增收的重要来源，建设现代农业的重要内容，农村经济发展的重要支柱，成为我国国民经济和社会发展的基础产业。

当前，我国正处于从传统畜牧业向现代畜牧业转变的过程中，面临着政府重视畜牧业发展、畜产品消费需求空间巨大和畜牧行业生产经营积极性不断提高等有利条件，为畜牧业发展提供了良好的内外部环境。但是，我国畜牧业发展也存在诸多不利因素。一是饲料原材料价格上涨和蛋白饲料短缺；二是畜牧业生产方式和生产水平落后；三是畜产品质量安全和卫生隐患严重；四是优良地方畜禽品种资源利用不合理；五是动物疫病防控形势严峻；六是环境与生态恶化对畜牧业发展的压力继续增加。

我国畜牧业发展要想改变以上不利条件，实现高产、优质、高效、生态、安全的可持续发展道路，必须全面落实科学发展观，加快畜牧业增长方式转变，优化结构，改善品质，提高效益，构建现代畜牧业产业体系，提高畜牧业综合生产能力，努力保障畜产品质量安全、公共卫生安全和生态环境安全。这不仅需要全国人民特别是广大畜牧科教工作者长期努力，不断加强科学研究与科技创新，不断提供强大的畜牧兽医理论与科技支撑，而且还需要培养一大批掌握新理论与新技术并不断将其推广应用的专业人才。

　　培养畜牧兽医专业人才需要一系列高质量的教材。作为高等教育学科建设的一项重要基础工作——教材的编写和出版，一直是教改的重点和热点之一。为了支持创新型国家建设，培养符合畜牧产业发展各个方面、各个层次所需的复合型人才，中国农业科学技术出版社积极组织全国范围内有较高学术水平和多年教学理论与实践经验的教师精心编写出版面向21世纪全国高等农林院校，反映现代畜牧兽医科技成就的畜牧兽医专业精品教材，并进行有益的探索和研究，其教材内容注重与时俱进，注重实际，注重创新，注重拾遗补缺，注重对学生能力、特别是农业职业技能的综合开发和培养，以满足其对知识学习和实践能力的迫切需要，以提高我国畜牧业从业人员的整体素质，切实改变畜牧业新技术难以顺利推广的现状。我衷心祝贺这些教材的出版发行，相信这些教材的出版，一定能够得到有关教育部门、农业院校领导、老师的肯定和学生的喜欢。也必将为提高我国畜牧业的自主创新能力和增强我国畜产品的国际竞争力作出积极有益的贡献。

国家首席兽医官

农业部兽医局局长

二〇〇七年六月八日

前　　言

　　家畜内科病是兽医专业的临床主干课程，是从事兽医临床工作者必学的课程。近年来，我国高等职业教育蓬勃发展，为现代化建设培养了大量第一线高素质、高技能型专业人才，已成为高等教育的重要组成部分。本教材的编写始终围绕高职高专教育的培养目标，本着培养畜牧业生产第一线需要的、具有必要的理论知识和较强实践能力的高级兽医专门人才的目的而编写。

　　随着规模化、集约化养殖业的深入发展，家畜的内科疾病也出现了新的特点，为保障畜牧业生产的健康发展，对家畜内科病的防治也将提出更高的要求。特别是加入 WTO 后，更迫切要求教学单位对传统的教学内容和教学方法进行深入的改革，能够培养出与国际畜牧业发展相适应的人才，因此对家畜内科病的教材也提出了新的挑战。

　　本教材以服务社会为宗旨，以适应养殖业生产的实际需要为目标，以阐明理论知识、强化应用为重点，充分体现应用性、实践性原则，力求反映国内外家畜内科病方面的新理论、新技术、新成果、新经验。在防治方面，本书适当增加了中药防治家畜内科病的内容，体现了中西兽医结合的治疗原则。另外，每章前附有知识目标和能力目标，每章后附有病例分析，既便于教学，又便于学生学习，培养学生分析和解决实际问题的能力。

　　本书承蒙扬州大学博士生导师刘宗平教授主审，河北农业大学中兽医学院的领导对本书的编写工作给予了大力支持，在此一并表示感谢。

　　由于编者水平有限，书中错误和不足之处在所难免，诚恳广大读者批评指正。

编　者
2007 年 12 月

目 录

第一章

消化系统疾病

知识目标：

◇ 掌握动物常见消化道疾病如反刍动物前胃疾病、单胃动物的胃肠炎、便秘、肠性腹痛等疾病的诊疗方法。

◇ 理解常见消化道疾病的概念、治疗原则。

◇ 了解常见消化道疾病的发病机制。

技能目标：

◇ 能应用所学知识，接近观察患病动物，临床检查有序，会正确的进行病例分析，正确配用输液剂和治疗药剂，对动物常见消化道疾病进行诊断和防治。

◇ 能测定动物的体温、呼吸、脉搏等生理指标，能测定瘤胃液的纤毛虫活性及生化指标。

◇ 能使用听诊器、叩诊器、穿刺针、胃导管、灌肠器等常规器械对患病动物实施检查和治疗。

第一节　口、咽、食管疾病

一、口炎

口炎是口腔黏膜炎症的总称，包括齿龈炎、腭炎和舌炎等。临床上以采食、咀嚼障碍，流涎为特征。口炎类型较多，按其炎症性质可分为卡他性口炎、水疱性口炎、溃疡性口炎、脓疱性口炎、中毒性口炎和鹅口疮性口炎等，其中以卡他性、水疱性和溃疡性口炎较为常见。本病各种动物都可发生，牛、犬、马最为常见。

【病因】病因可分非传染性和传染性两类。非传染性病因主要包括机械性、温热性、化学性损伤以及某些营养如核黄素、抗坏血酸、烟酸、锌等缺乏；传染性口炎多继发于口蹄疫、坏死杆菌病、传染性水疱性口炎、牛恶性卡他热、牛流行热、蓝舌病、猪瘟等特异病原性疾病。不同性质的口炎，引起的原因有所不同。

1. 卡他性口炎　即口腔黏膜表层的卡他性炎症，是一种单纯性或红斑性口炎。多因机械性的、物理性的、化学性的或有毒物质以及传染性因素的刺激、侵害和影响所致。如带有芒刺的坚硬饲料、骨刺、铁丝或碎玻璃等各种尖锐异物以及口衔、开口器乃至锐齿的直接损伤；或因吐酒石、石炭酸、升汞、铵盐等化学性物质以及毛茛、毒芹、芥子等有毒物质的刺激；或因采食过热饲料、灌服过热的药液烫伤等引起。

2. 水疱性口炎　是一种以口黏膜上生成充满透明浆液水疱为特征的炎症。主要是因为饲养不当,采食了带有锈病或黑穗病菌的霉败饲料、发芽的马铃薯、毛滴虫的细毛以及细菌、病毒的感染所致。

3. 溃疡性口炎 是一种以口黏膜糜烂、坏死为特征的炎症。主要是口腔不洁,被细菌或病毒感染所致;或见于维生素 A 缺乏症、急性胃卡他、肝炎、血斑病、犬瘟热、钩端螺旋体病等的病程中。

【症状】患各种类型口炎的动物,都具有采食、咀嚼缓慢甚至不敢咀嚼,拒食粗硬饲料,常吐出混有黏液的草团;流涎,口角附着白色泡沫;口黏膜潮红、肿胀、疼痛、口温增高等共同症状。不同类型的口炎,临床症状有所不同。

1. 卡他性口炎 各种动物都可发生,牛最常见。口黏膜弥漫性或斑点状潮红,硬腭肿胀。唇黏膜的黏液腺阻塞时,散在小结节和烂斑。舌面上有灰白色或草绿色舌苔。牛因丝状乳突上皮增殖,舌面粗糙,呈白色或黄色。

2. 水疱性口炎 常见于牛、仔猪和家兔。唇的内面、硬腭、口角、颊、舌缘和舌尖以及齿龈有粟粒大乃至蚕豆大的透明水疱,3～4d 后破溃,形成鲜红色烂斑。体温间或轻微升高。口腔疼痛,食欲减退,5～6d 后痊愈。

3. 溃疡性口炎 多发于肉食动物,犬最常见。表现为门齿和犬齿的齿龈部分肿胀,呈暗红色或紫红色,容易出血。1～2d 后,病变部位变为淡黄色或黄绿色糊状脂样的坏死、糜烂。炎症常蔓延至口腔其他部位,导致溃疡、坏死甚至颌骨外露,散发出腐败臭味;流涎,混有血丝带恶臭。

【诊断】原发性口炎,根据病史及口黏膜炎症变化,可作出诊断。但唾液腺炎、咽炎、食管炎、有机磷农药中毒、亚硝酸盐中毒等也有流涎和采食障碍现象,应注意鉴别诊断。此外还应注意与下列传染性疾病进行鉴别。

1. 牛、马传染性水疱性口炎 是病毒性疾病,口黏膜发生水疱。呈地方性流行,蹄部也有水疱形成。

2. 猪水疱疹 病毒性疾病,只有猪易感。表现体温升高,精神沉郁,舌、颊、唇、硬腭以及口角和蹄部发生水疱,呈地方性流行。

3. 口蹄疫 发生于偶蹄动物,由病毒引起。常见口黏膜、舌背和蹄爪间发生水疱,大量流涎、咂嘴、高热、食欲不振,迅速传播和蔓延。

4. 牛恶性卡他热 是一种散发的病毒性传染病。表现高热稽留、全身水肿、淋巴结肿大,全身症状明显,伴发口炎。

【治疗】

1. 治疗原则 消除病因,采取净化口腔、收敛、消炎等治疗措施,加强护理,促进康复。

2. 治疗措施 消除病因,如摘除刺入口腔黏膜中的异物,剪断并锉平过长齿等。

净化口腔、收敛、消炎。可用1%食盐水或2%～3%硼酸水溶液冲洗口腔,每天3～4次;口腔有恶臭,宜用 0.1%高锰酸钾溶液冲洗;不断流涎时,则用1%明矾水溶液或鞣酸溶液洗涤口腔;溃疡性口炎或真菌性口炎,病变部可用硝酸银溶液腐蚀,然后用生理盐水充分洗涤。冲洗后用碘甘油(5%碘酊 1 份、甘油 9 份)涂布患部,亦可用 2%硫酸铜溶液、2%硼酸钠甘油混悬液、1%磺胺甘油混悬液涂于患部。并肌肉注射核黄素和维生素 C。大动物重剧性口炎,可用磺胺类药物加明矾装入布袋衔在口内,饲喂时取出,每天换一次。若全身症状明显，应酌情选用抗生素，如磺胺类药物或喹诺酮类药物等进行全身治疗。

改善饲养管理，草食动物给予优质青干草，营养丰富的青绿饲料或块根饲料；肉食动物可给予牛奶、肉汤、稀粥、鸡蛋等。注意畜舍卫生，防止受寒感冒和继发感染，以增进治疗效果。

3. 中药治疗 中兽医称口炎为口舌生疮，治宜清热解毒、利咽止痛。方用青黛散：青黛15g，黄连10g，黄柏10g，薄荷5g，桔梗10g，儿茶10g，研为细末，装入布袋内，湿水后给病畜衔于口中，饲喂时取下，每天换一次。

4. 针灸 血针刺通关、玉堂、颈脉等穴。

5. 验方

《牛经切要》方：朴硝、白矾各等份，研末，涂舌上，适用于舌体肿胀而无糜烂者。

《牛经切要》方：黄柏、儿茶、枯矾，共研末涂于舌上，适用于舌体糜烂者。

硼砂15g，石膏15g，元明粉15g，共研末，吹入口内，每日数次。

【预防】搞好经常性饲养管理，合理调配饲料，防止尖锐异物、刺激性化学物质或有毒植物混于饲料中；不饲喂发霉变质的饲草、饲料；服用带刺激性或腐蚀性药物时，一定按要求使用；正确使用开口器；定期检查口腔，牙齿不齐时应及时修整。

二、咽炎

咽炎是咽黏膜及其邻近部位炎症的总称。因软腭、扁桃体、咽淋巴滤泡及其深层组织发生炎性变化，故亦称咽峡炎或扁桃体炎。临床上以咽部肿痛，头颈伸展，转动不灵活，触诊咽部敏感，吞咽障碍和口鼻流涎为特征。按炎症性质可分为卡他性咽炎、格鲁布性咽炎、蜂窝织性咽炎和化脓性咽炎等；按病程可分为急性和慢性咽炎。本病多发于马和猪，牛和犬有时也发生，其他动物较少发生。

【病因】

1. 原发性咽炎

（1）机械的、化学的或温热的刺激：多见于饲料中的芒刺、异物等机械性刺激；饲料与饮水过冷或过热的温热性刺激；化学性刺激，如氨水、甲醛、硝酸银、吐酒石以及强酸、强碱等应用不当，致使咽黏膜受到刺激和损伤；或因受到强烈的烟熏，乃至吸入了芥子气、光气、双光气等毒剂，都是诱发急性咽炎的原因。

（2）受寒、感冒和过劳：是咽炎的主要病因。当动物突然受到寒风、冷雨的侵袭，或因过劳又被雨淋，发生感冒，机体抵抗力降低，防卫机能减弱，极易受到条件致病菌（如链球菌、葡萄球菌、坏死杆菌、巴氏杆菌、沙门氏杆菌、大肠杆菌等）的侵害，导致咽炎的发生，特别是早春晚秋，气候骤变，车船长途运输，过度疲劳，更容易引起咽黏膜的炎症。

2. 继发性咽炎 常伴随于邻近器官的炎性疾病如口炎、鼻炎、喉炎、食管炎等，继发于马腺疫、流感、血斑病、炭疽、猪瘟、犬瘟热、结核、鼻疽、牛恶性卡他热、牛羊的出血性败血症、口蹄疫、狂犬病等传染病。

【症状】原发性卡他性咽炎，病情发展缓慢，最初不引人注意，经3～4d后，临床症状逐渐明显。继发于传染病的咽炎，特别是蜂窝织炎性咽炎，通常突然发生，具有高热，精神沉郁，心脏衰弱，呼吸困难等特点。一般病例，常见下列症状：

采食、咀嚼缓慢，咽下障碍 摄取到口内的饲料形成食团后，即伸展头颈，小心吞咽或随口吐出。离开饲槽，不愿采食，呆然凝立，神情忧郁。其后病情加剧，采食咀嚼的食糜和饮水往往从两鼻孔逆出。

流涎 唾液腺受到炎性反射性刺激，大量分泌，黏液腺的分泌物也增多，并因咽下困难，大量唾液和黏液由口角缕缕流下，或蓄积在口腔内，当低头或开口检查时，突然流出。

流鼻液 在炎症发展中，由于咽黏膜炎性渗出物增多，或因咽黏膜受到炎症影响，则有大量炎性渗出物由鼻孔流出，有时为一侧性的，有时两侧并流，其中混有食糜和唾液。流出的鼻液在吃干草时带黄色，吃青草时带绿色。格鲁布性咽炎鼻液中混有白色假膜。鼻端污秽不洁，鼻黏膜充血。

咳嗽 由于咽在上，喉在下，因而患咽炎的动物多伴发喉炎，当患病动物吞咽时常常咳嗽。咳嗽音多为湿性，并有疼痛表现，同时咳出食糜和黏液。重剧病例呼吸促迫，伴有喘鸣声。咽部听诊伴有啰音。

局部变化 一般病例，局部无明显变化，重剧性咽炎，咽部周围组织发生炎性浸润，呈现浮肿。大动物用食道镜检查，会厌及鼻咽侧壁黏膜潮红，附着黏液或脓性分泌物。外部触诊，有热、痛表现，甚至引起痛咳，颌下淋巴结略显肿胀。

全身症状 患蜂窝织炎性咽炎时全身症状更为明显。患病动物体温上升至 40～41℃，心悸，马脉搏数可增至 60～70 次/min，精神沉郁，倦怠无力，头颈伸直，呼吸促迫。实验室检查白细胞数增多，嗜中性白细胞显著增加，嗜酸性白细胞和淋巴细胞减少。

慢性咽炎，全身症状不明显，病情发展缓慢，咽部触诊疼痛反应不明显。

【诊断】动物患咽炎时，头颈伸展、流涎、吞咽障碍、食糜和饮水从鼻孔逆出，特征明显，诊断并不困难，但应注意与下列疾病鉴别。

1. 咽腔内异物 多突然发病，吞咽困难，常见于牛和犬。可进行咽腔检查或 X 射线透视。

2. 咽腔内肿瘤 咽部无炎性变化，触诊无疼痛现象，病程缓慢，经久不愈。

3. 腮腺炎 多发于一侧，局部肿胀明显，头向健侧倾斜，咽部触诊无疼痛反应，也无食糜从鼻孔逆出和流鼻液现象。

4. 喉卡他 患病动物咳嗽、流鼻液，咽下无异常。马喉囊卡他，多发于一侧，局部肿胀，触诊时于同侧流出鼻液，无流涎和疼痛表现。

5. 食管阻塞 咽下障碍明显，但是咽部无异常，牛羊易继发瘤胃臌气。

【治疗】

1. 治疗原则 加强护理，清咽利喉，抗菌消炎，对症治疗，以促进康复过程。

2. 护理措施 不要饲喂粗硬饲料，草食动物给予青草、优质青干草、多汁易消化饲料和麸皮粥；肉食动物和杂食动物可喂给米粥、牛奶、肉汤、鸡蛋等，并给予充足饮水。对于咽痛拒食的动物，应及时补糖输液，种畜或珍稀动物还可静脉输给氨基酸。同时，注意改进畜舍环境卫生，保持圈舍清洁、通风、干燥。对于疑似传染病的患畜，应进行隔离观察。治疗时，禁止经口投药，防止误咽。

3. 西药治疗

（1）抗菌消炎：青霉素为首选抗生素，也可用磺胺类药物或其他抗生素，如土霉素、强力霉素、链霉素、庆大霉素、头孢菌素等。并适时应用解热止痛剂，如水杨酸钠或安乃近、氨基吡啉。同时，可酌情使用肾上腺皮质激素，如地塞米松等。

（2）局部处理：病初咽喉部先冷敷，后热敷，每日 3 ~ 4 次，每次 20 ~ 30min。也可涂抹樟脑酒精或鱼石脂软膏、止痛消炎膏，或用复方醋酸铅散（醋酸铅 10g，明矾 5g，薄荷脑 1g，白陶土 80g）做成膏剂外敷。同时，用复方新诺明 10 ~ 15g，碳酸氢钠 10g，碘喉片（或杜灭芬喉片）10 ~ 15g，研磨混合后装于布袋，衔于患病动物口内。小动物可用碘甘油涂布咽黏膜或用碘片 0.6g，碘化钾 1.2g，薄荷油 0.25ml，甘油 30ml，制成搽剂，直接涂抹于咽黏膜。

（3）非特异性疗法：牛、猪咽炎，可用异种动物血清，牛 20 ~ 30ml，猪 5 ~ 10ml，或用脱脂乳亦可，皮下或肌肉注射。

（4）封闭疗法：用 0.25% 普鲁卡因注射液（牛、马 50ml，猪、羊 20ml）稀释青霉素（牛、马 240 万 ~ 320 万 IU，猪、羊 40 万 ~ 80 万 IU），进行咽喉部封闭。

4. 中药治疗 中兽医称咽炎为内颡黄，治宜清热解毒，利咽止痛。可口噙青黛散（见口炎）。

5. 验方

六神丸（中成药）100 ~ 200 丸，凉水冲服，或研细末吹入咽喉内。

杏仁 10g、白矾 15g，共为细末，开水冲调，候温，猪（20 ~ 25kg）一次灌服。

射干 60g，薄荷 15g，共为细末，开水冲调，候温灌服。

【预防】着重搞好平时的饲养管理工作，注意饲料的质量和调制，避免饲喂霉败、冰冻的饲料；搞好环境卫生，保持圈舍的清洁和干燥；防止动物受寒感冒、过劳，增强机体的防卫机能；对于咽部邻近器官的炎症应及时治疗，防止炎症蔓延；应用诊断与治疗器械如胃管、投药管等时，操作应细心和规范，避免损伤咽黏膜，以防本病的发生。

三、食管阻塞

食管阻塞，俗称"草噎"，是由于吞咽的食物或异物过于粗大或咽下机能障碍，导致食管梗阻的一种食管疾病。常引起动物吞咽障碍和苦闷不安的现象。按阻塞程度分为完全阻塞与不完全阻塞；按阻塞部位分为颈部食管阻塞、胸部食管阻塞和腹部食管阻塞。本病常见于牛、马、猪和犬，羊偶尔发生。

【病因】

1. 原发性食管阻塞 不同种类的动物，其发病原因差异较大。

牛 主要是采食了未切碎的萝卜、甘蓝、芜菁、甘薯、马铃薯、甜菜、苹果、西瓜皮、玉米穗、大块豆饼、花生饼等时，因咀嚼不充分，吞咽过急而引起。此外还由于误咽毛巾、破布、塑料薄膜、毛线球、木片或胎衣而发病。

马 多因车船运输、长途赶运，过于饥饿，当饲喂时，采食过急或贪食，摄取大口草料（如谷物和糠麸），咀嚼不全，唾液混合不充分，匆忙吞咽，而阻塞于食管中；或因过于兴奋，或因过度疲劳，咀嚼、吞咽不正常，在采食草料、小块豆饼、胡萝卜等时，引起阻塞；或因突然受到惊吓，匆忙吞咽而引起。亦有因全身麻醉后，食管神经功能尚未完全恢复即采食，从而导致阻塞。

猪和羊 多因抢食甘薯、萝卜、马铃薯块、未拌湿均匀的粉料，咀嚼不充分就忙于吞咽而引起。猪采食混有骨头、鱼刺的饲料，亦常发生食管阻塞。

犬 多见于群犬争食软骨、骨头和不易嚼烂的肌腱而引起，或因贪食匆忙吞咽而引起。幼犬常因嬉戏，误咽瓶塞、煤块、小石子等异物而发病。

2. 继发性食管阻塞 常继发于食管狭窄或食管憩室、食管麻痹、食管炎等疾病。也有由于中枢神经兴奋性增高，发生食管痉挛，采食中引起食管阻塞。

【症状】食管阻塞，通常是采食中突然发病，停止采食，精神紧张，躁动不安，头颈伸展，张口伸舌，呈现吞咽动作，大量流涎，甚至从鼻孔逆出。因食道和颈部肌肉收缩，可引起反射性咳嗽，呼吸急促。这种症状虽可暂时缓和，但仍可反复发作。

由于阻塞物的性状及其阻塞部位的不同，临床症状也有所区别。一般来说，完全阻塞时，采食、饮水完全停止，表现空嚼。颈部食管阻塞时，外部触诊可感阻塞物；胸部食管阻塞时，在阻塞部位上方的食管内积满唾液，触诊能感到波动并引起哽噎运动。用胃导管进行探诊，当触及阻塞物时感到阻力，不能推进。不同家畜食管阻塞特点如下：

牛和羊 不能进行嗳气和反刍，迅速发生瘤胃臌气、流涎和呼吸困难。不完全阻塞时，无流涎现象，尚能饮水，无瘤胃臌气现象。

猪 多半离群，垂头站立而不卧地，张口流涎，往往出现吞咽动作。时而企图饮水、采食，但饮进的水立即逆出口腔。

犬 流涎、干呕和咽下困难。完全性食管阻塞的病犬采食或饮水后，出现食物返流。不完全性食管阻塞时，液体和流质食物可通过食管进入胃，但往往进食或饮水后立即吐出。

马 病马不安，前肢刨地，时卧时起，张口缩颈，干呕，大量流涎，饲料与唾液从鼻孔逆出，咳嗽。约1h以后，强迫或痉挛性吞咽的频率减少，患畜变得安静。

【诊断】根据突然发生吞咽困难的病史和大量流涎、瘤胃臌气等症状，结合食管外部触诊，胃管探诊或用X射线透视等可以获得正确诊断。但应注意与胃扩张、食管痉挛、食管狭窄以及咽炎等进行鉴别。

1. 胃扩张 具有呼吸困难，甚至呕吐现象。唯其呕吐物酸臭，呈酸性反应，疝痛症状剧烈。而本病从口鼻逆出物不具酸味，呈碱性反应，并无肚腹疼痛现象。

2. 食管痉挛 与本病的临床症状颇为相似，乍然观之，不易鉴别。其所不同者，应用水合氯醛、硫酸镁等解痉剂，或用胃管探诊结果不同。

3. 食管狭窄 病情发展缓慢，食物吞咽障碍，并常常呈现食管阻塞假象，但饮水和液体饲料可以咽下。

4. 咽炎 患病动物头颈伸直、流涎、吞咽障碍等与本病很相似。但其咽部具有炎性症状，疼痛明显。

【治疗】

1. 治疗原则 疏通食管，消除炎症，加强护理和预防并发症的发生。

2. 治疗措施 咽后食管起始部阻塞，大动物装上开口器，用器械或手伸入取出阻塞物即可康复，但颈部和胸部的食管阻塞，则应根据阻塞物的形状及其阻塞的程度，采取必要的治疗措施。

（1）疏导法：当确诊食管阻塞时，牛、马可用水合氯醛 10 ~ 25g，配成2%溶液灌肠，或者静脉注射5%水合氯醛酒精注射液 100 ~ 200ml；也可皮下或肌注30%安乃近 20 ~ 30ml；此外尚可应用阿托品、山莨菪碱、甲苯噻嗪等药物。然后用植物油（或液体石蜡）50 ~ 100ml，1%普鲁卡因溶液 10ml，灌入食管内，再插入胃管将阻塞物徐徐向胃内疏导。

（2）打气法：应用疏导法经 1～2h 后不见效时，可先插入胃管，装上胶皮球，吸出食管内的唾液和食糜，灌入少量植物油或温水。将病畜保定好后，把打气管接在胃管上，颈部勒上绳子以防气体回流，使患病动物的头尽量降低，然后适量打气，并趁势推动胃管，将阻塞物推入胃内。但不能打气过多和推送过猛，以免食管破裂。

（3）打水法：当阻塞物是颗粒状或粉状饲料时，可插入胃管，用清水反复泵吸或虹吸，以便把阻塞物溶化、洗出，或者将阻塞物冲下。

（4）挤压法：牛、马采食马铃薯、甘薯、胡萝卜等块根饲料，颈部食管发生阻塞时，可参照疏导法，先灌入少量解痉剂，再将患病动物横卧保定，控制其头部和前肢，用平板或砖垫在颈部食管阻塞部位，然后以手掌抵住阻塞物的下端，朝向咽部挤压到口腔，以排出阻塞物。

（5）药物疗法：先向食管内灌入植物油（或液体石蜡）100～200ml，然后皮下注射 3% 盐酸毛果芸香碱 3ml，促进食管肌肉收缩和分泌，经 3～4h 可奏效。猪可皮下注射藜芦碱（0.02～0.03g）或盐酸阿朴吗啡（0.05g），促使阻塞物向外呕出。

（6）手术疗法：采取上述方法仍不见效时，立即施行手术疗法。采用食管切开术，或开腹按压法治疗。

3. 中兽医疗法

（1）急骤通噎法：急骤通噎法是中兽医治疗食管阻塞的传统方法，主要用于治疗马的食管阻塞。其方法是将病畜缰绳系在左前肢系凹部，使头尽量低下，然后驱赶病畜前进或上下坡，往返运动 20～30min，借助颈部肌肉收缩，促使阻塞物纳入胃内。

（2）芸苔散吹鼻法：食管内灌入少量植物油，鼻吹芸苔散（芸苔子、瓜蒂、胡椒、皂角各等份，麝香少许，研为细末）。此法结合通噎法能互增其效果。

4. 验方 黄酒治疗棉籽饼食道阻塞。当因棉籽饼阻塞食道时，可用黄酒 250～500ml，每隔 2～3h 投服 1 次，可连续数次。

【预防】加强饲养管理，定时饲喂，防止饥饿；过于饥饿的牛、马，应先喂草，后喂料，少喂勤添；饲喂块根、块茎饲料时，应切碎后再喂；豆饼、花生饼等饼粕类饲料，应经水泡制后，按量给予，防止暴食；注意饲料保管，堆放马铃薯、甘薯、萝卜、苹果、梨的地方，不能让牛、马、猪等家畜通过或放牧，防止骤然采食；全身麻醉手术后，在食管机能尚未完全恢复前，更应注意护理，以防食管阻塞的发生。

第二节 反刍动物胃肠疾病

一、前胃弛缓

前胃弛缓是由各种原因导致的前胃神经兴奋性降低，肌肉收缩力减弱，瘤胃内容物运转缓慢，微生物区系失调，因而产生大量发酵和腐败的有毒物质，引起消化障碍，食欲、反刍减退，以致全身机能紊乱的一种疾病。临床主要表现为食欲减少，前胃蠕动减弱或停止，缺乏反刍和嗳气等。本病是反刍动物的一种多发病，主要发生于牛和羊，奶牛和肉牛都有发生，对牛的健康影响很大。

【病因】前胃弛缓的病因比较复杂，一般分为原发性和继发性两种。

1. 原发性前胃弛缓 亦称单纯性消化不良，发病原因与饲养管理和自然气候的变化关系密切。

（1）饲料过于单纯：长期饲喂粗纤维多，营养成分少的稻草、麦秸、甘薯蔓、花生秧等饲草，消化机能陷于单调和贫乏，一旦变换饲料，即引起消化不良。

（2）草料质量低劣：当饲草饲料缺乏时，利用野生杂草、作物秸秆以及棉秸、小杂树枝等饲喂牛羊，由于纤维粗硬，刺激过强，难以消化，常常导致前胃弛缓。

（3）饲料变质：受过热的青饲料，冻结的块根，变质的青贮，霉败的酒糟、豆渣、粉渣，以及豆饼、花生饼、棉籽饼等糟粕，都易导致消化障碍而发生本病。

（4）矿物质和维生素缺乏：严冬早春，水冷草枯，或饲料日粮配合不当，矿物质和维生素缺乏，特别是缺钙，引起低血钙症，影响到神经体液调节机能，是前胃弛缓的主要发病因素之一。

（5）饲养失宜：特别是耕牛无一定的饲养标准，不按时饲喂，饥饱无常；或因精料过多，饲草不足，影响消化功能；或于农忙季节耕牛加喂豆谷精料；奶牛或因突然变换新收的大麦、小麦、燕麦等谷物或优良青贮，任其采食，都易扰乱其消化过程，从而引起本病的发生。

（6）管理不当：牛舍阴暗潮湿，过于拥挤，不通风，环境卫生不良；耕牛犁田耙地，劳役过度；或因冬季休闲，运动不足；缺乏日光照射，神经反射性降低，消化道陷于弛缓，也易导致本病的发生。

（7）应激反应：在家畜中，特别是奶牛、奶山羊，由于受到饲养管理方法突然改变，严寒、酷暑、饥饿、疲劳、断乳、离群、恐惧、感染与中毒等诸多因素的刺激，手术、创伤、剧烈疼痛的影响等，都可能引起复杂的应激反应，发生前胃弛缓现象。

2. 继发性前胃弛缓 通常为其他疾病在临床上呈现消化不良的一种综合征，病情较为复杂。

在其他消化器官疾病中，常见于创伤性网胃腹膜炎，迷走神经胸支和腹支受损害，胸腔脏器粘连，瘤胃积食，瓣胃阻塞以及皱胃溃疡、阻塞或变位和肝脏疾病等都伴发消化障碍，发生前胃弛缓。

在口炎、舌炎、齿病等经过中，咀嚼障碍，影响消化功能；或因肠道疾病、腹膜炎以及外产科疾病反射性抑制消化功能，引起继发性前胃迟缓。

某些营养代谢疾病，如牛骨软症、生产瘫痪、酮血症，或牛产后血红蛋白尿病以及某些中毒性疾病等，都常出现消化功能紊乱而伴发前胃弛缓。

在牛肺疫、牛流行热等急性传染病，结核、布氏杆菌病、前后盘吸虫病、肝片吸虫病、细颈囊尾蚴等慢性体质消耗性疾病以及血孢子虫病和锥虫病等侵袭病，都通常呈现消化不良综合征。

此外，治疗用药不当，长期大量的应用磺胺类和抗生素制剂，瘤胃内菌群共生关系遭到破坏，因而发生消化不良，呈现前胃迟缓。

【发病机制】 前胃弛缓的发生，虽然与饲料、饲养、管理、使役以及自然条件、生活环境的变化等因素有着直接的关系，但是由于上述致病因素的作用，引起中枢神经系统和植物性神经系统的机能紊乱，导致消化不良，则是前胃弛缓的主要病理因素。因为迷走神经所支配的神经兴奋与分泌的偶联作用及肌肉兴奋与收缩的偶联作用，都是通过迷走神经胆碱能纤维释放乙酰胆碱来实现的。特别是当钙水平降低或受到各种应激因素影响时，乙酰胆碱释放减少，神经-体液调节功能减退，从而导致了前胃弛缓发生和发展的病理过程。

由于前胃弛缓，收缩力减弱，致使瘤胃内容物得不到充分的搅拌，也就造成其内各种微生物活动的不平衡。由于某些微生物大量繁殖，瘤胃内容物异常分解，产生大量的有机酸（乙酸、丙酸、丁酸、乳酸等）和气体（CO_2、CH_4等），pH值下降，瘤胃内微生物区系、共生关系遭到破坏，纤毛虫的活力减弱或消失，毒性强的微生物异常增殖，产生多量的有毒物质和毒素，消化道反射活动受到抑制，食欲减退或废绝，反刍减弱或停止。前胃内容物不能正常运转与排出，瓣胃内容物停滞，消化机能更加紊乱，并因蛋白质腐败分解，形成酰胺、胺，包括组胺等有毒物质，导致前胃变应性反应而陷于进一步的弛缓状态。随着疾病的发展，前胃内容物异常腐败和酵解的毒素增多，肝脏受到损害，解毒机能降低，发生自体中毒。并因肝糖元异生作用旺盛，形成大量酸性产物，引起酸中毒或轻度的酮血症，同时由于有毒物质的强烈刺激，引起前胃炎、皱胃炎、肠炎和腹膜炎，肠道渗透性增强，发生脱水现象，病情急剧恶化，甚至死亡。

【症状】前胃弛缓按其病情发展过程，可分为急性和慢性两种类型。

急性型 多表现为急性消化不良。患病动物食欲减退或废绝，反刍无力、次数减少，时而嗳气并带酸臭味；奶牛和奶山羊泌乳量下降；体温、呼吸、脉搏一般无明显异常。瘤胃蠕动音减弱，蠕动次数减少，有的虽然蠕动次数不减少，但蠕动音减弱、每次蠕动的持续时间缩短；瓣胃蠕动音微弱。触诊瘤胃，其内容物黏硬或呈粥状。病初粪便变化不大，随后粪便变为干硬、色暗、被覆黏液。如果病程延长伴发前胃炎或酸中毒时，病情急剧恶化，表现呻吟，磨牙，食欲废绝，反刍停止，排棕褐色糊状粪便，气味恶臭；精神沉郁，皮温不整，体温下降，脉率增快，呼吸困难，黏膜发绀，鼻镜干燥，眼窝凹陷。

慢性型 通常由急性型前胃弛缓转变而来或由继发性因素所引起。多数病例食欲异常，有时正常，有时减退或废绝；常常虚嚼、磨牙，发生异嗜，舔砖、吃土或采食被粪尿污染的褥草、污物；反刍不规则，短促、无力或停止；嗳气减少、嗳出的气体带臭味。病情弛张，时而好转，时而恶化，水草迟细，日渐消瘦；被毛干枯、无光泽，皮肤干燥、弹性减退；精神不振，体质虚弱。瘤胃蠕动音减弱或消失，内容物黏硬或稀软，瘤胃轻度臌气；多数病例，网胃与瓣胃蠕动音微弱。腹部听诊，肠蠕动音微弱。便秘，粪便干硬、呈暗褐色，附有黏液；有时腹泻，粪便呈糊状，腥臭，或者腹泻与便秘互相交替。病程长而严重者，呈现贫血与衰竭，甚至死亡。

【诊断】本病的诊断通常根据发病原因，临床症状即食欲、反刍异常，消化机能障碍等进行分析和判定。

实验室通过检测瘤胃内容物性质的变化，可作为诊断和治疗的依据。瘤胃液pH值正常为6.5~7.0，前胃弛缓时，pH值下降至5.5或更低。也有少数病例pH值升至8.0或更高。随着瘤胃液pH值的消长变化，直接影响到其中纤毛虫的存活率和菌群共生关系。正常的瘤胃内容物每毫升内纤毛虫数平均约为100万个，在本病的发展过程中，纤毛虫存活率显著降低，数量减少至7.0万/ml左右，有的甚至消失。瘤胃内微生物活性也随之下降。葡萄糖发酵实验，糖发酵能力降低，60min时，产气低于1ml甚至产生的气体仅有0.5ml（正常牛、羊60min时，产气1~2ml）；瘤胃沉淀物活性实验，其中微粒物质漂浮的时间延长（正常为3~9min）；纤维素消化实验，用系有小金属重物的棉线悬于瘤胃液中进行厌气温浴，棉线被消化断离的时间超过60h（正常为50h左右），提示为前胃弛缓。

由于前胃弛缓的临床症状与下列疾病容易混淆，故应注意鉴别诊断。

1. 酮血症 主要发生于产犊后1~2月内的奶牛，尿中酮体明显增多，呼出气带酮味。

2. 创伤性网胃炎 泌乳量下降，姿势异常，体温中度升高，网胃区触诊有疼痛反应。

3. 迷走神经性消化不良（迷走神经受损引起） 无发热症状，瘤胃蠕动减弱或增强，肚腹臌胀。

4. 皱胃变位 奶牛多发，通常于分娩后突然发生，左腹胁下可听到特殊的金属音。

5. 瘤胃积食 多因过食，瘤胃内容物充满、坚硬，腹部膨大，瘤胃扩张。

【治疗】

1. 治疗原则 改善饲养管理，除去病因，增强和恢复瘤胃蠕动机能，调整与改善瘤胃内生物学环境，制止腐败发酵，防止脱水与自体中毒。

2. 治疗措施

（1）保守疗法：原发性前胃迟缓，病初绝食1~2d（但给予充足的清洁饮水），再饲喂适量富有营养且易消化的青草或优质干草。轻症病例可在1~2d内自愈。

（2）清理胃肠、制止腐败发酵：为了促进胃肠内容物的运转与排出，可用硫酸钠（或硫酸镁）300~500g，鱼石脂20g，酒精50ml，温水6 000~10 000ml，一次内服，或用液体石蜡1 000~3 000ml、苦味酊20~30ml，一次内服。对于采食多量精饲料而症状又比较重的病牛，可采用洗胃的方法，排出瘤胃内容物；洗胃后应向瘤胃内接种纤毛虫。重症病例应先强心、补液，再洗胃。

（3）增强和恢复瘤胃蠕动机能：应用"促反刍液"（5%葡萄糖生理盐水注射液500~1 000ml，10%氯化钠注射液100~200ml，5%氯化钙注射液200~300ml，20%苯甲酸钠咖啡因注射液10ml），一次静脉注射；并肌肉注射维生素B_1注射液。因过敏性因素或应激反应所致的前胃弛缓，在应用"促反刍液"的同时，肌肉注射2%盐酸苯海拉明注射液10ml。酒石酸锑钾（吐酒石），宜用小剂量，牛每次2~4g，加水1 000~2 000ml内服，每日1次，连用3次。此外还可皮下注射氨甲酰胆碱，牛1~2mg，羊0.25~0.5mg；新斯的明，牛10~20mg，羊2~5mg；毛果芸香碱，牛30~100mg，羊5~10mg。但对于病情重剧，心脏衰弱，老龄和妊娠母牛则禁止应用，以防虚脱和流产。

（4）调整与改善瘤胃内生物学环境：应用缓冲剂，调节瘤胃内容物pH值，恢复微生物区系的活性及其共生关系。通过测定瘤胃内容物的pH值，然后再选用缓冲剂。当瘤胃内容物pH值降低时，宜用氢氧化镁（或氢氧化铝）200~300g，碳酸氢钠50g，常水适量，牛一次内服；也可应用碳酸盐缓冲剂：碳酸钠50g，碳酸氢钠350~420g，氯化钠100g，氯化钾100~140g，常水10L，牛一次内服，每日1次，可连用数次。当瘤胃内容物pH偏高时，宜用稀醋酸（牛30~100ml，羊5~10ml）或常醋（牛500~1 000ml，羊50~100ml），加常水适量，一次内服，具有较好疗效。必要时，给病牛投服从健康牛口中取得的反刍食团或灌服健康牛瘤胃液4~8L，进行接种，效果亦非常显著。

（5）防止脱水和自体中毒：晚期病例，当病畜呈现轻度脱水和自体中毒时，应用25%葡萄糖注射液500~1 000ml，40%乌洛托品注射液20~50ml，10%安钠咖注射液20~40ml，静脉注射；并用胰岛素100~200IU，皮下注射。此外还可用樟脑酒精注射液100~200ml，静脉注射；必要时配合应用抗生素药物。

继发性前胃弛缓，着重治疗原发病，并配合前胃弛缓的相关治疗，促进病情好转。

3. 中兽医辨证施治 根据辨证施治原则，对脾胃虚弱，水草迟细，消化不良的牛，治宜健脾和胃，补中益气。方用加味四君子汤，党参100g，白术75g，茯苓75g，炙甘草25g，陈皮40g，黄芪50g，当归50g，大枣200g，共为末，灌服，每日一剂，连服2～3剂。偏寒者（便稀、口淡）加干姜、肉桂；偏热者（便干或下痢、口干苔黄），加黄芩、黄连；食滞不化者，加三仙；肚胀者，加木香、槟榔、莱菔子。

病初，对体壮实，口温偏高，口津粘滑，粪干，尿短赤的病牛，治宜清泻胃火，方用加味大承气汤或大戟散。加味大承气汤，大黄、厚朴、枳实、苏梗、陈皮、炒神曲、焦山楂、炒麦芽各30～40g，芒硝50～150g，玉片15～20g，车前子30～40g，莱菔子60～80g，共为末，灌服。大戟散，大戟、千金子、大黄、滑石各30～40g，甘遂15～20g，二丑20g，官桂10g，白芷10g，甘草20g，共为末，加清油250ml，灌服。

病牛口色淡白、耳鼻俱冷、口流清涎、水泻，治宜温中散寒、燥湿健脾，方用加味厚朴温中汤，厚朴、陈皮、茯苓、当归、茴香各50g，草豆蔻、干姜、桂心、苍术各40g，甘草、广木香、砂仁各25g，共为末，灌服，每日一剂，连服数剂。此外也可以用红糖250g、胡椒粉30g、生姜200g（捣碎），开水冲，候温内服。具有和脾暖胃，温中散寒的功效。

牛久病虚弱，气血双亏，治宜补中益气，养血。方用加味八珍散，党参、白术、当归、熟地、黄芪、山药、陈皮各50g，茯苓、白芍、川芎各40g，甘草、升麻、干姜各25g，大枣200g，共为末，灌服，每日一剂，连服数剂。

4. 针灸 取舌底、脾俞、关元俞、后三里、顺气（巧治）等穴；口温偏高，口色红者还可血针带脉、通关、尾本等穴。也可用电针、火针、白针、水针、激光针或TDP（特定电磁波）辐射。

5. 验方

白术45g，枳壳、槟榔片各30g，厚朴40g，木香20g，共为末，开水冲，候温灌服。体虚者加党参、黄芪、白芍、陈皮；寒重者加附子、肉桂、干姜；对于湿热者，热重加黄芩、栀子、胆草，湿重者加草果、茯苓。

党参30～60g，藜芦15～30g，水煎服。

【预防】 注意饲料的选择、保管，防止霉败变质；奶牛和奶山羊、肉牛和肉羊都应依据日粮标准饲喂，不可任意增加饲料用量或突然变更饲料；圈舍须保持安静，避免奇异声音、光线和颜色等不利因素刺激和干扰；注意圈舍清洁卫生和通风保暖，做好预防接种工作。

二、瘤胃积食

瘤胃积食又称急性瘤胃扩张，相当于中兽医学的"宿草不转"，是反刍动物贪食大量难以消化或容易膨胀的饲料，引起瘤胃扩张，瘤胃容积增大，内容物停滞和阻塞以及整个前胃机能障碍，形成脱水和毒血症的一种严重疾病。本病是牛、羊的多发病之一，舍饲牛更为多见。

【病因】 主要是由于反刍动物贪食大量的青草、苜蓿、紫云英、甘薯、胡萝卜、马铃薯等饲料；或因饥饿采食了大量富含粗纤维的饲料，如豆秸、山芋藤、老苜蓿、花生蔓、紫云英、谷草、稻草、麦秸、甘薯蔓等，难以消化所致；也有因过食玉米、麸皮、大麦、豌豆、大豆、棉籽饼、酒糟、豆渣等，又大量饮水，饲料膨胀，从而导致本病的发生。

长期舍饲的牛、羊，运动不足，突然变换可口的饲料，常常造成采食过多，或者由放牧转为舍饲，采食难以消化的干枯饲料而发病。耕牛常因采食后立即犁田、耙地或使役后立即饲喂，影响消化功能，引起本病的发生。亦有因体质衰弱、产后失调以及长途运输，机体疲劳，神经反应性降低，促使本病发生的。饲料保管不严，管理疏忽，牛羊偷食过多精料也会发病。

当饲养管理和环境卫生条件不良时，奶牛与奶山羊，肉牛与肉羊容易受到各种不利因素的刺激和影响，如过度紧张、运动不足、过于肥胖或因中毒与感染等，产生应激反应，也能引起瘤胃积食。此外在前胃弛缓、创伤性网胃腹膜炎、瓣胃秘结以及皱胃阻塞等病程中，也常继发瘤胃积食。

【发病机理】瘤胃积食的发生除一次大量暴食所引起者外，往往是在前胃弛缓的基础上发生。这是由于在前胃弛缓的基础上，当饲料数量和质量稍有变更，就可进一步造成神经-体液调节紊乱、瘤胃收缩力量减弱，瘤胃陷于进一步的弛缓、扩张乃至麻痹，反射性地引起皱胃幽门痉挛性收缩，瘤胃内容物不能正常运转而停滞，导致了瘤胃积食的病理演变过程。

由于大量胃内容物积聚于瘤胃，压迫瘤胃黏膜感受器，在瘤胃短时间的兴奋之后，立即转入抑制。瘤胃内容物浸渍、浸出、溶解、合成和吸收的全部消化过程遭到严重破坏，瘤胃内容物发酵、腐败，产生大量气体和有毒物质，刺激瘤胃壁神经感受器，引起腹痛不安。随着病情急剧发展，瘤胃内微生物区系失调，革兰氏阳性菌，特别是牛链球菌大量增殖，产生大量乳酸，pH值下降，瘤胃内纤维分解菌和纤毛虫活性降低甚至大量死亡。微生物区系共生关系失调，腐败产物增多，引起瘤胃炎，进一步导致瘤胃的渗透性增强，引起积液。由于脱水，酸碱平衡失调，碱贮下降，神经-体液调节机能更加紊乱，病情急剧恶化，呼吸困难，血液循环障碍，肝脏解毒机能降低，瘤胃内的蛋白质和氨基酸形成各种有毒的胺类，如组胺、尸胺等，当这些有毒物质被吸收后，引起自体中毒，患病动物出现兴奋、痉挛、抽搐、血管扩张、血压下降、循环虚脱的危重现象。

【症状】瘤胃积食病情发展迅速，常在饱食后数小时内发病，临床症状明显。

初期患病动物神情不安，目光凝视，拱背站立，回顾腹部或后肢踢腹，间或不断起卧。

食欲废绝、反刍停止、虚嚼、磨牙、时而努责，常有呻吟、流涎、嗳气，有时作呕或呕吐。

瘤胃蠕动音减弱或消失；触诊瘤胃，动物表现不安，内容物坚实或黏硬，有的病例呈粥状；腹部膨胀，瘤胃背囊有一层气体，穿刺时可排出少量气体和带有臭味的泡沫状液体。

腹部听诊，肠音微弱或沉寂；便秘，粪便干硬，色暗，间或发生腹泻。

直肠检查：可发现瘤胃扩张，容积增大，充满坚实或黏硬的内容物；有的病例内容物呈粥状，但胃壁显著扩张。

瘤胃内容物检查：内容物pH值一般由中性逐渐趋向弱酸性；后期，纤毛虫数量显著减少。瘤胃内容物呈粥状、恶臭时，表明继发中毒性瘤胃炎。

晚期病例，病情恶化，奶牛、奶山羊泌乳量明显减少或停止。腹部胀满，瘤胃积液，呼吸急促，心悸，脉率增快；皮温不整，四肢下部、角根和耳尖冰凉；全身颤栗，眼窝凹陷，黏膜发绀；病畜衰弱，卧地不起，陷于昏迷状态。发生脱水与自体中毒，出现循环虚脱。

【诊断】瘤胃积食根据发生原因，过食后发病，瘤胃内容物充满而硬实，食欲、反刍停止等病症，可以确诊。但易与下列疾病混淆，故须鉴别诊断。

1. 前胃弛缓　食欲、反刍减退，瘤胃内容物呈粥状，不断嗳气，并出现间歇性瘤胃臌气。

2. 急性瘤胃臌气　病情发展急剧，肚腹显著膨胀，瘤胃壁紧张而有弹性，叩诊呈鼓音，血液循环障碍，呼吸困难。

3. 创伤性网胃炎　网胃区疼痛，姿势异常，神情忧郁，头颈伸直，嫌忌运动，周期性瘤胃臌气，应用副交感神经兴奋药物，病情显著恶化。

4. 皱胃阻塞　瘤胃积液，右下腹部显著膨隆，皱胃冲击性触诊，病牛疼痛而退让，腰旁窝听诊结合轻叩倒数第 1~2 肋骨，出现击钢管样的铿锵音。

5. 牛黑斑病甘薯中毒　症状与瘤胃积食很相似，但呼吸用力而困难，鼻翼煽动，喘促，皮下气肿，特征明显。

【治疗】

1. 治疗原则　恢复前胃运动机能，促进瘤胃内容物运转，调整与改善瘤胃内生物学环境，防止脱水与自体中毒。

2. 治疗措施　一般病例，首先限制采食，并进行瘤胃按摩，每次 5~10min，每隔 30min 一次。先灌服酵母粉 250~500g（或神曲 400g，食母生 200 片，红糖 500g），再按摩瘤胃，效果更佳。在瘤胃内容物软化后，神曲、食母生用量减半，为防止发酵过盛，产酸过多，可服用适量的人工盐。

清肠消导，牛可用硫酸镁或硫酸钠 300~500g，液体石蜡或植物油 500~1 000ml，鱼石脂 15~20g，酒精 50~100ml，常水 6 000~10 000ml，一次内服。应用泻剂后，可皮下注射毛果芸香碱 0.02~0.05g 或新斯的明 0.01~0.02g，以兴奋前胃神经，促进瘤胃内容物运转与排出。但心脏功能不全者与孕牛忌用。

为改善中枢神经系统调节功能，促进反刍，防止自体中毒，可静脉注射 10% 氯化钠注射液 100~200ml，或者先用 1% 温食盐水 20~30L 洗涤瘤胃后，再用 10% 氯化钙注射液 100ml，10% 氯化钠注射液 100ml，10% 安钠咖注射液 20~40ml，静脉注射。

对于病程长的病例，除反复洗胃外，宜用 5% 葡萄糖生理盐水注射液 2 000~3 000ml，10% 安钠咖注射液 20~40ml，5% 维生素 C 注射液 10~20ml，静脉注射，每日 2 次，以达到强心补液，维护肝脏功能，促进新陈代谢，防止脱水的目的。

当血液碱贮下降，酸碱平衡失调时，先用碳酸氢钠 30~50g，常水适量，内服，每日 2 次。再用 5% 碳酸氢钠注射液 300~500ml 或 11.2% 乳酸钠注射液 200~300ml，静脉注射。必要时可用 1% 维生素 B_1 注射液 20ml，静脉注射，促进丙酮酸脱羧，解除酸中毒。如果因反复使用碱性药物而出现呼吸急促，全身抽搐等碱中毒症状时，宜用稀盐酸 15~40ml 加水后内服或食醋 500~1 000ml 内服，并静脉注射复方氯化钠注射液 1 000~2 000ml。

在病程中，为了抑制乳酸的产生，应及时应用止酵剂。继发严重瘤胃臌气时，应及时穿刺放气，并内服鱼石脂等止酵剂，以缓解病情。

危重病例使用药物治疗效果不佳，且病畜体况尚好时，应及早施行瘤胃切开术，取出内容物，并用1%温食盐水冲洗。必要时，接种健康瘤胃液。

3. 中兽医辨证施治 中兽医称瘤胃积食为宿草不转，治宜健脾开胃，消食行气，攻下通便。方用加味大承气汤：大黄60~90g，枳实30~60g，厚朴30~60g，槟榔30~60g，芒硝150~300g，麦芽60g，白术45g，陈皮45g，茯苓30~60g，甘草15~30g，共为末，牛一次灌服。过食者加青皮、莱菔子、神曲各60g；胃热者加知母、生地各45g，麦冬30g；脾胃虚弱者加党参、黄芪各60g，神曲、山楂各30g，去芒硝，大黄、枳实、厚朴均减至30g。

4. 针灸 针刺食胀、脾俞、关元俞、顺气（巧治）等穴。

5. 验方

食醋1 000~2 000ml，牛一次灌服，病重者可一日两次。

莱菔子60g，花生油250ml，陈醋120ml，将莱菔子研成末，加入花生油，开水冲成糊状，再加醋调匀，内服。

10%温食盐水1 000~4 000ml，牛一次灌服，每日一次。

神曲250g，山楂60g，莱菔子60g，共为末，加食醋1 000ml灌服。

【预防】本病的预防，在于加强经常性的饲养管理，防止突然变换饲料或过食。奶牛和肉牛应按饲料日粮标准饲养；加喂精料，须适应其消化机能；耕牛不要劳役过度；避免外界各种不良因素的影响和刺激，保持其健康状态。

三、瘤胃臌气

瘤胃臌气是因反刍动物采食了大量容易发酵的饲料，产生大量气体，或因其他原因造成瘤胃内气体排出困难，气体在瘤胃和网胃内迅速积聚，膈与胸腔脏器受到压迫，引起呼吸与血液循环障碍，甚至窒息的一种疾病。

瘤胃臌气，依其病因，有原发性和继发性之分；按其经过，则有急性和慢性的区别；从瘤胃内容物性质上看，又有泡沫性和非泡沫性的不同类型。

本病多发于牛和绵羊，山羊较少发生。夏季放牧的牛羊，可能出现成群发生瘤胃臌气的情况。

【病因】原发性瘤胃臌气是由于反刍动物直接饱食容易发酵的饲草、饲料后引起。继发性瘤胃臌气常继发于前胃弛缓、创伤性网胃炎、瓣胃阻塞、食管阻塞、食管痉挛等疾病。

泡沫性瘤胃臌气是由于反刍动物采食了大量含蛋白质、皂甙、果胶等物质的豆科牧草，如新鲜的豌豆蔓叶、花生蔓叶、苜蓿、草木樨、红三叶、紫云英，生成稳定的泡沫所致，或者喂饲较多量的谷物性饲料，如玉米粉、小麦粉等也能引起泡沫性臌气。

非泡沫性瘤胃臌气又称游离气体性瘤胃臌气，主要是采食了产生一般性气体的牧草，如幼嫩多汁的青草、沼泽地区的水草、湖滩的芦苗等或采食堆积发热的青草、霉败饲草、品质不良的青贮饲料，或者经雨淋、水浸渍、霜冻的饲料等而引起。

【发病机理】从生理角度看瘤胃实际上形同发酵罐，在纤毛虫、鞭毛虫、根足虫和某些生产多糖黏液的细菌参与下进行着发酵、消化过程，在此过程中产生了CO_2、CH_4、H_2、H_2S、O_2等气体。这些气体除覆盖于瘤胃内容物表面外，其余大部分通过反刍、咀嚼和嗳气排出，而另一小部分气体随同瘤胃内容物经皱胃进入肠道和血液被吸收，从而保持着产气与排气的相对平衡。但在病理情况下，由于采食了多量易发酵的饲料，经瘤胃发酵生成大量的气体，超量的气体既不能通过嗳气排出，又不能随同内容物通过消化道排出和吸收，因而导致瘤胃的急剧臌气和扩张。

对于本病的发病机制，除了上述的情况外，还必须考虑不同反刍动物的个体差异，如神经反应性、唾液的分泌及其成分、瘤胃运动、气体的性质、嗳气反射、食糜运转的速度以及内容物 pH 值和微生物区系的变化等。因此，瘤胃臌气发生的主要因素，是由于机体的神经反应性、饲料的性质和瘤胃内微生物共生关系三者之间变化及其动态平衡失调而引起。

瘤胃臌气有泡沫性和非泡沫性臌气两种性质。其中泡沫性臌气的病理机制较为复杂，病情发展也更为急剧。泡沫的形成，主要取决于瘤胃液的表面张力、黏稠度和泡沫表面的吸附性能等三种胶体化学因素的作用。按照病因分析，易发酵的饲料，特别是豆科植物，含有多量的蛋白质、皂苷、果胶等物质，都可产生气泡，其中核蛋白体（rRNA）18S 更具有形成泡沫的特性；而果胶与唾液中的黏蛋白和细菌的多糖类可增高瘤胃液的黏稠度。瘤胃内容物发酵过程所产生的有机酸（特别是柠檬酸、丙二酸、琥珀酸等非挥发性酸）使瘤胃液 pH 值下降至 5.2 ~ 6.0 时，泡沫的稳定性显著增高。显而易见，瘤胃内所产生的大量气体，与其中的内容物互相混合形成稳定性泡沫，而不能融合成较大的气泡通过嗳气将气体排出，从而导致泡沫性臌气的发生。

对于舍饲育肥牛臌气中泡沫的形成原因尚未肯定，但多数认为是在给牛喂饲高碳水化合物饲料时，一是由某些种类瘤胃细菌产生了不溶性黏液；二是微细的小颗粒物质，如磨细的谷物，可明显提高瘤胃液的表面张力。这就为泡沫的形成创造了条件。舍饲育肥牛的臌气最常见于饲喂谷物饲料达 1 ~ 2 个月的牛，这可能是由于谷物饲喂水平增加，或者是产黏液的瘤胃细菌增殖所需要的时间增加。

非泡沫性臌气，除瘤胃内重碳酸盐及其内容物发酵所产生的大量 CO_2 和 CH_4 外，饲料中还含有氰苷与脱氢黄体酮化合物（类似维生素 P），具有降低前胃神经兴奋性，抑制瘤胃平滑肌收缩的作用，因而引起非泡沫性瘤胃臌气的发生。

在瘤胃臌气发生发展的过程中，瘤胃过度膨胀和扩张，腹内压升高，影响呼吸和血液循环，病情急剧发展和恶化。并因瘤胃内容物发酵、腐败产物的刺激，瘤胃壁痉挛性收缩，引起疼痛不安。病的末期，瘤胃壁紧张力完全消失乃至麻痹，气体排出更加困难，血液中 CO_2 显著增加，碱贮下降，最终导致窒息和心脏麻痹，使病情加剧。

【症状】急性瘤胃臌气，通常在采食大量易发酵饲料后迅速发病，甚至有的在采食中突然呆立，停止采食，食欲消失，病情急剧发展。

病的初期，举止不安，神情忧郁，结膜充血，角膜周围血管扩张。不断起卧，回头视腹，腹围迅速膨大，反刍和嗳气停止，食欲废绝，发出哼声。瘤胃收缩先增强，后减弱或消失，左肷窝部明显突起，严重者高过背中线。腹壁紧张而有弹性，叩诊呈鼓音。

随着瘤胃臌气和扩张，膈肌受到压迫，呼吸促迫而用力，甚至头颈伸展，张口呼吸，呼吸数增至 60 次/min 以上；心悸、脉率疾速，可达 100 次/min 以上。后期心力衰竭，脉微欲绝，病情危急。

胃管检查，非泡沫性臌气时，从胃管内排出大量酸臭的气体，臌气明显减轻；而泡沫性臌气时，仅排出少量气体，病情不见好转。

病的后期，心力衰竭，血液循环障碍，静脉怒张，呼吸困难，黏膜发绀，目光恐惧，出汗；站立不稳，步态蹒跚，甚至突然倒地，痉挛、抽搐。最终因窒息和心脏麻痹而死亡。

慢性瘤胃臌气，多为继发性因素引起。病情弛张，瘤胃中等度膨胀，时而消长，常在采食或饮水后反复发作。经治疗虽能暂时消除臌气，但极易复发。病情发展缓慢，食欲、反刍减退，水草迟细，逐渐消瘦，生产性能降低，奶牛泌乳量显著减少。

【诊断】 急性瘤胃臌气，病情急剧，根据采食大量易发酵饲料后发病的病史，腹部臌胀，左肷窝凸出，血液循环障碍，呼吸极度困难，确诊不难。

插入胃管和瘤胃穿刺是区别泡沫性臌气与非泡沫性臌气的有效方法。泡沫性臌气，在瘤胃穿刺时，只能断断续续从导管针内排出少量气体，针孔常被堵塞，排气困难；而非泡沫性臌气，则排气顺畅，臌气明显减轻。

慢性臌气，病情弛张，反复产生气体，随原发病而异。通过病因分析，也可确诊。但应注意与前胃弛缓、瘤胃积食、创伤性网胃腹膜炎、食管阻塞以及白苏中毒和破伤风等疾病进行鉴别诊断。

【治疗】

1. 治疗原则 本病病情发展迅速，抢救患病动物贵在及时。因此治疗应着重于排出气体、防止酵解、理气消胀、强心补液、健胃消导、恢复瘤胃蠕动。

2. 治疗措施 病情轻的病例，使病畜立于斜坡上，保持前高后低姿势，不断牵引其舌或用一根新的槐树枝去皮后衔在患病动物口内，同时按摩瘤胃，可促进气体排出。若通过上述处理，效果不显著时，可用松节油 20～30ml，鱼石脂 10～20g，酒精 30～50ml，温水适量，牛一次内服或者内服 8% 氧化镁溶液（600～1 500ml）或生石灰水（1 000～3 000ml 上清液），具有止酵消胀作用。也可灌服胡麻油合剂：胡麻油（或清油）500ml，芳香氨醅 40ml，松节油 30ml，樟脑醅 30ml，常水适量，成年牛一次灌服（羊 30～50ml）。

严重病例，当有窒息危险时，可用胃管进行放气或用套管针穿刺放气（间歇性放气），防止窒息。非泡沫性臌气放气后，为防止内容物发酵，宜用鱼石脂 15～25g（羊 2～5g），酒精 100ml（羊 20～30ml），常水 1 000ml（羊 150～200ml），牛一次内服或从套管针内注入生石灰水或 8% 氧化镁溶液，或者稀盐酸（牛 10～30ml，羊 2～5ml，加水适量）。此外在放气后，用 0.25% 普鲁卡因溶液 50～100ml 将 200 万～500 万 IU 青霉素稀释，注入瘤胃，也具有良好效果。

泡沫性臌气，以灭沫消胀为目的，宜内服表面活性药物，如二甲基硅油（牛 2～4g，羊 0.5～1g），消胀片（每片含二甲基硅油 25mg，氢氧化铝 40mg；牛 100～150 片/次，羊 25～50 片/次）。也可用松节油 30～40ml（羊 3～10ml），液体石蜡 500～1 000ml（羊 30～100ml），常水适量，一次内服；或者用菜籽油（也可用豆油、棉籽油、花生油）300～500ml（羊 30～50ml），温水 500～1 000ml（羊 50～100ml）制成油乳剂，一次内服。民间用油脚（牛、骆驼 400～500g，羊 50～100g）灭沫消胀。当药物治疗效果不显著时，应立即施行瘤胃切开术，取出其内容物。

此外调节瘤胃内容物 pH 值可用 3% 碳酸氢钠溶液洗涤瘤胃。排出胃内容物，可用盐类或油类泻剂。兴奋副交感神经、促进瘤胃蠕动，有利于反刍和嗳气，可皮下注射毛果芸香碱或新斯的明。在治疗过程中，应注意全身机能状态，及时强心补液，增进治疗效果。

接种瘤胃液，在排出瘤胃气体或瘤胃手术后，采取健康牛的瘤胃液 3～6L 进行接种。

慢性瘤胃臌气多为继发性瘤胃臌气，除应用急性瘤胃臌气的疗法，缓解臌气症状外，还必须治疗原发病。

3. 中兽医辨证施治　中兽医称瘤胃臌气为气胀或肚胀。治宜行气消胀，通便止痛。方用消胀散：炒莱菔子15g，枳实、木香、青皮、小茴香各35g，玉片17g，二丑27g，共为末，加清油300ml，大蒜60g（捣碎），水冲服。也可用木香顺气散：木香30g，厚朴、陈皮各20g，枳壳、藿香各20g，乌药、小茴香、青果（去皮）、丁香各15g，共为末，加清油300ml，水冲服。

4. 针灸　针治脾俞、百会、苏气、山根、耳尖、舌阴、顺气（巧治）等穴。

5. 验方

食醋1 000～2 000ml，植物油500～1 000ml，牛一次灌服。

植物油500ml，碱面60g，用少量水将碱面溶解，再与油同调，牛一次灌服。

芒硝150～300g，大黄60～90g，碱面60g，植物油500ml，共为细末，水调加油灌服。

【预防】　本病的预防，应着重于加强饲养管理，增强前胃神经反应性，促进消化机能，保持其健康水平。由舍饲转为放牧时，最初几天先喂一些干草后再出牧，并且还应限制放牧时间及采食量；在饲喂易发酵的青绿饲料时，应先饲喂干草，然后再饲喂青绿饲料；禁止饲喂霉败饲料，尽量少喂堆积发酵或被雨露浸湿的青草；管理好畜群，不让牛、羊进入到苜子地、苜蓿地暴食幼嫩多汁豆科植物；不到雨后或有露水、下霜的草地上放牧。舍饲育肥动物，应该在全价日粮中至少含有10%～15%的粗料，粗料最好是禾谷类秸秆或青干草。

四、创伤性网胃炎

创伤性网胃炎，是由于金属异物（针、钉、铁丝）混杂在饲料内，被采食吞咽落入并刺伤网胃，导致以顽固性前胃弛缓，瘤胃反复臌气，网胃区敏感性增高为特征的前胃疾病。本病主要发生于牛，间或发生于山羊。

【病因】　牛采食迅速，并不仔细咀嚼，以唾液裹成团，囫囵吞咽，又有舐食习惯，往往将随同饲料的金属异物吞咽落进网胃，导致本病的发生。因此在饲养管理不当，饲料加工过于粗放，调制饲料不经心的情况下，很可能食进金属异物而发生本病。

通常所见，散养放牧牛羊多因缺少饲养管理制度，随意舍饲和放牧所致。饲养人员由于不具备饲养管理常识，常将碎铁丝、铁钉、钢笔尖、回形针、大头钉、缝针、发卡、废弃的小剪刀、指甲剪、铅笔刀和碎铁片等到处抛弃，混杂在饲草、饲料中，散在村前屋后、城郊路边或工厂作坊周围的垃圾与草丛中，因而都可能被牛采食或舐食吞咽下去，造成了本病发生的条件和环境。

舍饲牛主要因饲料加工粗放，饲养粗心大意，对饲料中的金属异物的检查和处理不细致而引起。饲草、饲料中的金属异物最常见的是饲料粉碎机与铡草机上的销钉，其他如碎铁丝、铁钉、缝针、别针、注射针头、发卡及各种有关的尖锐金属异物等，被采食后而发病。

不论是青壮年肉牛或是高产奶牛，食欲旺盛，采食迅速，往往将上述金属异物吞咽进去，落入网胃底；间或进入瘤胃，又随同其中内容物运转而进入网胃。于此情况下，随着腹压急剧增大，促使金属异物刺伤网胃。通常在瘤胃积食或臌气、重剧使役、妊娠、分娩以及奔跑、跳沟、滑倒、手术保定等过程中，腹内压升高，从而导致本病的发生和发展。

其中以针、钉、碎铁丝与其他尖锐异物以及玻璃碎片等，危害最大，不仅使网胃受到严重损伤，而且也会损害到邻近的组织和器官，引起急剧的病理过程。

【症状】根据金属异物刺穿胃壁的部位、造成创伤深度、波及其他内脏器官等因素，临床症状也有差异。急性局限性网胃炎的病例，病畜食欲急剧减退或废绝，泌乳量急剧下降；体温升高，但部分病例几天后降至常温，呼吸和心率正常或轻度加快；肘外展，不安，拱背站立，不愿移动，卧地、起立时极为谨慎；牵病牛行走时，不愿上下坡、跨沟或急转弯。瘤胃蠕动减弱，轻度臌气，排粪减少；网胃区触诊，病牛疼痛不安。发病24h内检查，典型病例易于诊断，但不同个体，其症状差异大。一些病例只有轻度的食欲减退，泌乳量减少，粪便稍干燥；瘤胃蠕动减弱，轻度臌气和网胃区疼痛。

脾脏或肝脏受到损伤，形成脓肿，扩散蔓延，往往引起脓毒败血症。

慢性网胃炎的病例，被毛粗乱无光泽，消瘦，泌乳量少，间歇性厌食，瘤胃蠕动减弱，间歇性轻度臌气，便秘或腹泻，久治不愈。有时还有拱背站立等疼痛表现。

X射线检查：可确定金属异物损伤网胃壁的部位和性质。根据X射线影像、临床检查结果和经验，可作出诊断，确定可否进行手术及手术方法，并做出较准确的预后判断。

金属异物探测器检查：可查明网胃内金属异物存在的情况，但须将探测的结果结合病情分析才具有实际意义，不少耕牛与舍饲牛的网胃内存有金属异物，但无临床症状。

实验室检查：病的初期，白细胞总数升高，可达 $11 \times 10^9/L \sim 16 \times 10^9/L$；嗜中性白细胞增 $45\% \sim 70\%$、淋巴细胞减少 $30\% \sim 45\%$，核左移。慢性病例，血清球蛋白升高，白细胞总数中度增多，嗜中性白细胞增多，单核细胞持久地升高达 $5\% \sim 9\%$，缺乏嗜酸性白细胞。

【诊断】创伤性网胃炎，通过临床症状，网胃区的叩诊与强压触诊检查，金属探测器检查可作出诊断。而症状不明显的病例则需要辅以实验室检查和X射线检查才能确诊。应注意同前胃弛缓、慢性瘤胃臌气、皱胃溃疡等所引起的消化机能障碍、肠绞窄、肠套叠和子宫扭转等所导致的剧烈腹痛症状，创伤性心包炎、牛肺疫、吸入性肺炎等所呈现的呼吸系统症状以及牛肺结核所形成的慢性体质消耗性疾病等相比较，进行鉴别诊断，以免误诊。

【治疗】

1. 治疗原则 及时去除异物，抗菌消炎，加速创伤愈合，恢复胃肠功能。

2. 治疗措施

（1）保守疗法：将病牛立于斜坡上或斜台上，保持前驱高后躯低的姿势，减轻腹腔脏器对网胃的压力，促使异物排出网胃壁。同时应用磺胺类药物，按每公斤体重0.07g，内服；或用青霉素300万IU与链霉素3g，肌肉注射，连用3d。另一方法是用特制的磁铁经口投入网胃中，吸取胃中金属异物，同时应用青霉素和链霉素肌肉注射。此外加强饲养管理，使病牛保持安静，先禁食2~3d，然后给予易消化的饲料，并适当应用防腐止酵剂、高渗葡萄糖或葡萄糖酸钙溶液，静脉注射，增进治疗效果。

（2）手术疗法：创伤性网胃炎在早期如无并发症，采取手术疗法，施行瘤胃切开术，从网胃壁上摘除金属异物，同时加强护理，具有较好疗效。

【预防】加强经常性饲养管理工作，注意饲料选择和调理，防止饲料中混杂金属异物；在奶牛场和肉牛场的饲料加工、自动输送线等机械上安装大块电磁板或电磁装置，以除去饲草中的金属异物；不在村前屋后，铁工厂、垃圾堆附近放牧和收割饲草；定期应用金属探测器检查牛群，并应用金属异物摘除器从瘤胃和网胃中摘除异物。

五、瓣胃阻塞

瓣胃阻塞又称瓣胃秘结，主要是因前胃弛缓，瓣胃收缩力减弱，瓣胃内容物滞留，水分被吸收而干涸，致使瓣胃秘结、扩张的一种疾病。

【病因】

1. 原发性瓣胃阻塞 主要因长期饲喂含有多量泥沙的糠麸、粉渣、酒糟等饲料，或者甘薯蔓、花生蔓、豆秸、青干草、紫云英等含粗纤维多的坚硬饲料而引起，铡草过短时更易引起本病。其次，放牧转为舍饲或饲料突然变换，饲料质量低劣，饲料中缺乏蛋白质、维生素以及微量元素，或者因饲养管理不规范，饲喂后缺乏饮水以及运动不足等都可引起瓣胃阻塞。

2. 继发性瓣胃阻塞 常继发于前胃弛缓、瘤胃积食、皱胃阻塞、皱胃变位、皱胃溃疡、腹腔脏器粘连、生产瘫痪、黑斑病甘薯中毒、牛产后血红蛋白尿病、牛恶性卡他热和血液原虫病等疾病。

【症状】 本病的初期，呈现前胃弛缓的症状，食欲异常或减退，便秘，粪呈饼状甚至栗子状，瘤胃轻度臌气，瓣胃蠕动音微弱或消失。于右侧腹壁（第 8～10 肋间的中央）触诊，病牛疼痛不安；叩诊，浊音区扩大；精神不振，时而呻吟，奶牛泌乳量下降。

病情进一步发展，精神沉郁，鼻镜干燥、龟裂，空嚼、磨牙，呼吸浅表，心悸，脉率增至 80～100 次/min。食欲废绝，反刍停止，瘤胃收缩力减弱。进行瓣胃穿刺检查，用 15～18cm 长穿刺针，于右侧第 9 肋间与肩关节水平线相交点进行穿刺，进针时感到有较大的阻力。直肠检查，肛门与直肠痉挛性收缩，直肠内空虚、有黏液，并有少量暗褐色粪便附着于直肠壁。

晚期病例，伴发肠炎和全身败血症，神情忧郁，体温升高 0.5～1℃，食欲废绝，排粪停止或排出少量黑褐色藕粉样恶臭黏液。尿量减少，呈黄色或无尿。呼吸急促，心悸，脉率可达 100～140 次/min，脉搏节律不齐，毛细血管再充盈时间延长，皮温不整，结膜发绀，形成脱水与自体中毒现象，体质虚弱，卧地不起，病情显著恶化。

【诊断】 瓣胃阻塞多与前胃其他疾病和皱胃疾病的症状互相掩映，颇为类似，确诊有时较难。虽然如此，也可根据病史、临床症状，瓣胃蠕动音低沉或消失，触诊瓣胃敏感性增高，叩诊浊音区扩大，粪便细腻、纤维素少、黏液多等表现及结合瓣胃穿刺检查，作出诊断，必要时进行剖腹探查，可以确诊。

在论证分析时，应注意同前胃弛缓、瘤胃积食、创伤性网胃腹膜炎、皱胃阻塞、肠便秘以及可伴发本病的某些急性热性病进行鉴别诊断，以免误诊。

【治疗】

1. 治疗原则 增强前胃运动机能，软化瓣胃内容物，促进瓣胃内容物排出。

2. 治疗措施 初期病情轻者，可服泻剂，如硫酸钠 400～500g，加常水 8 000～10 000ml 或液体石蜡（或植物油）1 000～2 000ml，一次内服。同时，用 10% 氯化钠溶液 100～200ml，10% 安钠咖注射液 20～40ml，静脉注射，以增强前胃神经兴奋性，促进前胃内容物运转与排出。病情重剧的，皮下注射士的宁 0.015～0.03g，或者毛果芸香碱 0.02～0.05g，或者新斯的明 0.01～0.02g，或者氨甲酰胆碱 1～2mg。但须注意，体弱、妊娠母牛、心肺功能不全的病牛，忌用这些神经性兴奋药。

瓣胃注射，可用 10% 硫酸钠溶液 2 000 ~ 3 000ml，液体石蜡（或甘油）300 ~ 500ml，普鲁卡因 2g，盐酸土霉素 3 ~ 5g，一次瓣胃内注入。

防止脱水和自体中毒可用撒乌安注射液（主要成分：100ml 含水杨酸钠 6g、乌洛托品 8g、安钠咖 2g）100 ~ 200ml 或樟脑酒精注射液 200 ~ 300ml，静脉注射，同时应用庆大霉素、链霉素等抗生素，并及时输糖补液，缓和病情。

依据临床实践，在确诊后施行瘤胃切开术，用胃管插入网-瓣孔，冲洗瓣胃，效果较好。

3. 中兽医辨证施治　中兽医称瓣胃阻塞为百叶干，主要是因脾胃虚弱，胃中津液不足，百叶干燥，治宜养阴润胃，通便清热。方用藜芦润燥汤：藜芦、常山、二丑、川芎各 60g，当归 60 ~ 100g，水煎后加滑石 90g，麻油（或石蜡油）1 000ml，蜂蜜 250g，一次内服。或用猪膏散：滑石 200g，牵牛子 50g，大黄 60g，大戟 30g，甘草 15g，芒硝 200g，油当归 150g，白术 40g，研末，加猪油 500g，调服。

4. 针灸　针刺舌底、耳尖、山根、后丹田、百会、脾俞、八字等穴。

5. 验方

麻油 1 000ml，蜂蜜 250g，加温水 5 000ml，同调灌服。

食醋 4 000ml，食盐 120g，加温水 1 000 ~ 2 000ml，混合溶解，一次灌服。

榆白皮 200 ~ 300g，水煎灌服。

碱面 70 ~ 90g，白矾 30 ~ 40g，食盐 90 ~ 20g，为末，加蜂蜜 250g，灌服。

【预防】避免长期应用混有泥沙的糠麸、糟粕饲料喂养，同时注意适当减少坚硬的粗纤维饲料；铡草喂牛，不宜铡得过短；注意补充蛋白质与矿物质饲料；发生前胃弛缓时，应及早治疗，以防止发生本病。

六、瘤胃酸中毒

瘤胃酸中毒是动物采食过量的精料或长期饲喂酸度过高的青贮饲料，在瘤胃内产生大量乳酸等有机酸而引起的一种代谢性酸中毒。临床以呈现消化紊乱、中枢神经兴奋性增高、脱水、卧地不起、休克、毒血症和高死亡率为特征。乳牛、肉牛、绵羊、奶山羊等均可发生。

【病因】主要是饲喂过量的富含碳水化合物的精料，如玉米、高粱、大麦、燕麦、小麦和各种块根饲料，如甜菜、马铃薯、萝卜，以及糟粕类饲料如啤酒渣、糖糟、豆腐渣等，在瘤胃内经异常发酵产生大量乳酸而发病；饲料加工调制不当，如谷物类饲料粉碎过细，牛短时间内吃入大量粉碎的谷物在瘤胃内可产生大量乳酸，或青贮饲料酸度过大等；突然变换饲料，瘤胃内的细菌和纤毛虫等尚未适应，容易引起异常发酵形成大量乳酸，导致酸中毒。

此外，临产与产后母牛，机体抵抗力降低，消化机能减弱，在分娩、气候条件突然变化等应激因素的作用下，均可使瘤胃内环境改变，成为发病的诱因。

【发病机理】关于本病的发病机理，目前有两种观点，即乳酸中毒和内毒素中毒。

1. 乳酸中毒　丰富的非纤维素碳水化合物在瘤胃中都能产生乳酸。过食精料后，2 ~ 6h 瘤胃的微生物群出现明显的变化，瘤胃中的牛链球菌、乳酸菌等迅速繁殖，它们利用碳水化合物而产生大量乳酸、挥发性脂肪酸等，使瘤胃的 pH 值降至 5 以下，此时溶解纤维素的细菌和原虫被抑制。瘤胃内正常微生物区系遭到严重破坏，乳酸增多，可提高瘤胃的渗透压，并使水分从全身循环进入瘤胃，引起血液浓缩、脱水和瘤胃积液。此时，瘤胃的缓冲剂可缓冲一些乳酸，但是大部分的乳酸通过胃壁吸收，呈现酸中毒。各种病因的作用，都可能造成牛血中乳酸浓度的升高。剧烈的肌肉运动、休克、缺氧症、激素、化学药物的刺激、分娩等，都可激发血中乳酸的增加；内分泌因素如胰岛素、肾上腺皮质激素、肾上腺素、甲状腺素等，都可影响血中乳酸水平，促使酸中毒的发生。

2. 内毒素中毒 大量饲喂精料后，瘤胃内的致病物质如组胺、色氨、乙醇和细菌内毒素等，都会加剧发病过程。由于组织胺的增高，病牛可出现蹄叶炎。牛过食精料后，瘤胃 pH 值下降到约 5.5 时，纤毛虫活性和再生能力消失，瘤胃微生物区系发生很大变化。牛链球菌等微生物生长迅速，产生大量乳酸，蓄积于瘤胃中，瘤胃内游离内毒素的浓度显著增加，于摄食 12h 后酸中毒就会发生。内毒素的增加主要是革兰氏阴性细菌大量死亡裂解，释放出细菌内毒素，被吸收入血所致。当瘤胃乳酸蓄积，pH 值下降后会引起机体的氧合不全血症的出现、血液循环障碍，机体对内毒素解毒能力下降，则出现内毒素中毒和休克的发生。

其实，上述各种因素的致病性不是单一的，而是共同对机体的作用。即瘤胃 pH 的下降，乳酸的蓄积，引起了瘤胃内细菌区系的改变，产生内毒素。内毒素的吸收，并作用于组织器官，引起了组织的损伤，加剧了酸中毒的病理过程。

【症状】本病的临床症状与牛的品种、食入的饲料种类、性质和数量，以及疾病发展过程的速度有关，通常分为最急性型、急性型和慢性型等。

最急性型：常在采食后几小时内出现中毒症状，发病急骤，突然死亡，因患病动物生前无任何明显的前驱表现，故常不被发现。

有的病牛，在采食大量精料后 12～24h 内发生酸中毒，表现不愿走动，行走蹒跚，呼吸急促，心跳增数，可达 100 次/min 以上，常在出现症状后 1～2 h 内死亡，死亡前病牛张口吐舌，从口内吐出带血的唾液，高声鸣叫、甩头蹬腿。

急性型：病牛突然食欲废绝，产奶量急剧下降，精神沉郁，时常侧卧，肌肉震颤。瘤胃运动消失，内容物胀满而黏硬，排黄绿色的泡沫性水样便，或排带血的粪便，有时则发生便秘。全身伴有中毒症状，结膜潮红，巩膜充血，脉搏增数达 100 次/min，呼吸稍增数，但变弱，脱水，尿量显著减少。随后可出现盲目直行或转圈运动，严重者兴奋不安，难以控制，特别是过食黄豆后神经症状更为明显。严重的病例步态蹒跚，行动跟跄，视力障碍。

有的较重的病牛出现类似生产瘫痪的症状，瘫痪卧地，头、颈和体躯平躺在地上，四肢僵硬伸直侧于一方，头向背部弯曲，呻吟，磨牙，初期兴奋不安甩头，后期站立困难，卧地昏迷死亡。

慢性型：病牛症状轻微，通常呈现前胃弛缓，瘤胃蠕动微弱，食欲减退，泌乳量减少，伴发蹄叶炎时，步态强拘，站立困难。

【诊断】本病的诊断根据有过食豆、谷等精料的病史；特征是多呈急性经过，发病急骤，病程短；典型症状是瘤胃胀满，视觉障碍，中枢神经兴奋，脱水，酸中毒，腹泻，无尿或少尿等，可作出初步诊断。必要时进行实验室检查有助于确诊。

血液检查：血液浓稠，血容量增高，碱贮下降，血尿素氮、血钠、总蛋白、血平均渗透压增高，血钙、血糖降低。

尿液检查：尿液 pH 值下降到 5.0 ~ 6.0，尿胆素、尿蛋白反应阳性，尿沉渣镜检有白细胞、肾上皮和膀胱上皮细胞等。

瘤胃液检查：瘤胃液增多，呈乳绿色、灰白色，黏稠度减小具有酸臭味，pH4.0 ~ 6.0，纤毛虫数量明显减少，革兰氏阴性菌减少，阳性菌数量增加。

【治疗】

1. 治疗原则　矫正瘤胃和全身性酸中毒，防止乳酸的进一步产生；恢复损失的液体和电解质，并维持循环血量；恢复前胃和肠管机能。

2. 治疗措施　首先停止饲喂致病的饲料，限食 1 ~ 2d，然后改喂含粗纤维多的青草和干草，瘤胃积液时要限制饮水。

缓解酸中毒，可静脉注射 5% 碳酸氢钠溶液 5ml/kg 体重，每日 1 ~ 3 次。并补饲碳酸氢钠粉，每头牛每天 50 ~ 80g。

补充体液、电解质、保护心脏及促进毒素的排出，可静脉输入 5% 葡萄糖生理盐水、复方生理盐水、低分子右旋糖苷以及 10% ~ 25% 的葡萄糖等溶液。输液中可加入 0.02% 西地兰注射液 10 ~ 20ml，也可肌肉注射。

为了促进乳酸代谢，可肌肉注射维生素 B_1 0.2 ~ 0.4g，并内服酵母片。兴奋瘤胃可皮下注射瘤胃兴奋剂如新斯的明、毛果芸香碱等。及时导胃、洗胃及移植健康牛胃液，对于恢复牛瘤胃内的正常发酵、促进痊愈有较好的效果。

【预防】本病一般发病急、病程短、死亡率高，因此预防是关键。加强饲养管理，合理供应精料，严防为追求产量盲目增加精料水平；坚持正常的饲养管理制度，不要突然更换饲料；注意饲料加工时颗粒尽量大小均匀，不要粉磨得过细；为防止瘤胃 pH 值降低，使瘤胃适应较高精料日粮水平，可在饲料中添加碳酸氢钠等缓冲剂。

七、皱胃炎

皱胃炎是指各种病因所致皱胃黏膜及黏膜下层的炎症。本病多见于老龄牛和犊牛，体质虚弱的成年牛也常见。

【病因】

1. 原发性皱胃炎　多因长期饲喂粗硬饲料、冰冻饲料、霉变饲料或糟粕、粉渣等而引起；饲喂不定时，时饱时饥，突然变换饲料或使役过度，经常更换饲养员，或者长途运输，过度紧张，发生应激反应，因而影响到消化机能，导致皱胃炎的发生。

2. 继发性皱胃炎　常继发于前胃疾病、营养代谢疾病、口腔疾病、肠道疾病、肝脏疾病、某些中毒性疾病、寄生虫病（如血矛线虫病）和某些传染病（如牛病毒性腹泻、牛沙门氏菌病）等。

【症状】急性或慢性皱胃炎都呈现消化机能障碍，并伴有呕吐、食欲减退等共同症状，但又各有特点。

（1）急性皱胃炎：患病动物精神沉郁，鼻镜干燥，皮温不整，结膜潮红、黄染，泌乳量降低甚至完全停止，体温一般无变化。食欲减退或废绝，反刍减少、短促、无力或停止，有时空嚼、磨牙；口黏膜被覆黏稠唾液，舌苔白腻，口腔散发甘臭，有的伴发糜烂性口炎；瘤胃轻度臌气，收缩力减弱；触诊右腹部皱胃区，病牛疼痛不安；便秘，粪呈球状，表面覆盖多量黏液，间或腹泻。有的病牛还表现腹痛不安。病的末期，病情急剧恶化，往往伴发肠炎，全身衰弱，脉率增快，脉搏微弱，精神极度沉郁甚至昏迷。

（2）慢性皱胃炎：病畜呈长期消化不良，异嗜。口腔甘臭，黏膜苍白或黄染，口腔内有唾液黏稠，舌苔厚，瘤胃收缩力量减弱；便秘，粪便干硬。病的后期，病畜衰弱、贫血、腹泻。

【诊断】本病的特征不甚明显，确诊较为困难。通常根据患病动物消化不良，触诊皱胃区敏感，眼结膜与口腔黏膜黄染，具有便秘或腹泻现象，有时伴发呕吐，结合临床观察，可提出初步诊断。

由于本病主要呈现消化机能障碍，所以需要与前胃疾病进行鉴别。其中前胃弛缓，瘤胃内容物呈粥状，不断嗳气，往往还可伴发瓣胃秘结现象，可与本病鉴别；创伤性网胃炎，有其特殊的站立和运动姿势，反复发生慢性瘤胃臌气，通过详细观察容易与本病鉴别。

【治疗】

1. 治疗原则 主要在于清理胃肠，消炎止痛。重症病例，则应强心、输液，促进新陈代谢。慢性病例，应注意清肠消导，健胃止酵，增进治疗效果。

2. 治疗措施 急性皱胃炎，在病的初期，先限制采食1～2d，并内服植物油（500～1 000ml）或人工盐（400～500g）。同时静脉注射安溴注射液100ml。为提高治疗效果，可用黄连素2～4g，注射用水50ml，瓣胃注入，每日1次，连用3～5d。

犊牛限制采食1～2d，喂给充足温生理盐水。限食结束后，先给予温生理盐水，再给少量牛奶，逐渐增量。离乳犊牛，可饲喂易消化的优质干草和适量精料，补饲少量氯化钴、硫酸亚铁、硫酸铜等微量元素。

瘤胃内容物发酵、腐败时，可用土霉素10～25mg/kg体重，内服，每日1～2次，或者用链霉素1g，内服，每日1次，连用3～4次。必要时给予健康的牛瘤胃液0.5～1L，更新瘤胃内微生物，增进其消化机能。对病情严重，体质衰弱的成年牛应及时用抗生素，防止感染；同时用5%葡萄糖生理盐水2 000～3 000ml，20%安钠咖注射液10～20ml，40%乌洛托品注射液20～40ml，静脉注射。病情好转时，可服用复方龙胆酊60～80ml，橙皮酊30～50ml等健胃剂。清理胃肠，可给予盐类或油类缓泻剂。

慢性皱胃炎，着重改善饲养管理，适当地应用人工盐、酵母片、龙胆酊、橙皮酊等健胃剂。必要时，给予盐类或油类轻泻剂，清理胃肠。

3. 中兽医辨证施治 中兽医认为本病是胃气不和，食滞不化，治宜调胃和中，消积导滞。方用保和丸加减：焦三仙200g，莱菔子50g，鸡内金30g，延胡索30g，川楝子50g，厚朴40g，焦槟榔20g，大黄50g，青皮60g，水煎去渣，内服。

若脾胃虚弱，消化不良，皮温不整，耳鼻发凉，治宜益脾健胃，温中散寒。方用加味四君子汤：党参100g，白术120g，茯苓50g，肉豆蔻50g，广木香40g，炙甘草40g，干姜50g，共为末，开水冲，候温灌服。

【预防】加强饲养管理，给予质量良好的饲料，饲料搭配合理；搞好畜舍卫生，减少应激因素；对能引起皱胃炎的原发性疾病应及时治疗。

八、皱胃阻塞

皱胃阻塞又称皱胃积食，是由于迷走神经调节机能紊乱或受损，导致皱胃弛缓，内容物滞留，胃壁扩张而形成阻塞的一种疾病。本病常见于黄牛和水牛，奶牛与肉牛也有发生。

【病因】原发性皱胃阻塞是由于饲养管理不当引起，特别是在冬春缺乏青绿饲料，用谷草、麦秸、玉米秸秆、高粱秸秆或稻草铡碎喂牛，常引起发病。而黄牛和水牛，每当农忙季节，因饲喂麦糠、豆秸、甘薯蔓、花生蔓或其他秸秆，同时添加磨碎的谷物精料，并因饲养失调、饮水不足、劳役过度和精神紧张，也常常发生皱胃阻塞。此外由于消化机能和代谢机能紊乱，发生异嗜，舔食砂石、水泥、毛球、麻线、破布、木屑、刨花、塑料薄膜甚至食入胎盘而引起机械性皱胃阻塞。犊牛有的因大量乳凝块滞留而发生皱胃阻塞。

继发性皱胃阻塞，常常继发于前胃弛缓、创伤性网胃腹膜炎、皱胃溃疡、皱胃炎，腹腔脏器粘连、小肠秘结以及肝脾脓肿、犊牛腹膜炎等疾病。

【症状】发病初期，食欲不振，反刍减少、短促或停止，有的病畜则喜饮水；瘤胃蠕动音减弱，瓣胃音低沉，腹围无明显异常；尿量短少，粪便干燥。

随着病情发展，患病动物精神沉郁，被毛逆立，鼻镜干燥或干裂，体温通常正常；食欲废绝，反刍停止，腹围显著增大，瘤胃内容物充满或积有大量液体，瘤胃与瓣胃蠕动音消失，肠音微弱；常呈现排粪姿势，有时排出少量糊状、棕褐色的恶臭粪便，混杂少量黏液或紫黑色血丝和血凝块；尿量少而浓稠，呈黄色或深黄色，具有强烈的臭味。

当瘤胃大量积液时，冲击式触诊，呈现振水样音。在左肷部听诊，同时以手指轻轻叩击左侧倒数第一至第五肋骨或右侧倒数第一、第二肋骨，即可听到类似叩击钢管样的铿锵音。

重剧病例，视诊可见右侧中腹部到后下方呈局限性膨隆；在肋骨弓的后下方皱胃区作冲击式触诊，则病牛有躲闪、蹴踢或抵角等敏感表现，同时感触到皱胃体显著扩张而坚硬，特别是继发于创伤性腹膜炎的病例，由于腹腔器官粘连，皱胃位置固定，更为明显。

直肠检查：直肠内有少量粪便和成团的黏液，混有坏死黏膜组织。体形较小的黄牛，手伸入骨盆腔前缘右前方，瘤胃右侧中下腹区，能摸到向后伸展扩张呈捏粉样的部分皱胃体。乳牛和水牛体形较大，直肠内不易触诊，必要时可以进行剖腹探查。

实验室检查：皱胃液 pH 值为 1~4；瘤胃液 pH 值多为 7~9，纤毛虫数量减少，活力降低；血清氯化物降低，平均为 3.88g/L（正常为 5.96g/L），血浆 CO_2 结合力升高，平均为 682ml/L（正常 514ml/L）。

病至末期，病牛精神极度沉郁，极度虚弱，皮肤弹性减退，鼻镜干燥，眼窝凹陷；结膜发绀，舌面皱缩，血液黏稠，心率 100 次/min 以上，呈现严重的脱水和自体中毒症状。

由含有多量的酪蛋白牛乳所形成的坚韧乳凝块而引起的犊牛皱胃阻塞，表现持续腹泻，瘦弱，腹部臌胀而下垂，腹部做冲击式触诊，可听到一种类似流水音的异常音响。

【诊断】根据右腹部皱胃区局限性膨隆，在左肷部结合叩诊肋骨弓进行听诊，呈现类似叩击钢管的铿锵音以及皱胃穿刺测定其内容物的 pH 值为 1~4，即可确诊。但须与前胃疾病、皱胃变位、肠变位等疾病进行鉴别。

（1）前胃弛缓：前胃弛缓，腹部皱胃区不膨隆，应用听诊结合叩诊反复检查，不呈现钢管叩击音。

（2）创伤性网胃腹膜炎：与本病临床病征极为相似。但创伤性网胃腹膜炎病牛姿势异常，肘部肌群震颤，用拳压或杠抬病牛剑状软骨后方，可引起疼痛反应。

（3）皱胃变位：皱胃变位病牛的瘤胃蠕动音低沉而不消失，并且从左腹胁至肘后水平线的部位可以听到由皱胃发出的一种高朗的叮玲音或潺潺的流水音，同时通过穿刺内容物检查，可以鉴定皱胃左方变位。至于皱胃扭转，则于右侧腹部肋弓后方，进行冲击性触诊和听诊时，呈现拍水音和回击音。

（4）肠扭转与肠套叠：病牛初期呈现明显的腹痛症状，病情急剧恶化，直肠内容物空虚，有多量黏液，肠系膜紧张，直肠检查手伸入骨盆腔时，即感到阻力。

【治疗】

1. 治疗原则 消积化滞，防腐止酵，缓解幽门痉挛，促进皱胃内容物排出，防止脱水和自体中毒。

2. 治疗措施 病的初期，可用硫酸钠 300~400g，液体石蜡（或植物油）500~1 000ml，鱼石脂20g，酒精50ml，常水6~10L混合灌服，每日2次，连续用药3~5d。

皱胃注射25%硫酸钠溶液500~1 000ml，液体石蜡500~1 000ml，乳酸8~15ml或皱胃注射生理盐水1 500~2 000ml。

在病程中，为了改善中枢神经系统调节作用，提高胃肠机能，增强心脏活动，可应用10%氯化钠溶液200~300ml，10%安钠咖溶液20ml，静脉注射。当发生自体中毒时，可用撒乌安注射液100~200ml或樟脑酒精注射液200~300ml，静脉注射。发生脱水时，应根据脱水程度和性质进行输液，通常应用5%葡萄糖生理盐水2 000~4 000ml，10%安钠咖注射液20ml，40%乌洛托品注射液30~40ml，静脉注射。10%维生素C注射液30ml，肌肉注射。此外可适当地应用抗生素或磺胺类药物，防止继发感染。

由于皱胃阻塞，多继发瓣胃秘结，药物治疗效果不佳时，及时施行瘤胃切开术，取出瘤胃内容物，然后用胃管插入网-瓣孔，通过胃管灌注温生理盐水，冲洗皱胃，达到疏通的目的。

3. 中兽医辨证施治 中兽医认为皱胃阻塞主要是脾胃运化失常，气血淤滞，以致中焦阻塞，胃有积食。治宜宽中理气，软坚破积，通便泻下。

早期病例可用加味大承气汤：大黄100g，厚朴50g，枳实50g，芒硝200g，滑石100g，木通50g，郁李仁100g，瓜蒌两个，京三棱40g，莪术50g，醋香附50g，山楂50g，麦芽50g，青皮40g，沙参50g，石斛50g，水煎去渣，加植物油250ml，候温灌服。

【预防】加强平时的饲养管理，合理搭配日粮，应特别注意粗饲料和精饲料的调配，饲草不能铡得过短，精料不能粉碎过细；注意清除饲料中异物，防止发生创伤性网胃炎，避免损伤迷走神经。

九、皱胃变位

皱胃的正常解剖学位置发生改变，称为皱胃变位。按其变位的方向分为左方变位和右方变位两种类型。在临床实践中，绝大多数病例是左方变位。皱胃变位是奶牛常见的一种皱胃疾病，发病高峰在分娩后6周内，也可散发于泌乳期或怀孕期，高产奶牛多发。犊牛与公牛较少发病，断奶前常发生右方变位。

（一）皱胃左方变位

皱胃通过瘤胃下方移到左侧腹腔，置于瘤胃和左腹壁之间，称为左方变位（图 1-1，图 1-2）。

图 1-1　皱胃囊向左侧移位
（通过第 11 胸椎横断面）

图 1-2　图 1-1 的平切面

【病因】皱胃左方变位的确切病因仍然不完全清楚，主要与皱胃弛缓和机械性转移两方面有关。

皱胃弛缓时，皱胃机能不良，导致皱胃扩张和充气，容易因受压而游走变位。造成皱胃弛缓的原因包括一些营养代谢性疾病或感染性疾病，如酮病、低钙血症、生产瘫痪、牛妊娠毒血症、子宫炎、乳房炎、胎膜滞留和消化不良，以及饲喂较多的高蛋白精料或含高水平酸性成分饲料，如玉米青贮等。此外由于上述疾病可使病畜食欲减退，导致瘤胃体积减少，促进皱胃变位的发生。

皱胃机械性转移，是由于子宫在妊娠后期其胎儿逐渐增大和沉重，并逐渐将瘤胃向上抬高并向前移位，皱胃就趁机向左方移走，当母牛分娩时，腹腔这一部分的压力骤然减去，于是瘤胃恢复原位下沉，致使皱胃被挤压到瘤胃左方，置于左腹壁与瘤胃之间。此外，爬跨、翻滚、跳跃等情况，也可能造成发病。

为获得更高的产奶量，在奶牛的育种方面，通常选育后躯宽大的品种，从而腹腔相应变大，增加了真胃的移动性，也就增加了发生皱胃变位的机会。

【症状】本病较多发生于高产奶牛，且大多数发生在分娩之后，少数发生在产前三个月至分娩前。病牛食欲减退，厌食谷物类饲料，青贮饲料的采食量往往减少，大多数病牛对粗饲料仍保留一些食欲，产奶量下降1/3~1/2。通常排粪量减少，呈糊状，深绿色。病畜精神沉郁，轻度脱水，若无并发症，其体温、呼吸和脉搏基本正常。从尾侧视诊可发现左侧肋弓突起，若从左侧观察肋弓突出更为明显；瘤胃蠕动音减弱或消失。在左侧肩关节和膝关节的连线与第11肋间交点处听诊，能听到与瘤胃蠕动时间不一致的皱胃音（带金属音调的流水音或滴嗒音）。在听诊左腹部的同时进行叩诊，可听到高亢的鼓音（砰砰声或类似叩击钢管的铿锵音），叩诊与听诊应在从左侧髋结节至肘结节以及从肘结节至膝关节连线区域内进行。砰砰声最常见的部位处于上述区域的第 8 肋间至第 12 肋间之间。但是也有一部分病例的砰砰声可能接近腹侧或后侧。在左侧肋弓下进行冲击式触诊时听诊，可听见真胃内液体的振荡音。严重病例的皱胃臌胀区域向后超过第 13 肋骨，从侧面视诊可发现肷窝内有半月状突起。犊牛的皱胃左方变位，其典型的叩诊区在左肋弓后缘、向背侧可延伸至左肷窝，犊牛还表现为慢性或间歇性臌气。直肠检查：可发现瘤胃背囊明显右移和左肾出现中度变位。有的病牛可出现继发性酮病，表现出酮尿症、酮乳症，呼出气和乳中带有酮味。

【诊断】早期诊断有些困难，主要诊断要点是：①多发生于分娩后；②食欲时好时坏；③左侧最后 3 个肋骨间显著膨大，从侧面视诊可发现肷窝内有半月状突起；④左肷部听诊能听到与瘤胃蠕动时间不一致的皱胃音，并在最后几个肋骨处用手指轻叩，可听到金属音；⑤检查牛乳、尿及呼出气体，酮体呈阳性；⑥直肠检查瘤胃背囊右移，背囊的外侧部压力降低；⑦在听诊与叩诊结合听到砰砰声（金属音）的区域的直下部进行穿刺检查，穿刺液呈酸性反应（pH 值为 1~4），棕褐色，缺乏纤毛虫，可做出明确诊断。应注意与下列疾病相鉴别。

（1）原发性酮病：高产奶牛多由于饲料配合不当等原因引起，葡萄糖治疗能立即见到良好反应。

（2）创伤性网胃炎：在站立、运动时有特殊姿势，胸壁疼痛和白细胞分类计数检查有诊断意义。

【治疗】目前治疗皱胃左方变位的方法有滚转法、药物疗法和手术疗法等三种。

1. 滚转法　滚转法是治疗单纯性皱胃左方变位的常用方法，运用巧妙时，可以痊愈。具体的方法是使牛右侧横卧 1min，然后转成仰卧（背部着地，四蹄朝天）1min，随后以背部为轴心，先向左滚转 45°，回到正中，再向右滚转 45°，再回到正中；如此来回地向左右两侧摆动若干次，每次回到正中位置时静止 2~3min，此时真胃往往"悬浮"于腹中线并回到正常位置，仰卧时间越长，从臌胀的器官中逸出的气体和液体越多；将牛转为左侧横卧，使瘤胃与腹壁接触，然后马上使牛站立，以防左方变位复发。也可以采取左右来回摆动约 3~5min 后，突然以迅猛有力动作摆向右侧，使病牛呈右横卧姿势，至此完成一次翻滚动作，直至复位为止。如尚未复位，可重复进行。

2. 药物疗法　对于单纯性皱胃左方变位，当考虑到费用或护理及管理方面的限制而不能进行手术疗法时，可采取药物疗法。药物疗法可口服缓泻剂与止酵剂，应用促反刍药物和拟胆碱药物，以促进胃肠蠕动，加速胃肠排空。此外还应静脉注射钙剂和口服氯化钾。若存在并发症，如酮病、乳房炎、子宫炎等，应同时进行治疗，否则药物治疗效果不佳。

病畜经药物治疗，滚转法治疗或药物与滚转法相结合的治疗后，让动物尽可能地采食优质干草，以增加瘤胃容积，从而达到防止左方变位的复发和促进胃肠蠕动。

3. 手术治疗法　在左腹部腰椎横突下方 25~35cm，距第 13 肋骨 6~8cm 处，作垂直切口，导出皱胃内的气体和液体。然后，牵拉皱胃寻找大网膜，将大网膜引至切口处，用长约 1m 的肠线，一端在真胃大弯的大网膜附着部作褥式缝合并打结，剪去余端；带有缝针的另一端放在切口外备用。纠正皱胃位置后，右手掌心握着带肠线的缝针，紧贴左内腹壁伸向右腹底部，并按助手在腹壁外指示真胃正常体表位置处，将缝针向外穿透腹壁，由助手将缝针拔出，慢慢拉紧缝线。然后，缝针从原针孔刺入皮下，距针孔处 1.5~2.0cm

处穿出皮肤，引出缝线，将其与入针处留线，在皮肤外打结固定，剪去余线；腹腔内注入青霉素和链霉素溶液，缝合腹壁。

【预防】在满足动物的各种营养需要量的同时，应合理配合日粮，日粮中的谷物饲料、青贮饲料和优质干草的比例应适当；对发生乳房炎或子宫炎、酮病等疾病的病畜应及时治疗；在奶牛的育种方面，应注意选择既要后躯宽大，又要腹部较紧凑的奶牛。

（二）皱胃右方变位

皱胃从正常的解剖位置以顺时针方向扭转到瓣胃的后上方，而置于肝脏与腹壁之间，称为皱胃右方变位。皱胃右方变位又称皱胃扭转（图1-3，图1-4）。

图1-3　皱胃和瓣胃正常位置右侧观
（瘤胃被大网膜、瓣胃被小网膜所覆盖）

图1-4　皱胃顺时针扭转（右侧面）

【病因】皱胃右方变位的病因目前仍不清楚，有关的因素与左方变位相似，认为由于皱胃弛缓所致，但不限于妊娠或分娩的母牛。

【发病机理】皱胃扭转通常在瓣-皱孔附近以垂直平面旋转，从右侧看为顺时针方向扭转，扭转一般呈180°~270°，严重的可达540°。皱胃扭转引起瓣胃、网胃、十二指肠的变位。皱胃扭转导致幽门阻塞，引起皱胃的分泌增加；分泌的盐酸、氯化钠、氯化钾和液体积聚，导致皱胃扩张、积液、气胀、腹痛、脱水、低氯血症、低钾血症和碱中毒以及循环虚脱的严重病理现象。由于皱胃扭转，皱胃的血液供应受到影响，最终引起皱胃局部血液循环障碍和缺血性坏死。轻度的扭转有少量内容物可以通过幽门部，积液和扩张的程度也比较轻，不妨碍皱胃的血液供应，碱中毒和脱水的发生也相对地比较慢。

【症状】皱胃变位病情急剧，突然发生腹痛，背腰下沉，呻吟不安，后肢踢腹。食欲减退或废绝，泌乳量急剧下降，体温一般正常或偏低，心率60 ~ 120 次/min，呼吸数正常或减少。瘤胃蠕动音消失，粪便呈黑色、糊状，混有血液；从尾侧视诊可见右腹膨大或肋弓突起，在右肷窝可发现或触摸到半月状隆起；在听诊右腹部的同时进行叩诊，可听到高亢的鼓音（钢管音），鼓音的区域向前可达第8肋间，向后可延伸至第12肋间或肷窝。右腹冲击式触诊可发现扭转的真胃内有大量液体。直肠检查，在右腹部触摸到臌胀而紧张的皱胃。从臌胀部位穿刺皱胃，可抽出大量带血色液体，pH值为1 ~ 4。血清氯化物在皱胃扭转早期为80 ~ 90mmol/L，严重病例低于70mmol/L。

【诊断】皱胃右方变位由于幽门阻塞，可引起皱胃臌气和积液，因此右腹肋弓后方明显的膨胀，通过右侧腰旁窝的听诊、叩诊和冲击式触诊，可以证实皱胃呈顺时针方向扭转。对膨胀部位进行穿刺可确诊。注意与皱胃积食、皱胃左方变位、原发性酮病等区别。

皱胃积食时，皱胃扩张程度不超过腹侧中线，也不进入腹胁部，且震摇不发出液体振荡音。

皱胃左方变位时虽亦呈现酮尿，但两侧腹部腰旁窝均不膨胀，且大多数呈亚急性或慢性，腹泻也可能是其特征之一，在左侧最后三个肋间，叩诊类似钢管音，腹部膨胀亦以该区为明显，皱胃穿刺可以确诊。

原发性酮病，对葡萄糖治疗有明显效果。

【治疗】皱胃扭转主要采用手术方法治疗。在右腹部第3腰椎横突下方10 ~ 15cm 处，作垂直切口，导出皱胃内的气体和液体；纠正皱胃位置，并使十二指肠和幽门通畅；然后将皱胃在正常位置加以缝合固定，防止复发。对于早期的皱胃扭转或轻度脱水者，采取术后口服补液（15 ~ 40L）和氯化钾（每次30 ~ 120g，每日2次）；严重病例则应在术前进行静脉补液和补钾（450kg 体重的奶牛用复方氯化钠注射液3 000 ~ 5 000ml，25% 葡萄糖注射液500 ~ 1 000ml，10% 安钠咖注射液20ml，静脉注射）。同时治疗低钙血症、酮病等并发症。

【预防】皱胃右方变位的预防与皱胃左方变位的预防措施相似。

十、反刍动物肠性腹痛

（一）肠痉挛

肠痉挛是由于肠平滑肌受到异常刺激发生痉挛性收缩，并以明显的间歇性腹痛为特征的一种急性腹痛病，水牛和黄牛均有发生，乳牛极少见。临床上以急性腹痛，肠蠕动增强，不断排粪为特征。

【病因】肠痉挛多因气温和湿度的剧烈变化、风雪侵袭、汗后淋雨、寒夜露宿、暴饮冷水、采食霜冻或发霉、腐败的草料等而引起。此外消化不良、胃肠的炎症、肠道溃疡或肠道内寄生虫及其毒素等都是不可忽视的内在致病因素，它们能使肠黏膜下神经丛和肠肌神经丛的敏感性增高，导致植物性神经系统平衡失调，发生暂时性肠痉挛。

【症状】本病一般在采食和饮冷水后1 ~ 2h 发生。多数病牛腹部饱满，腹痛不安，后肢频频屈曲，企图蹲伏地上，不见排尿。能断续地见到排粪，开始时，粪便成堆状，以后变稀或呈水样，且排粪量逐渐减少。体温38 ~ 39.5℃，脉搏50 ~ 60 次/min。眼结膜及口黏膜潮湿，呈淡红色。瘤胃蠕动时发出"咕噜咕噜"音，触诊柔软。水牛肠痉挛时，能听到明显的瓣胃及肠蠕动音，直至排粪停止后声音减弱。

直肠检查，直肠内存在稀薄粪汁，无泡沫，无恶臭。极少数病程延长的病例，粪便中黏液增多。个别病例，当手从直肠抽出时，常黏着一些纤维蛋白薄膜，这样的病例，往往呈现严重脱水、消瘦，甚至濒于死亡。

【治疗】

1. 治疗原则　解除肠痉挛，清肠止酵，恢复胃肠功能。

2. 治疗措施　本病虽然呈急性腹痛发作，且腹痛症状很明显；但在一般情况下，约经1~3h腹痛即可消失，并随后排出正常粪便。若暂时限制采食，可以不药而愈。如在几小时后仍呈现间歇性腹痛，可能转为肠变位或肠炎。

主要采用腹部温热疗法、镇痛、解痉。通常投服微温的常水，加入颠茄30ml或皮下注射阿托品0.025~0.05g（剂量大，会引起胃肠臌气），同时用温水作深部灌肠。肠痉挛较轻的病例，只须皮下注射30%安乃近溶液30~40ml用于镇痛。若病程延长，肠音停止，转为肠变位或肠炎，则需进行补液、投服抗生素药物，或采用手术治疗。

3. 中兽医辨证施治　中兽医称本病为冷痛，也叫脾气痛、姜牙痛，是因外感风寒、内伤阴冷而致的一种急性阵发性腹痛。治宜温中散寒，理气和血。方用①橘皮散：青皮25g，陈皮30g，厚朴30g，桂心25g，细辛10g，茴香25g，当归30g，白芷15g，共为细末，大葱3根、炒盐15g、烧酒60ml为引，开水冲，候温灌。②健脾散：当归、青皮、砂仁各20g，陈皮、五味子、菖蒲各25g，厚朴、白术、肉桂、干姜、茯苓、泽泻各30g，干草15g，共为末，开水冲，候温灌服。③桂心散：桂心、青皮、益智仁、白术、厚朴、干姜、当归各20g，陈皮30g，砂仁、五味子、肉豆蔻、炙甘草各15g，共为末，开水冲调，候温灌服。

4. 针灸　针治山根、耳尖、三江、带脉、蹄头等穴。

5. 验方

吴茱萸30g，花椒、胡椒各15g，共为末，开水冲服，候温灌服。

生姜70g，大葱7根，艾叶35g，白酒100~150ml，煎汤，候温，加酒灌服。

酒炒干姜、炒盐各30g，酒炒小茴香90g，白酒120ml，共为末，酒调，灌服。

【预防】　加强饲养管理，防止受寒、贼风侵袭，不喂霉败变质、冰冻饲料，犊牛要及时驱虫，饲喂定时定量，防止消化不良。

（二）肠便秘

肠弛缓导致粪便积滞称为肠便秘。牛的肠便秘与饲养和使役不当有关。发生的部位大多在结肠，也有在小肠的。由于肠弛缓是肠便秘的发病基础，因此病牛常伴有前胃弛缓的现象。本病一般见于成年牛，并以老龄牛发病率较高。

【病因】　牛肠便秘通常由于饲喂甘薯藤、豆秸、花生秸、棉秆和稻草等粗纤维饲料所致。这些富含纤维素的粗饲料先引起肠道兴奋性增高，随后导致肠管运动和分泌减退，最终引起肠弛缓和肠积粪，特别在连续饲喂粗纤维饲料而又重度劳役和缺乏饮水时，更能助长便秘的发生。因此，农忙季节的耕牛易发生肠便秘。乳牛肠便秘虽不常见，若长期饲喂大量浓质饲料而使肠道负担过重时，若伴有肠弛缓，就可发展为肠便秘。新生犊牛可因分娩前的胎粪积聚，以致在出生后发现肠便秘。其他如在腹部肿瘤、某些腺体增大、肝脏疾病导致胆汁排出减少等情况下，亦可见之。母畜临近分娩时，因直肠麻痹，容易导致直肠便秘。

【症状】病初腹痛是轻微的，但可呈持续性；病牛两后肢交替踏地，呈蹲伏姿势；或后肢踢腹；拱背，努责，呈排粪姿势。腹痛增剧以后，常卧地不起。病程延长以后，腹痛减轻或消失，卧地和厌食，反刍停止，鼻镜干燥，结膜呈污秽的灰红色或黄色，口腔干臭，有灰白或淡黄色舌苔。通常不见排粪，频频努责时，仅排出一些胶胨样团块。

直肠检查，肛门紧缩，直肠内空虚，有时在直肠壁上附着干燥的少量粪屑。耕牛便秘大多数发生于结肠，因此直肠检查须注意结肠盘的状态。有些病例，在便秘的前方胃肠积液、积气，应注意对积液积气肠段后方的肠段检查。

病至后期，病牛眼球下陷，可视黏膜干燥，皮肤弹性下降，目光无神，腹围增大，鼻镜干裂，机体抵抗力很差，卧地后起立困难，心脏衰弱，心律不齐，脉搏快弱。对右腹部进行冲击式触诊有明显振水音。对右腹部肠臌气积液肠段叩诊，可出现明显的金属音。病程一般 6~12d，若不治疗大多以脱水和虚脱而死。

【诊断】便秘病牛一般表现不吃、不反刍、不排粪；不时做排粪姿势，但仅仅排出一些胶冻样的白色黏液性团块；病牛有腹围增大，对右腹部用拳头进行冲击式触诊可出现振水音，叩诊右腹部可出现明显的金属音。结合病史，有腹痛现象及直肠检查结果，可以确诊。但应注意与瘤胃积食、皱胃阻塞、瓣胃阻塞等病进行鉴别诊断。

【治疗】

1. 治疗原则 镇痛、通便、补液和强心。

2. 治疗措施 通便治疗是在补液的基础上投予硫酸镁或硫酸钠及皮下注射小剂量新斯的明（0.02g）。灌服硫酸钠 500~800g（配成 8% 浓度），经 3~4h 再灌服食盐 250g，水 25 000ml，10~14h 可使肠道通畅。结肠便秘还可采用温肥皂水 15 000~30 000ml 作深部灌肠。对顽固性便秘，可试用瓣胃注入石蜡油 1 000~1 500ml。

3. 中兽医治疗 方用通结汤：大黄 90g、麻仁 50g、枳实 50g、厚朴 30g、醋香附 60g、木香 30g、木通 25g、连翘 25g、栀子 30g、当归 30g，水煎 0.5~1h 后，加入芒硝 250g、乳香 20g、没药 20g、神曲 90g，候温灌服。

如治疗仍不见排粪者，应及时进行剖腹破结，剖腹后局部注入石蜡油 300~500ml，或生理盐水 1 000ml，并通过肠外直接按压至松软为止。若粪块粗大、坚硬，肠壁淤血坏死时则应作肠管切除术。

【预防】加强饲养管理，经常供给多汁的块根和青绿饲料，合理搭配粗纤维饲料，饲喂要定时定量。耕牛要合理使役，乳牛应适当运动。

（三）肠变位

肠变位又称机械性肠阻塞和变位疝，是由于肠管的自然位置发生改变，致使肠系膜或肠间膜受到挤压绞窄，肠腔发生机械性闭塞和肠壁局部发生循环障碍的一种疾病。反刍动物发病率较低，特别在乳牛，肠变位的病例是极少见的。哺乳期犊牛的消化不良和耕牛的饲养失调及劳逸不均，可能导致肠变位以及某些腹内疝。

肠套叠

肠套叠是一段肠管伴同肠系膜套入与之相连的另一段的肠管内，形成双层肠壁重叠现象。套叠部分短者，可能自然复位；套叠部分长者，由于肠管和肠系膜紧张，牵引导致剧烈腹痛，套叠肠段局部瘀血、肿胀，若不及时手术复位，则套叠肠段发生坏死，常导致中毒性休克，此时手术成功率较低。

【病因】本病通常见于哺乳犊牛。哺乳犊牛肠套叠，主要由于母乳浓稠和变质，引起消化不良，或因暴饮冷水，引起肠管痉挛性收缩所致。至于成年牛，肠套叠或许由于肠道内寄生虫的侵袭，或存在肿瘤及炎性增生物，也有因肠炎引起的。

【症状】突然出现腹痛不安，踢腹，摇尾，频频起卧；站立时，背腰下沉，特别是胸腰椎关节部分。发病 12~24h 后，腹痛减轻或消失，病牛精神委顿与虚脱。通常体温正常，当肠管坏死及腹膜炎时，体温升高约 1℃。脉搏 80~120 次/min。呼吸浅表，有喘息现象。有些病例，仅表现腹部不适感和里急后重。初期阶段排粪减少，粪便内带有一些黏液，随后排粪越来越少，且粪中常混有血凝块或鲜血丝，也有的排出少量的粪便呈煤焦油样。直肠检查，直肠内常蓄积少量棕褐色胶冻样粪便，或带有血凝块的少量粪便。中等体型的黄牛在直肠检查时，常常可发现香肠样圆柱状肿胀的套叠肠段，表面光滑、肉样感，牵拉敏感。

【诊断】由于腹部症状与其他肠变位相似，区别诊断比较困难。但在肠套叠时，随腹痛发作后呈现背部下沉，而较快地排出一些黏液样或煤焦油样粪便；且直肠检查可发现肠系膜紧张、牵引及圆柱状肿胀肠段，可以初步诊断。必要时可剖腹探查。

【治疗】肠套叠的初期可试用温水高压灌肠法进行复位，但由于肠套叠肠段都有不同程度的淤血与水肿，温水灌肠复位多不能奏效，因此，只要临床确诊发生了肠套叠，就应进行紧急手术救治。

手术方法：保定、麻醉、切口定位及腹壁切开，见有关课程。

腹腔探查时，在网膜上隐窝（大网膜深浅两层包被结肠袢、空肠、回肠和盲肠的间隙）内，发现有香肠状、肉样感肠段，表面光滑，触之敏感疼痛。将套叠部经网膜上隐窝间口（网膜上隐窝的后口，即网膜深浅两层相互连接吻合处）引出腹壁切口外（也可切开双层网膜），进行整复。

整复方法：用手指在套叠的顶端将套入部慢慢逆行（自远端向近端）推挤复位。操作时须耐心、持续、压力均匀地排挤，绝不允许在近端用手猛拉，以防肠管破裂。若经较长时间地推挤复位仍无进展，可用小指插入套叠鞘内扩张紧缩环。若小手指不能伸入套叠鞘内，可剪开鞘部和套入部外层，即可复位。将肠壁切口用内翻垂直褥式浆膜肌层缝合。

复位的肠管如色泽、蠕动及肠系膜动脉搏动均属良好，即可还纳腹腔内。如复位的肠管色泽改变、蠕动消失、肠系膜动脉搏动不明显时，应先用温热生理盐水纱布覆盖，经 20min 后检查。若色泽、蠕动及肠系膜血管搏动恢复正常，说明病区肠管仍有活力，即可还纳腹腔内；若已坏死或套入部不能退出，应及时考虑作肠切除并行肠吻合术。

肠扭转

肠扭转是肠管本身伴同肠系膜呈梭状扭转的一种肠纵轴扭转，造成肠管闭塞不通。本病在耕牛和乳牛都有发生，发病率较低。扭转的部位多数在空肠，特别是接近回肠的部位，有时也可发生于盲肠。

【病因】发病机制还不十分清楚。发病原因认为与肠弛缓或肠痉挛等肠运动失调有密切关系；至于动物体位的突然改变，只能看成是肠扭转的一种附加的动力因子。扭转的肠管通常是在自然游离度较大的肠段，因此空肠以及回肠和盲肠的发病率较高。役用牛的劳逸不均和肉用牛的粗饲料成分不足，都可导致肠弛缓。肠痉挛引起的肠扭转，主要是由于寒冷因素刺激作用的结果。

【症状】突然出现腹痛，腹痛时�踢腹部。强迫行走时，背下沉而小心，有时呻吟，肩部和前肢发抖，食欲废绝，排粪减少或停止，不见排尿。以后反复起卧，约经半 d 至 1d 后卧地不愿起立，频频举头回顾腹部；有些病例腹围膨胀。急性阶段维持 8～10h，然后腹痛缓和，精神沉郁。体温可升高 1℃ 左右。脉搏快而弱，呼吸无力，瞳孔和肛门反射消失。呈现严重脱水现象，盲肠扭转时，还伴有低血钾症。

直肠检查，通常在右侧腹腔能摸到一种粗硬的索状物。在扭转的前段肠管，由于积聚大量液体和气体，故肠管膨胀而紧张；但在扭转的后段肠管，由于与盲肠相通，缺乏粪便，故肠管细软而空虚。

【诊断】从症状诊断上容易与肠痉挛和肠便秘区别，但不易与其他肠变位区别；确诊需结合直肠检查，甚至剖腹探查术才能完成。本病直肠检查的特征是发现一段较粗的充气、膨胀的肠管，在其前方肠管中积聚大量液体、气体和粪便，在其后方肠管中内容物缺乏，肠管柔软而空虚，同时肠系膜扭转呈索状。肠套叠虽然肠系膜紧张，但不呈索状，且患部肠管呈圆柱状，且触诊比较坚实。肠嵌闭和肠绞窄时，肠系膜虽紧张，但不呈索状，且患部肠管呈蒂状。

【治疗】按一般腹痛进行常规治疗。镇痛、补液、强心，并适当纠正酸中毒。在盲肠扭转时，大多数病例会伴有低血钾症和碱中毒及严重脱水，应及时纠正。根本的治疗在于早期诊断后进行手术治疗。若不能明确肠变位的类型，可借剖腹探查术，边诊断边治疗。严重粘连和坏死者，作肠管切除术。

肠嵌闭和肠绞窄

肠嵌闭是一段肠管坠入与腹腔相通的天然孔或后天病理破裂口内，肠管遭受挤压，产生疼痛、肿胀、淤血和闭塞。肠绞窄是一段肠管被某些腹腔韧带绞窄，导致与肠嵌闭相似的结果。

【病因】犊牛多见于脐疝，成年牛（尤其是肥育的肉牛）多见于腹股沟疝。此外，下腹肌创伤性裂孔，肠系膜、大网膜、膈肌破裂时，以及肠管绞在韧带上或大网膜与肠管粘连，也可引起肠管嵌闭或绞窄。

乳牛在难产之后或严重的子宫炎，常常与小肠、大肠某一部分粘连而引起绞窄。

去势的公牛，往往由于断离的输精管绞窄肠管或输精管退回到腹腔而与腹膜粘连，以致形成一种圈套，若游离的空场坠入该圈套中，可立即发生肠嵌闭。

【症状】轻度肠管嵌闭，可以自然恢复；如不能自然恢复，则继发肠粘连。如肠道依然保持畅通，动物遗留一种小型内疝，不至于死亡，但却表现长期隐性腹痛，慢性消化不良、消瘦、贫血和衰竭，并丧失生产性能。严重的病例，腹痛剧烈，频频起卧，回头顾腹，站立时后肢踢腹，约经 6～12h 之后，腹痛程度减轻；这样的病例，若发生在夜间，至次日早晨腹痛症状消失；因此早期腹痛病史常被忽略；但从牛舍中发现垫草散乱或地面泥土松散等痕迹来判断，应怀疑存在腹痛。直肠检查，除某些腹壁疝和膈疝等难以触及外，通常能发现腹腔内存在一种蒂状肿胀；但蒂的基部不呈索状。死亡常因继发消化道麻痹和败血症引起。

【治疗】按腹痛一般治疗原则进行治疗，但忌用泻剂和拟胆碱药物。治疗的根本是整复肠管，必要时应作肠管切除术，但同时必须缩小天然孔或闭合病理孔。

第三节　单胃动物胃肠疾病

一、胃肠炎

胃肠炎是胃黏膜和肠黏膜及黏膜下深层组织炎性疾病的总称。临床上很多胃炎和肠炎往往相伴发生，故合称为胃肠炎。按炎症性质可分为黏液性、出血性、化脓性、纤维素性和坏死性炎症；按病因可分为原发性和继发性胃肠炎；按病程分为急性和慢性两种。临床上以腹泻、脱水，胃肠机能严重紊乱，自体中毒，不同程度的酸碱平衡失调为特征。本病是畜禽常见的多发病，猪最为常见。

【病因】

1. 原发性胃肠炎

（1）饲料品质不良，如饲喂发霉变质的玉米、大麦、豆饼、糟粕，冰冻腐烂的块根、块茎、青草，饲喂受到霉菌侵染的谷草、麦秸、藤秧、青贮饲料，误食了蓖麻、巴豆等有毒植物及酸、碱、磷、砷、汞、铅等刺激性化学物质。

（2）使役管理不善，如畜舍阴暗潮湿，环境卫生不良，车船输送、仔猪断奶、舍内拥挤受热等使机体处于应激状态，容易受到致病因素侵害；或机体防卫能力降低，而受到如沙门氏杆菌、大肠杆菌、坏死杆菌等条件致病菌的侵袭而引发。

2. 继发性胃肠炎

（1）某些传染病，如猪瘟、仔猪副伤寒、猪痢疾、猪传染性胃肠炎、仔猪大肠杆菌病、仔猪梭菌性肠炎、猪流行性腹泻等。

（2）某些寄生虫病，如猪蛔虫病等；急性胃肠卡他及各种腹痛病的治疗不当或病情重剧的经过中，均可出现胃肠炎的病理过程和临床症状。

【症状】 全身症状重剧：精神沉郁，闭目呆立；食欲废绝而饮欲亢进；结膜潮红，巩膜黄染；体温升高至40℃以上，少数病畜后期发热，个别病畜始终不见发热；脉搏增数，每分钟80~100次。

胃肠机能障碍重剧：表现口腔干燥、口色潮红、红紫或蓝紫，有多量舌苔，口臭难闻。常有轻微腹痛，喜卧。猪常发生呕吐。持续而重剧的腹泻是肠胃炎的主要症状，频频排粪，粪便稀软，呈粥状、糊状或水样，常混有数量不等的黏液、血液或坏死组织片，有恶臭或腥臭味。肠音初期增强，后期减弱或消失。后期有排粪失禁和里急后重现象。

脱水体征明显：胃肠炎腹泻重剧的，在临床上多于腹泻发作后18~24h可见明显（占体重10%~12%）的脱水特征，表现为皮肤干燥、弹性降低，眼球塌陷，尿少色暗，血液黏稠暗黑。

自体中毒体征明显：病畜衰弱无力，耳尖、鼻端和四肢末梢发凉，局部或全身肌肉震颤，脉搏细数或不感于手，结膜和口色蓝紫，微血管再充盈时间延长，有时出现兴奋、痉挛或昏睡等神经症状。

胃和小肠为主的胃肠炎：无明显腹泻症状，排粪弛缓、量少、粪球干而小，口腔症状明显如舌苔黄厚、口臭味难闻，巩膜黄染重，自体中毒的体征比脱水体征明显，后期可能出现腹泻。

【诊断要点】根据病史，结合全身症状重剧，口腔症状明显；肠音初期增强以后减弱或消失，腹泻明显，以及迅速出现的脱水与自体中毒体征等特征，不难诊断。根据症状的不同组合，可判断病变发生的部位。口腔症状明显，肠音微弱，粪球干小的，主要病变可能在胃；腹痛和黄染明显，腹泻出现较晚，且继发积液性胃扩张的，主要病变可能在小肠；腹泻出现早，脱水体征明显，并有里急后重表现的，主要病变在大肠。

临床上还需与以下疾病进行鉴别诊断。

1. 中毒性胃肠炎 有的不腹泻，但食欲废绝，腹痛不安。口腔黏膜充血、出血、坏死，有的舌咽麻痹，但体温正常，而脉搏快弱，呼吸迫促，肌肉发抖。

2. 出血性胃肠炎 经过急剧，多在 4～6h 内死亡。表现体温正常，但心跳快速上升，呼吸加快。腹痛剧烈，不易控制，一般止痛药多无效。肠音消失，排粪停止（不腹泻）引起臌气。出汗明显，舌色初期正常，但很快变为暗紫无光。

3. 由结症等疝痛病继发的胃肠炎 症状较轻，表现精神沉郁，食欲减半，轻度腹泻或排暗黑色如牛粪状粪便，舌色紫红，舌底红黄，心跳加快达60～80 次/min，心音强大，体温正常或稍高。

4. 霉菌性胃肠炎 先表现腹泻，粪内黏液较多，轻度腹痛，结膜发黄，以后唇、舌、耳、膀胱麻痹，表现出唇下垂，舌拉出口外不能缩回，舌面白滑无光，舌底暗紫有光，两者界限分明（肠麻痹），耳聋下，尿闭。肠音消失，发生中度臌气。末期病畜站立不稳，倒地后四肢做游泳动作，口流涎沫，阵发痉挛致死。

【治疗】

1. 治疗原则

抓住一个根本：消炎抗菌。

把好两个关：缓泻与止泻（清理胃肠）。

掌握好三个时期：早发现、早确诊、早治疗。

做好四个配合：输液、强心、利尿、解毒。

2. 治疗措施

（1）抑菌消炎：抑制肠道内致病菌增殖，消除胃肠炎症过程，是治疗急性胃肠炎的根本措施，适用于各种病型，应贯穿于整个病程。可依据病情和药物敏感性试验，选用抗生素药物，如复方黄连素 8～12mg/kg 体重、磺胺脒（酞磺胺噻唑或琥珀酰磺胺噻唑），配伍用抗菌增效剂三甲氧苄氨嘧啶（TMP），肌肉注射庆大霉素（1 500～3 000IU/kg 体重）、庆大-小诺霉素（1～2mg/kg 体重）、盐酸环丙沙星（5～20mg/kg 体重）、乙基环丙沙星（2.5～3.5mg/kg 体重）等。

（2）缓泻与止泻：是治疗胃肠炎相反相成的两种措施，须注意选择使用，切实掌握好用药时机，否则会使病情恶化。

缓泻：适用于病畜排粪迟滞，或排恶臭稀粪且肠胃内仍有大量异常内容物积滞的情况。目的是为了排出胃肠道内有害内容物，制止内容物继续腐败酵解，减轻炎性刺激，缓解自体中毒。常用药为硫酸钠或人工盐 250～400g，鱼石脂 10～20g，温水 5 000～8 000ml，一次内服。本方对早期排粪迟滞效果较好。对胃肠已经陷于弛缓的重剧病例，以灌服液体石蜡为好。

止泻：适用于肠内积粪已基本排净，粪的臭味不大且仍剧泻不止的非传染性肠胃炎。

目的是防止病畜因严重下痢而重度脱水。常用吸附剂和收敛剂，如木炭末，马一次100～200g，加水1～2L，配成悬浮液内服；或用矽炭银片30～50g，鞣酸蛋白20g，碳酸氢钠40g，加水适量灌服。注意事项：过早应用会使胃肠道有毒物质滞留，而加剧炎症和自体中毒。

（3）补液、解毒和强心：脱水和自体中毒引起的心力衰竭，常是病畜致死的直接原因，故它是抢救危重肠胃炎的三项关键措施。

药液选择：腹泻引起的脱水多是混合性脱水，水、盐同时丧失，常用糖盐水和复方氯化钠溶液。同时，加输一定量的10%低分子右旋糖酐液，兼有维持渗透压、扩充血容量和疏通微循环的作用。为增强解毒机能，可在输液时加入5%碳酸氢钠液300～500ml；40%乌洛托品液50～100ml。为防止自体中毒，可静脉注射樟酒糖注射液（樟脑、酒精、葡萄糖合剂）100～200ml，或撒乌安注射液100ml，一日两次。

补液时机：开始腹泻时就补液，疗效显著；如等到重剧腹泻之后才补液，疗效较差。

补液数量：依据脱水程度而定，一般根据皮肤弹性、口腔湿度及眼球凹陷的程度推断。临床上，一般以开始大量排尿作为液体基本补足的判断标准。当心脏功能较差时，快速大量的输液，易诱发心力衰竭，少量又不能阻止病情发展时，可用5%糖盐水或复方氯化钠实施腹腔内输液，或用1%温盐水灌肠。

补液速度：决定于心脏的机能状态。在输液开始时，一般每分钟30～40ml速度为宜。当输到一定数量而病畜全身机能有所好转时，输液速度可控制在每分钟25ml左右。输液过快，则会加重心、肾负担。

（4）中毒性胃肠炎的治疗：胃管投服0.1%高锰酸钾溶液（其内可加入硫酸镁300g，苏打100g，滑石粉200g），静脉补液（氢化可的松400mg或硫代硫酸钠5～15g），肌肉注射尼可刹米2～5g。

（5）霉菌性胃肠炎的治疗：糖盐水1 500ml，复方氯化钠1 000ml，低分子右旋糖酐500ml，5%氯化钙200ml，40%乌洛托品60ml，混合静注；滑石粉300g，硫酸镁500g，苏打100g，混合加水3 000ml，胃管投服。

（6）出血性胃肠炎的治疗：复方氯化钠1 500ml，5%葡萄糖1 000ml，氟苯尼考2～3g，氢化可的松2～4mg，氯化钙10g，5%碳酸氢钠150～200ml或40%乌洛托品50～100ml，混合静脉滴注；0.9%生理盐水500ml，2%盐酸普鲁卡因20ml，呋喃西林400万IU，硫酸链霉素300万IU，混合腹腔注射。

3. 中药治疗

中兽医称肠炎为肠黄，多因久食生料过多，料毒积于肠内，变为邪热。又因外感暴热或劳累过度，致使心肺热极，心热移于小肠，肺热传于大肠，而成肠黄之症。治宜清热解毒、消黄止痛、活血化瘀为治则。方用郁金散：郁金36g，大黄50g，栀子、诃子、黄连、白芍、黄柏各18g，黄芩15g，水煎候温灌服；或白头翁汤：白头翁72g，黄连、黄柏、秦皮各36g，水煎候温灌服。

4. 针灸 针刺脾俞、小肠俞、大肠俞、后海等穴。

5. 验方 绿豆1 000g，车前草（鲜）500g，水煎服。

滑石150g，甘草50g，水煎服。

车前草150g，竹叶100g，山楂200g，水煎服。

【预防】搞好饲养管理工作；不用霉败饲料喂家畜；不让动物采食有毒物质和有刺激、腐蚀的化学物质；防止各种应激因素的刺激；搞好畜禽的定期预防接种和驱虫工作。

二、肠便秘

肠便秘又称肠阻塞，是由于肠道运动、分泌和消化机能减退，粪便停滞引起某段和某几段肠腔完全或不完全阻塞的一种腹痛性疾病。其发病率约占马属动物胃肠性腹痛病的50%，我国在肠便秘防治方面做了大量的研究工作，其发病率和死亡率已在逐步下降。

肠阻塞按便秘程度分完全阻塞和不完全阻塞，按阻塞肠段分小肠阻塞和大肠阻塞。临床上以不同程度的腹痛，饮、食欲减退或废绝，口干，结膜潮红或发绀，肠音沉寂或消失，排粪停止，直肠检查可摸到阻塞的粪便为特征。本病多见于马属动物，猪、狗等动物也常发生。

【病因】饲养管理不当和使役不合理常是本病发生的主要原因。如长期饲喂未经加工或加工不良的富有粗纤维的饲料，包括花生蔓、老苜蓿、甘薯蔓、豌豆蔓、麦秸、谷草、玉米秸等；或饲喂过多未经煮泡的精料，如玉米、高粱、豆饼、豌豆等；或饲喂受潮、发霉、变湿而柔韧切铡不够碎、腐烂的饲草饲料时；或气候突变机体处于应激状态；或食盐不足等。

当使役前后给予大量上述的饲草料后，加之饮水不足，或者使役过重不得休息，或者休闲缺乏适当运动。也有因吞食了异物，如绳、干草网而阻塞于骨盆曲或横结肠的病例。

肠便秘发生的其他原因，如体质衰弱，营养不良，矿物质供给不足，牙齿的疾病，心脏的疾病，肠管粘连或慢性卡他性炎症所致的胃肠蠕动、分泌及消化机能减弱等。

【症状】肠便秘的共同症状：口腔症状变化明显，如口腔潮红或发绀，口腔干燥有口臭，舌苔黄厚，腹痛，排粪量少，多数停止，肠音减弱或消失，直肠检查，常常可摸到形状不同、大小不一、硬度不等的秘结粪块。

不同肠段肠便秘各有其临床特征。

小肠便秘：主要的临床症状是腹痛剧烈、口臭，往往口鼻返流粪水，常常继发胃扩张，用胃导管排出酸臭黄绿色的液体后，全身症状暂时减轻，在结粪未疏通前，数小时又可复发。直肠检查，可摸到如手腕粗细，表面光滑呈椭圆形（如鸭蛋）或圆柱状（如香肠）的阻塞肠段，它位于前肠系膜根后约10cm，距腹上壁10～20cm，横行于左右肾之间，位置较固定。

大肠便秘：最常发生便秘部位依次为小结肠、骨盆曲、胃状膨大部。

小结肠便秘：多为完全阻塞，易继发肠膨胀，腹痛剧烈。直肠检查可摸到呈椭圆形或圆形如拳头大小的坚硬粪球，一般位置在耻骨前缘的水平线上下或体中线的左侧，活动性较大可将其牵引到耻骨附近的秘结粪块，一般是小结肠中后部的阻塞，活动性较小位于左肾前下方的结粪，一般是小结肠起始部的阻塞。

骨盆曲便秘：为完全阻塞，腹痛剧烈，常继发左下大结肠积粪。直检：结粪块较坚硬，呈弧形或椭圆形，有小臂粗细，位置一般在体中线左侧或右侧，活动性较大。

胃状膨大部便秘：有完全阻塞和不完全阻塞两种。不完全阻塞：病程发展缓慢，病期较长，多为间歇性腹痛；完全阻塞：病程发展快而严重，腹痛较剧烈，病程也短。直检：秘结粪球呈排球状，表面光滑、坚硬、常随呼吸动作前后移动，位置在腹腔右前方。至于左侧大结肠、盲肠、直肠的便秘，均可在相应的解剖位置触摸到结粪，由于位置在腹腔后部或结粪面积较大，比较容易诊断。

【诊断】肠便秘的诊断根据临床检查，大体上可以推断出疾病性质和发病部位。若确定诊断，必须结合直肠检查，进行综合分析，必要时须作剖腹探查，可明确诊断。应注意与肠变位、肠痉挛等腹痛病进行鉴别。

【治疗】

1. 治疗原则　通（疏通）、静（镇痛）、减（减压）、补（补液与强心）、护（护理）。

2. 治疗措施

（1）疏通肠道：方法很多，常用的有：内服泻剂、捶结和直肠按压破结法、深部灌肠和开腹按压等。

内服泻剂：可用硫酸钠 300～500g，大黄末 60～80g 或松节油 20～40ml，温水 6 000～10 000ml，混合一次内服，一般用于治疗大肠便秘早期和中期病例。或用液体石蜡或植物油 500～1 000ml，克辽林 15～20ml，温水 500～1 000ml，一次内服，此方适用于小肠便秘。灌药前应先导胃。

捶结术：主要用于小结肠、骨盆曲和左上大结肠便秘。操作方法是，右手臂伸入直肠内，摸到结粪块后，拇指屈曲于掌心，其余四指微弯托住结粪并抵在附近的软腹壁处，然后左手握拳在体外对准结粪捶击，术者不方便时，可由助手用拳头或木槌对准结粪捶击，一般连捶 2～3 下即可破结。

直肠按压术：适用于除直肠以外的各种肠段的便秘。通过按压，使结粪的粪块发生变形，或出现纵沟，或使其破碎，这样肠内积滞的气体和粪液即可向后排出，秘结部位的肠壁血液循环改善，蠕动机能逐渐恢复，达到治疗目的。在直肠便秘时，可用直取法，即用拇指、食指及中指捏住结粪，一块一块的取出，达到疏通的目的。另外，必要时尚可用深部灌肠或开腹按压法。

（2）镇痛：可刺三江、分水、姜牙等穴位，或用 30% 安乃近溶液 20～30ml，皮下注射，或用 5% 水合氯醛酒精注射液 200～300ml，静脉注射。

（3）减压：当继发胃肠膨胀时，应及时导胃，或穿肠放气。

（4）补液强心：目的在于维护心脏机能和缓解脱水和自体中毒。在重症便秘和便秘后期尤应注意。常用复方氯化钠注射液或 5% 葡萄糖盐水 1 000～2 000ml，10% 安钠咖液 20～40ml，一次静脉注射。或用 6% 低分子右旋糖酐液 1 000～2 000ml，缓慢静脉注射，在出现酸中毒时，要及时应用碳酸氢钠注射液。

（5）护理：主要目的是预防各种继发症的发生。要有专人护理，在疼痛不安时，要牵遛，防止滚转、摔倒，避免肠破裂或肠变位的发生，在胃肠道被疏通后，要停食 1～2 顿，然后再逐渐恢复饲养，防止便秘复发或继发肠炎。

根据上述肠便秘的综合性治疗原则，结合不同部位的肠便秘具体情况，实施不同的治疗方法。

小肠便秘的治疗：治疗时应以疏通减压为主，并积极配合镇痛、补液和强心。先导胃减压，随后灌服石蜡油（或其他植物油，但禁用盐类泻剂）1 000～2 000ml，水合氯醛 15～25g，鱼石脂 10～15g，乳酸 10～15ml，加水适量，成年马、骡一次灌服。补液以林格氏液为好，适量添加氯化钾溶液，但禁加碳酸氢钠溶液。直肠检查时，若能摸到便秘的肠段，可采用握、切法破碎结块。如灌药后6～8h仍不疏通，且全身症状逐渐加剧时，就应断然实施剖腹按压。

小结肠、骨盆曲、左上大结肠便秘：便秘初期，可采用针灸疗法，直肠按压法和灌服各种泻剂，一般均能迅速奏效。对肠音未消失、心脏功能尚好的病畜，可酌用3%盐酸毛果芸香碱3～6ml，皮下注射；便秘中期，主要用直肠按压法，也可内服盐类泻剂。继发肠臌气时，可穿肠放气，腹痛剧烈的，应用水合氯醛等镇静剂；便秘后期，首先是补液、强心、解毒、维护心脏功能，并适时穿肠放气。由于新针疗法和内服泻剂均无效，故疏通肠管主要靠直肠破结术的进行。如秘结肠段前移、下沉或不能后牵、不便于按压、捶结时，应立即采取剖腹按压。

盲肠便秘：早期，内服各种泻剂，均能达到疏通目的。但据报道，投服碳酸盐缓冲合剂，疗效最高，轻症治愈率为100%，重症治愈率为93.6%。中、后期，如结粪比较干硬，且肠管高度弛缓时，可静脉注射10%氯化钠液200～300ml；如粪便开始软化，但仍停滞，次日可再内服1%温盐水10～15L，同时皮下注射3%盐酸毛果芸香碱液3～6ml；如结粪仍较干硬时，可向盲肠内注入5%～7%碳酸氢钠液2～3L，并配合直肠按压。结粪消除后，为重建大肠微生物区系，可灌服新鲜马粪混悬液，头2～3日不喂草料，但应勤饮温盐水，为维持营养，可静脉注射25%葡萄糖液500ml，每日2～3次。

胃状膨大部便秘：应用碳酸盐缓冲合剂、猪胰子方、针灸疗法、灌服各种泻剂，或大量温水灌肠，均可达到疏通目的。配合直肠按压，静脉注射10%氯化钠液，效果好。继发胃扩张时应导胃，腹痛剧烈时应镇痛。如配合应用1%普鲁卡因液80～120ml作双侧胸腰段交感神经干阻断，则奏效更快。

3. 中药治疗　中兽医称肠阻塞为结症，结症属于里实症，由气血凝滞，肠内粪结积滞不通，而发的剧烈腹痛，"痛则不通"。治以通肠利便，消积理气为主。方用加味承气汤、麻仁承气汤、当归苁蓉汤和加减化铁膏。

4. 针灸　疏通是治疗便秘的根本措施，临床上采用耳穴水针疗法：用10%红花液或25%葡萄糖液20～30ml耳穴注射，注射后15～30min，肠音显著增强，促使结粪排出。待3～5h观察疗效，如效果不佳时，可再次在另一耳穴注射。

大结肠和小结肠轻度阻塞可用电针试治：电疗机一台，10cm长新针两支。病畜站立保定，取穴关元俞（位于背最长肌下缘与最后肋骨交点的凹陷处，左右各一穴）。穴位剪毛、消毒；针与水平呈45°角，斜向内下方刺入7～8cm深（针尖刺入肾囊为度）；在针柄上分别连接两个电极，电压和频率的调节，须由低到高、由慢到快，维持强直状态数秒钟；然后，再倒转调节钮，即由高到低、由快到慢；如此反复一次约需10min，重复操作2～3次即可。通电后，腹肌呈现与电流频率一致的节律性收缩，肠音增强。

5. 验方　猪胰子方：猪胰子一份，小苏打两份，切碎混合，做成块状，晾干备用；也可现用现作。每次150～400g，加常水6 000～8 000ml调匀灌服，必要时隔天重灌一次，疗效极高。在便秘的治疗中，最困难的是小结肠、泛大肠便秘的治疗，国内外通过反复实验，应用碳酸盐缓冲合剂获得成功。处方：碳酸钠150g，碳酸氢钠250g，氯化钠100g，氯化钾20g，常水4～14L，胃管投服，每日一次，可以连用，无副作用。

【预防】加强饲养管理，按时定量饲喂，防止过饥、过食；合理搭配饲料，以防止饲料单一；禁喂坚硬或不易消化的饲料；合理使役，防止过劳；对慢性消化系统疾病要进行及时治疗。

三、马的急性胃扩张

急性胃扩张是马属动物的剧烈疝痛之一。常常是由于大量进食难以消化的精料或粗饲料，导致胃腔过度的充满饲草饲料，同时胃排空机能障碍，而形成胃壁超出生理适应性范围的急剧膨胀。按病因分为原发性胃扩张和继发性胃扩张，但一般前者多于后者。按内容物性状分为食滞性胃扩张、气胀性胃扩张和液胀性胃扩张（积液性胃扩张），继发性的多为液胀性。

【病因】饲养管理不良和使役不合理是促使胃扩张发生的重要原因。

1. 原发性胃扩张　多由于采食大量品质不良的饲料，如难消化和容易膨胀的饲料（如燕麦、大麦、豆类、豆饼、谷物的渣头及秸秆等）或采食了易发酵的嫩青草、蔫青草或堆积发热变黄的青草以及发霉的草料而发病，或者由于偷食大量精料或饱食后，突然喝大量冰冷的水而发病。在过度劳役后喂饮，饱食后立即使役和突然变换饲料等情况下，更容易发病。

2. 继发性胃扩张　主要继发于小肠阻塞、小肠变位等疾病。当大肠阻塞或大肠臌气的肠管压迫小肠使小肠闭塞不通时，亦可引起继发性胃扩张。

【症状】原发性急性胃扩张，常在采食后不久或 2 ~ 3h 内突然发病。病畜食欲废绝，精神沉郁，眼结膜发红甚至发绀，嗳气（嗳气时，左侧颈静脉沟部可见到食管逆蠕动波）。有的病畜还表现干呕或呕吐。

腹痛，病初多呈轻微间歇性腹痛，肠音活泼，排粪频繁呈软便，但很快即发展成剧烈而持续的腹痛，患畜表现为快步急走或向前直冲，急起急卧，卧地滚转，有时出现犬坐姿势。

病初口腔湿润，随后发黏，重症干燥，味奇臭，出现黄腻苔；口色除有相应变化外，齿龈边缘部分比其他可视黏膜颜色变化更为明显；肠音逐渐减弱，最后消失。呼吸急促，脉率不断增快，脉搏由强转弱。重症病畜的皮肤弹性减退，眼窝凹陷；胸前、肘后、股内侧、颈侧、耳根和眼周围等局部出汗，个别病例则全身出汗。

胃管检查：由于食道肌肉松弛，胃导管送入阻力较小。送入胃管后，从胃管排出少量酸臭气体和稀糊状食糜甚至排不出食糜，腹痛症状并不减轻，则为食滞性胃扩张。当送入胃管后，有多量气体从胃管排出，病畜随气体排出而转为安静，则为气胀性胃扩张。

直肠检查：这是确诊本病最主要的诊断方法。直检时直肠内常常粪少或空虚，可见脾脏后移，脾脏可移到髋关节的垂直线处。在左肾前下方可摸到膨大的胃后壁，触之胃壁紧张而富有弹性，为气胀性胃扩张；当触之胃壁有黏硬感，压之留痕，则是食滞性胃扩张。

血液检查：血沉减慢，红细胞压积容量增高，血清氯化物含量减少，血液碱贮增多。

继发性胃扩张，在原发病的基础上病情很快转重。其特点是大多数病畜经鼻流出少量粪水；插入胃管后，间断或连续地排出大量具有酸臭气味、淡黄色或暗黄绿色的液体，并混有少量食糜和黏液，其量可达 5 ~ 10L，随着液体的排出，病畜逐渐安静。经一定时间后，又复发，再次经胃管排出大量液体，病情又有所缓解，如此反复发作。两次发作的间隔时间越短，表示小肠不通的部位距离胃越近。胃液中的胆色素检查呈阳性反应。

【诊断】通过详查病史，本病常由饲喂大量品质不良的饲料，过食易于发酵的饲料，或重役前后的饱饮饱食等。观察临床症状，本病多于饱饮饱食后迅速发病，腹痛剧烈而持续，腹围变化不明显但呼吸迫促，眼周围和耳根处出汗；食道呈现逆蠕动和发呕、嗳气动作，从鼻孔返流胃内容物；用胃导管可导出大量气体或少量食糜；直肠检查脾脏后移，体躯较小患畜可触及充满胃内容物的胃后壁，但肠管不出现大的异常，可以确诊。但应注意与下列疾病的鉴别：

（1）食滞性与液胀性胃扩张：在病史上前者系吃进多量精料，后者系吃进易于发酵膨胀饲料而致病；应用胃导管探诊时，前者没有液体排出，后者液体较多，并导出带有酸臭食糜，症状减轻或消失，多不复发；在直检上，前者胃内充满呈面团状内容物，指按有压痕，后者胃后壁紧张而有弹性。

（2）原发性与继发性胃扩张：前者尤其液胀性的经导胃后，症状一般都有所减轻甚至消失，多不复发，直检肠管无明显的变化。后者经导管能流出多量胃内容物，呈黄绿色或黄褐色液体，食糜较少，导胃后腹痛暂时减轻，不久又复发加重，直检肠管有不同的病理性变化。

【治疗】

1. 治疗原则　采取排出胃内积聚大量的食糜（包括液体）和解除幽门和胃肌的痉挛性收缩，从而消除患畜的剧烈腹痛，以利胃排空机能障碍的恢复为主；制止发酵，保护心脏机能，防止机体脱水和自体中毒等为辅的治疗原则。

2. 治疗措施　为了制止腹痛，解除幽门和胃肌痉挛性收缩，可用镇痛药物，酒精水合氯醛合剂（水合氯醛 10～15g，95% 酒精 200～250ml，5% 氯化钠溶液 500ml）静脉注射。

液胀性急性胃扩张，经导胃排出粥状食糜后，疼痛症状立即有所减轻；继之应用止酵药物和开张幽门药物进行治疗。可用鱼石脂 15～25g，酒精 80～100ml，茴香亚醛 80～100ml 加水至 1 000ml；松节油 100ml 加水至 500ml 灌服；或灌服乳酸 20～30ml 加水至 500ml 或食醋 1 000ml。

食滞性急性胃扩张，经导胃往往收效不大，导出胃内容物很少；一般灌服下列药物治疗。除用止酵及解痉药物外，给予缓泻药物，如液体石蜡 1 000～1 500ml；一般忌用盐类泻剂，因为该药具有机体组织吸回大量水分入胃肠，而加重胃的负担，导致病情恶化。

3. 中药治疗　中兽医称本病为大肚结、料伤腹痛。中药以增强胃的机能，消食破气，化谷宽肠为治则。宜用调气攻坚散：藿香、丁香、广木香、醋三棱、醋莪术、大腹皮、泽泻各24g，醋香附、醋青皮、炒枳壳各30g，炒神曲、焦山楂、炒麦芽各45g，半夏、焦大白各21g，水煎两次，得药液 2 000～3 000ml，加入食醋 0.5kg，香油 500ml，导胃后内服。

4. 针灸　电针关元俞、大肠俞、气海俞治疗慢性胃扩张。

5. 验方

（1）治轻型食滞性胃扩张：滑石粉 150～200g，水合氯醛 25～30g，温水 500ml 化开，然后加入陈皮酊或姜酊 100ml，胃管投服。

（2）治重型食滞性胃扩张：静注 1∶2∶30，即 1g 盐酸普鲁卡因（2% 的盐酸普鲁卡因50ml），2g 安钠咖（20% 安钠咖 10ml），30g 氯化钠（10% 盐水 300ml），混合缓慢滴注。

【预防】加强饲养管理，特别是在使役过度、极度饥饿时，应注意饲料调理，少喂勤添，避免采食过急；加强管理，防止马、骡脱缰后进入饲料房或仓库偷吃精料。

四、马的肠性腹痛

马的肠性腹痛又称肠痉挛、痉挛疝、卡他性肠痛、卡他性肠痉挛，是由于肠平滑肌受到异常刺激发生痉挛性收缩，致使胃肠机能紊乱，并以明显的间歇性腹痛为特征的一种腹痛病。

【病因】 本病发生的主要原因是饲养管理不当和气候急剧变化所致。

寒冷的刺激，如饮进冰冷的水和吃进冰冻的饲草饲料，特别当气候突变，气温大幅度下降，全身大汗之后被雨水所淋，寒夜露宿等。

饲料品质不良，如采食了有刺激性、发霉、腐败的草料，以及难以消化的饲料。

诱发因素可能有牙齿的疾病和慢性胃肠卡他、消化不良、胃肠的炎症、肠道溃疡或肠道内寄生虫等。

【症状】 常在采食不良饲料或饮进大量冷水后突然发病。口腔湿润，结膜淡染，鼻端耳尖冰凉；体温、脉搏、呼吸和全身状态变化不明显。患畜呈现中等或剧烈的阵发性腹痛；发作时卧地滚转，站立不安，出现各种异常姿势。持续5～15min后，转入间歇期，此期较安静，尚能采食饲草，但多不愿饮水。约经10～20min腹痛又发作。随病程的延续，间歇期变长。肠音高朗（为一时性），连绵不断，尚听到金属音，频频排出少量稀软粪便，有酸臭味，并混有少许黏液。直肠检查，除感到肠管收缩紧张不易入手外，一般无明显异常。

【诊断】 根据发病情况和临床症状的特点，不难诊断。又可依据导胃和直肠检查的阴性结果，可与急性胃扩张、肠便秘相区别。

【治疗】

1. 治疗原则 镇痛解痉，防止肠变位和清肠止酵，杜绝肠臌气的发生。

2. 治疗措施 镇痛解痉，可用水合氯醛20～25g，酒精50ml，鱼石脂15g，加水3 000ml，调匀灌服；或用30%安乃近溶液20～30ml肌注；或用安溴合剂80～120ml静注；或者肌肉注射盐酸消旋山莨菪碱注射液3～5ml（10mg/ml）。

腹痛减轻或消失后，为了排出肠内有毒物质，可用人工盐200～300g，克辽林10～20g加水5 000ml调匀灌服；或用硫酸钠250～300g，鱼石脂15g，酒精60ml加水4 000ml调匀灌服；或者植物油300～500ml，松节油40ml，加水适量灌服。

3. 中药治疗 中兽医称肠痉挛为冷痛和伤水起卧，治以温中散寒、和血顺气为主。宜用桔皮散：青皮、陈皮、官桂、小茴香、白芷、当归、台乌各15g，细辛6g、元胡12g、厚朴20g，共为末，加白酒60ml，开水冲，候温灌服。

4. 针灸 针刺三江、姜牙、耳尖等穴或电针关元俞。

5. 验方 后海穴注射30%安乃近20～40ml。

0.25%普鲁卡因肾囊封闭。

第四节 幼畜、小动物胃肠疾病

一、幼畜消化不良

幼畜消化不良是哺乳期幼畜胃肠消化机能障碍的总称。以犊牛、羔羊、仔猪最为多发，幼驹亦有发生。根据临床症状和疾病经过，通常分为单纯性消化不良和中毒性消化不良两种。单纯性消化不良主要表现为急性消化与营养障碍，仅出现轻微的全身症状。中毒性消化不良主要表现严重的消化障碍和营养不良，有明显的自体中毒和重剧的全身症状。该病通常不具有传染性，但具有群发性的特点。

【病因】本病的病因有两方面：对妊娠母畜的不全价饲养可影响胎儿在母体内的正常发育，是初生幼畜消化不良的先天性因素；对哺乳母畜和初生幼畜的饲养管理不当是幼畜消化不良的后天获得性因素。

1. 母畜饲养管理不当 出生前直接影响胎儿在母体内的正常发育；出生后能影响母乳的质量导致初乳的免疫球蛋白含量减少。正常母畜初乳中，免疫球蛋白（γ-球蛋白）含量很高，比一般的母乳中高 75～100 倍。当受母畜乳房炎、子宫内膜炎炎性产物的影响，易发生消化不良。或当乳中维生素 A、维生素 B、维生素 C 含量缺乏（特别是怀孕后期饲养不良），可影响幼畜胃肠机能活动。有学者认为，母畜乳汁不良引起幼畜消化不良的发病率高达 94%。

2. 幼畜机体受寒或环境过于潮湿 初生幼畜因为体温调节机能不健全，对寒冷和潮湿的适应能力很弱，对外界环境变化极为敏感。

3. 吃初乳延迟 临床上仔猪超前免疫分娩后 6～8h 才吃初乳，必然造成仔猪营养不良。实际上在 0.5～2h 之内影响不大，但如果超过 2h，会使仔猪抵抗力下降，即使不发生猪瘟，也会发生其他疾病死亡。吃初乳迟对幼畜的影响主要有营养不良和不利于乳酸杆菌的繁殖，使腐生菌大量繁殖。

人工哺乳不定时、不定量，乳温过高或过低或使用配制不当的代乳品以及哺乳期幼畜补饲不当，均可妨碍消化腺的正常机能活动，抑制或兴奋胃肠分泌和蠕动机能，从而引起消化机能紊乱，导致发病。

至于中毒性消化不良的病因，多半是由于对单纯性消化不良的治疗不当或治疗不及时，导致肠内容物发酵、腐败，所产生的有毒物质被吸收或是微生物及其毒素的作用，从而引起自体中毒的结果。

【症状】

1. 单纯性消化不良 病畜精神不振，喜躺卧，食欲减退，体温一般正常或偏低。

主要表现为腹泻，粪便性状表现多样，一般带酸臭气味，但无恶臭。犊牛多拉黄色糊状或黄色水样粪便；仔猪 10 日龄以内多为黄色糊状或水样便；10～30 日龄多呈灰色糊状或灰色水样便。羔羊的粪便多呈灰绿色，混有气泡和白色小凝块；幼驹的粪便稀薄，尾和会阴部被稀粪污染，粪便带酸臭气味，混有小气泡及未消化的凝乳块或饲料碎片。

2. 中毒性消化不良 全身症状重剧，病畜精神沉郁，食欲废绝，全身无力，躺卧不起，剧烈腹泻，频频排出水样稀便，粪中含大量黏液或血液，并有恶臭气味。持续腹泻时，则肛门松弛，排便失禁；皮肤弹性降低，眼窝凹陷。病至后期，体温多突然下降，四肢及耳尖、鼻端厥冷，终至昏迷死亡。

粪便中有机酸及氨含量变化：单纯性消化不良时，粪便内由于含有大量低级脂肪酸，故呈酸性反应。中毒性消化不良时，由于肠道内腐败菌的作用致使腐败过程加剧，粪便内氨的含量显著增加。

【诊断】根据临床症状和疾病经过可做初步诊断，在兽医临床上，幼畜消化不良应与由特异性病原体引起的腹泻鉴别。在犊牛应与轮状病毒病、冠状病毒病、细小病毒病、犊牛副伤寒、弯杆菌性腹泻、球虫病等相鉴别；在羔羊应与羊副伤寒、羔羊痢疾等相鉴别。在猪应与猪瘟、猪传染性胃肠炎、猪副伤寒、猪结肠小袋虫病等相鉴别；在幼驹应与幼驹大肠杆菌病、马副伤寒等相鉴别。

【治疗】

1. 治疗原则　加强护理，除去病因，促进消化，防止肠道感染，调整胃肠机能，促进康复。

2. 治疗措施

（1）加强护理：对治疗本病，特别是巩固疗效，具有重要意义。护理不周，治疗不及时，常转为胃肠炎。在护理上首先要消除病因，改善饲养管理，给予易消化的草料及充分饮微温盐水。

（2）清肠止酵：对腹泻不严重的病畜应用油类或盐类泻剂，目的是减轻炎性产物对胃肠黏膜的刺激。常用石蜡油200～500ml，鱼石脂15～30g，加水灌服。或用碳酸氢钠50g，常醋100ml，温水1 000ml。

（3）调整胃肠机能：胃蛋白酶10g，稀盐酸5ml，温常水1 000ml，犊牛30～50ml，羔羊、仔猪10～30ml，喂服，以促进消化机能恢复。本方可在腹泻缓和之后使用，每日2次，连用2～4d。

（4）防止肠道感染：特别是对中毒性消化不良的幼畜，可肌肉注射链霉素（10mg/kg体重）或卡那霉素（10～15mg/kg体重），头孢噻呋（10～20mg/kg体重），庆大霉素（1 500～3 000IU/kg体重），氟苯尼考（10～30mg/kg体重），痢菌净（2～5mg/kg体重）。内服磺胺脒，犊牛、驹，首次量2～5g，维持量1～3g；羔羊、仔猪，首次量0.2～0.5g等。

3. 中药治疗

胃热不食：主用苦寒清热药，辅以健胃理气，酌加滋阴生津之剂，如芩连散：黄芩35g，连翘50g，石膏50g，花粉50g，枳壳35g，玄参50g，知母25g，川芎50g，地骨皮50g，陈曲50g，陈皮50g，甘草25g，水煎服。

胃寒不食：治宜温中散寒，燥湿健脾，方用桂心散：桂心25g，青皮25g，白术30g，川朴30g，益智仁20g，干姜20g，当归20g，陈皮30g，砂仁20g，炙甘草15g，五味子15g，肉蔻25g，共为末，冲服。

脾虚泄泻：治宜补中益气，燥脾渗湿。方用参苓白术散：党参15g，白术10g，茯苓10g，甘草9g，山药10g，白扁豆15g，莲肉9g，薏苡仁10g，砂仁10g，桔梗10g。水煎服，每日1剂，连服3～4剂。

4. 针灸　主穴为玉堂、通关，配穴为脾俞、后三里。

5. 验方　碘淀粉：5%碘酊 5~15ml，淀粉 10g，凉开水 200ml，混合调成溶液，用于仔猪。2~10 日龄 2~4ml，10~30 日龄 4~6ml，每日 2 次灌服。

【预防】加强饲养管理，不喂发霉变质的饲料，饲料中给予一定量的矿物质；给予充足的饮水；定期驱虫；保持乳房卫生，保证新生幼畜能尽早地吃到初乳，最好能在生后 1h 内吃到初乳，尽量在生后 6h 内吃到不低于 5%体重的高质初乳；幼畜的饲具，必须经常洗刷干净，定期消毒。

二、犬、猫胃肠炎

胃肠炎是胃肠黏膜及黏膜下深层组织重剧炎性疾病的总称。犬的发病率较高，有些重症胃肠炎预后不良。

【病因】

1. 原发性的胃肠炎　多因暴食或食入腐败变质的食物所致，或者滥用抗生素使肠道正常菌群失调，营养不良，体质下降使胃肠屏障机能减弱而引发。

2. 继发性胃肠炎　常见多种病毒性传染病（犬瘟热、犬细小病毒病、犬猫冠状病毒病、猫泛白细胞减少症）、细菌性传染病（大肠杆菌、沙门氏菌、耶尔森氏菌、毛样产芽孢杆菌、空肠弯曲杆菌、梭菌）、真菌性（组织胞浆菌、藻状菌、曲霉菌、白色念珠菌）、寄生虫病（鞭毛虫、球虫、弓形虫、蛔虫、钩虫）、采食异物（包装物、塑料、小玩具等，被污染或腐败变质的食物、刺激性家庭化学物质、清洁剂、毒物或药物等），某些重金属中毒，食物过敏或某些变态反应引起。

【症状】以胃炎为主时，体温可能升高；食欲废绝，呕吐和腹痛，口渴贪饮，但一饮即吐；若胃黏膜受损范围较大时，频繁呕吐，且呕吐物中常混有血液。

以肠炎为主时，腹泻是主要症状，粪便呈液体状，腥臭难闻，肠黏膜受损时，粪便可能呈黑色；有不同程度的食欲；体温升高或降到正常以下。

可视黏膜发绀，脱水，严重时四肢感凉、昏睡、抽搐死亡。

由病毒、细菌、真菌和寄生虫等引起的胃肠炎，常出现精神不振，体温升高，食欲减退或废绝，呕吐或腹泻，迅速消瘦。急性胃肠炎有弓背不安等腹痛表现，触摸腹部敏感紧张。

犬出血性胃肠炎可能是梭菌内毒素引起的变态反应，2~4 岁的观赏小型犬多发。通常是发生剧烈呕吐，严重血样腹泻，迅速脱水而休克。

嗜酸性细胞性肠炎可能是饮食抗原性食物或寄生虫移行引起的。表现为间歇性呕吐，有时有血样物。腹泻粪便为棕黑色或血便。腹部触摸肠襻增厚和淋巴结增大。血液检验嗜酸性粒细胞增多，肠壁组织切片检查，可显示出含有多量嗜酸性粒细胞。

【诊断】根据发病原因和临床症状可做出初步诊断，但应注意与胃内异物和胃肠溃疡相鉴别。

【治疗】

1. 治疗原则　除去病因，清理肠道，纠正脱水和解除自体中毒。

2. 治疗措施　对患轻度胃肠炎的犬，要限制采食，口服吗丁啉，每次 1 片，每日 3 次，促进胃排空；口服乳酶生，每次 2~6 片，每日 3 次，不宜与抗生素药物及吸附剂同服；口服补液盐一袋溶于 500ml 水中任病犬饮用。

细菌性胃肠炎需用抗生素或磺胺类治疗；病毒性胃肠炎需用抗病毒药物，并用抗生素防止细菌继发感染；真菌性肠炎用防治真菌病药物；寄生虫性胃肠炎用驱虫药等。

胃肠炎由于呕吐和腹泻，机体需补充水分、电解质和纠正酸碱平衡失调。每次静脉滴注 5% 葡萄糖生理盐水 250~500ml，每日 2~3 次，加适量 10% 低分子右旋糖酐液和 5% 碳酸氢钠 5~10ml。

3. 中药治疗

大黄牡丹汤：大黄、丹皮、黄连各 20g，败酱草、蒲公英、冬瓜子、赤芍、鸡内金各 15g，金银花 30g，甘草 10g，水煎服。便稀脱水严重时不用或少用大黄；便血加白头翁，重用金银花、黄连；便稀无潜血者加五倍子。

葛根芩连汤加味治疗犬血痢：葛根 15g，甘草 10g，黄芩 15g，黄连 20g，地榆 20g，仙鹤草 20g，半夏 10g，柴胡 20g，水煎灌服。

4. 针灸 灸脐法治疗犬腹泻：病犬取坐姿，用青艾条灸脐部 40min，结合输液、抗菌消炎等常规用药，效果较好。

5. 验方 用口服补液盐一袋溶入 500ml 温水中，先取 350ml 快速灌入病犬直肠，清除肠道积粪，再取云南白药 1g 溶入剩下的 150ml 口服补液盐溶液中，给犬作直肠保留灌肠，可以起到消炎、止血、补钾、补液及纠正酸中毒的作用。

【预防】加强饲养管理，避免饲喂不洁食物或有毒物质，每日清洗饮食器具，更换洁净的饮用水；保持犬舍的通风、卫生、干燥；定期进行驱虫及免疫注射。

第五节　肝脏、胰脏疾病

一、肝炎

急性实质性肝炎，是以肝细胞变性、坏死和肝组织炎性病变为病理特征的一类肝脏疾病。本病各种家畜、家禽都有发生，常伴发于高热性疾病、传染病和某些中毒病的经过中，它的发生使病理变化复杂化，加速病程发展，加剧病情恶化，对病程和预后产生严重影响。

【病因】中毒性肝炎：见于各种化学毒中毒、有毒植物中毒、真菌毒素中毒，如霉菌性瘤胃炎可引起霉菌性肝炎，饲喂尿素过多或尿素循环代谢障碍所致氨中毒引起的急性肝炎等。

感染性肝炎：见于细菌、病毒、钩端螺旋体等各种病原体感染，如沙门氏菌病、钩端螺旋体病、牛恶性卡他热、猪瘟、猪丹毒、犬病毒性肝炎、鸭病毒性肝炎或瘤胃酸中毒引起的瘤胃炎，使坏死杆菌等经瘤胃血管扩散至肝脏并对其造成损伤。

营养障碍性肝炎：主要见于硒缺乏、维生素 E 缺乏、蛋氨酸缺乏和胱氨酸缺乏。

寄生虫性肝炎：主要见于肝片吸虫、血吸虫的严重侵袭。

充血性肝炎：主要见于充血性心力衰竭时，肝窦状隙内压增大，肝实质受压并缺氧，而导致肝小叶变性和坏死。如犬恶丝虫病所致的腔静脉综合征，前后腔静脉内有大量心丝虫成虫，造成严重肝被动性充血，可引起急性肝炎肝衰竭，甚至死亡。

【症状】消化不良，粪恶臭且色淡，可视黏膜黄染，肝浊音区扩大并有压痛；精神沉郁、昏睡、昏迷或兴奋狂暴；鼻、唇、乳房等处皮肤红、肿、瘙痒或有溃疡；体温升高或正常，心动徐缓，全身无力，并有轻微腹痛或排粪带痛。实验室检验血清胆红素增加，重氮试剂定性试验呈双相反应，转氨酶活性升高；红细胞脆性增加，凝血酶原降低，血凝时间延长，尿色发暗，有时如油状，病初尿胆素含量增多，尿中含有蛋白质、肾上皮细胞及管型。

【诊断】可根据发病原因和临床症状作初步诊断，但应与急性胃肠卡他、急性肝营养不良、肝硬化相鉴别。

【治疗】

1. 治疗原则 加强管理，保肝利胆，增强肝脏解毒功能。

2. 治疗措施 静脉注射 25% 葡萄糖液、维生素 C 液、肌注维生素 B_1 液；服用蛋氨酸、肝泰乐等保肝药；内服人工盐、鱼石脂等，以清肠制酵利胆；有出血倾向的用止血剂和钙制剂；狂暴不安的给予镇静安定药。

3. 中药治疗

茵陈蒿汤和逍遥散：茵陈 120g，栀子 30g，大黄 30g，油炒当归 120g，白芍 60g，柴胡 35g，茯苓 30g，白术 40g，甘草 15g，薄荷 25g，生姜 20g，煎服或研末服。拉稀，加秦皮 25g，黄连 20g，老鹤草 30g；尿不利，加滑石 45g，竹叶 30g，车前子 30g，泽泻 25g，薏苡仁 45g；体温高，加黄芩 25g，夏枯草 50g，板蓝根 30g，石膏 60g。

【预防】加强饲养管理，防止霉败饲料、有毒植物以及化学毒物的中毒；加强防疫卫生，防止感染，增强肝脏功能，保证家畜健康。

二、胰腺炎

胰腺炎是指胰腺的腺泡与腺管的炎症过程。分为急性与慢性两种病型。急性胰腺炎，是由致病因素的作用，使胰液从胰管壁及腺泡壁逸出，胰酶被激活后对胰腺本身及周围组织发生消化作用，而引起的急性炎症；以水肿、出血、坏死为其病理特征。慢性胰腺炎，是由于未及时治愈的急性胰腺，或胰腺炎在反复发作的经过中，引起的慢性、持续性或反复发作性的病变；以胰腺广泛纤维化、局灶坏死与钙化为其病理特征。主要发生于犬，尤其是中年雌犬；牛、猫也有发病，其他动物少见。

【病因】营养因素：长期饲喂高脂肪食物，又不喜运动，机体过于肥胖易发生急性胰腺炎；动物患有高脂血症时，胰脂酶分解血脂产生脂肪酸而使胰腺局部酸中毒和血管收缩，也可引发本病。

胆道疾病：如胆道寄生虫、胆石嵌闭、慢性胆道感染、肿瘤压迫、局部水肿、黏液淤塞等，致使胆管梗阻，胆汁逆流入胰管并使未激活的胰蛋白酶原激活为胰蛋白酶，而后进入胰腺组织并引起自身消化。

胰管梗阻：如胰管痉挛、水肿、胰结石、蛔虫、十二指肠炎及其阻塞，或迷走神经兴奋性增强引发胰液分泌旺盛等，致使胰管内压力增高，以致胰腺腺泡破裂、胰酶逸出而发生胰腺炎。

胰腺损伤：如腹部钝性损伤、被车压伤或腹部手术等损伤了胰腺或胰管，使腺泡组织的包囊内含有消化酶的酶原粒被激活，而引起胰腺的自身消化并导致严重的炎症反应。

感染：急性胰腺炎可并发于某些传染病如犬传染性肝炎、钩端螺旋体病；寄生虫病如犬、猫弓形体病；中毒病、腹膜炎、胆囊炎、败血症等，病毒、细菌或毒物经血液、淋巴而侵害胰腺组织引起炎症。

慢性胰腺炎：可由急性胰腺炎未及时治疗转化而来，或急性炎症后又多次复发成慢性炎症，以及邻近器官如胆囊、胆管的感染经淋巴管转移至胰腺，致使胰腺发生慢性炎症。

【症状】 急性胰腺炎：主要表现腹痛、呕吐、发热、腹泻且粪便中常混有血液；若溢出的活性胰酶累及肝脏和胆囊，则出现黄疸；腹部有压痛，前腹部有时可触及硬块，腹壁紧缩，少数病例有腹水；严重病例出现脱水及休克危象。

慢性胰腺炎：病程迟缓，缺乏特异性症状。主要表现厌食，周期性呕吐，腹痛，腹泻和体重下降。由于胰腺分泌功能减退，粪便酸臭，且存有大量未消化脂肪。患病动物有时因食物消化与吸收不良出现贪食，并伴有体重急剧下降。猫很少发生慢性胰腺炎，偶尔在剖检中可见。

【诊断要点】 急性胰腺炎的诊断，依据下列临床资料进行综合分析与判断。临床表现剧烈腹痛与重剧呕吐，犬常以双前肘部和胸骨支于地面而后躯抬高呈"祈祷姿势"；实验室检查，血液中淀粉酶与脂肪酶的活性同时升高，白细胞急剧增多与核左移，血液浓稠与脂血症、低钙血症、一时性高糖血症；X线检查，腹前部密度增大，右侧结构模糊，十二指肠向右侧移位且其降支中有气体样物质存留；B型超声波检查，可见胰脏肿大、增厚或显示假性囊肿形成。

慢性型，表现反复发作的病史以及腹痛、黄疸、脂肪泻等症状；胰腺发生纤维变性时，血中淀粉酶和脂肪酶不升高；X线检查可见胰腺钙化或胰内结石阴影；B型超声检查，可显示出胰腺内有结石或囊肿等。

【治疗】

1. 治疗原则 加强护理，抑制胰腺分泌，镇静止痛，抗休克纠正水盐及电解质代谢紊乱。

2. 治疗措施 急性胰腺炎，在最初的24~48h内，为避免刺激胰腺的分泌，禁止经口给予食物、饮水和药物，病情好转时，可喂给少量肉汤与易消化食物。抗胆碱药具有抑制胰腺分泌和止吐作用，常用硫酸阿托品0.03mg/kg体重，肌肉注射，每天3次，但应限制在24~36h内使用，以防出现肠梗阻。

为防止疼痛性休克发生，用杜冷丁镇痛效果好，犬、猫用10~20mg/kg体重，肌肉注射；马静脉注射250~500mg（肌肉注射量加倍）；牛肌肉注射50mg。皮质激素对治疗休克有一定作用，可用氢化可的松注射液，犬5~20mg/次，猫1~5mg/次，猪20~80mg/次，马、牛200~500mg/次，用生理盐水或葡萄糖注射液稀释后静泳注射。

为矫正休克和脱水，恢复机能及胰脏的正常血液循环，可用5%~20%葡萄糖液或复方氯化钠溶液、维生素C、维生素B₁等静脉注射，注意适量补钾。

抗感染，用抗生素（强力霉素、氨苄青霉素为首选）。

慢性胰腺炎，应饲喂高蛋白、高碳水化合物、低脂肪饲料，并混饲胰酶颗粒，可维持粪便正常。缩聚山梨醇油酸酯与日粮混饲，可增进脂肪吸收，犬每次1g。长期用胆碱可预防脂肪肝的发生，牛每次15g，每日2~3次。只要不发生糖尿病，则预后良好。在胰内分泌机能减退时，必须用胰岛素治疗，此种病例预后不良。另外，依据病情实施对症治疗，在病情逐渐恶化或反复发作，出现假性胰腺囊肿或胆总管梗阻引起黄疸时，可用外科手术治疗。

第六节 腹膜疾病

一、腹膜炎

腹膜炎是在致病因素作用下，引起腹膜局限性或弥漫性炎症。临床上以腹膜疼痛，腹膜内积有多量的炎性渗出液为特征。按发病原因可分为原发性、继发性腹膜炎；按病程可分为急性、慢性腹膜炎；按炎症范围可分为弥漫性、局限性腹膜炎；按渗出性质可分为干性腹膜炎和渗出性腹膜炎等。在临床上，原发性的少见，多数是继发于其他疾病的经过中。各种家畜均可发生，但以马多发，牛和猪次之。

【病因】原发性腹膜炎是由于受寒、过劳或某些理化因素的影响，机体防卫机能降低，抵抗力减弱，受到大肠杆菌、沙门氏菌、链球菌和葡萄球菌等条件致病菌的侵害而发病。猫可由传染性腹膜炎病毒引起。

继发性腹膜炎，多由胃肠及其他脏器破裂或穿孔所致，或者由腹壁的创伤、腹腔与胃肠的穿刺或手术感染引起；亦见于腹腔脏器炎症的蔓延；还见于炭疽、出血性败血症、肠结核、马腺疫、猪瘟、猪丹毒、肝片吸虫病、棘球蚴病等疾病。

【病理】

1. 腹膜炎的发生 腹膜的壁层和脏层中有大量的血管和淋巴管，有较强的渗出和吸收功能，腹膜液内有一定量的吞噬细胞和免疫物质，可吞噬细菌和异物，中和并清除有毒物质对腹膜有一定的保护作用。当腹膜受到重剧的损伤，如腹壁透创、肠穿孔、胃破裂、腹腔手术中感染；或肠炎、肠扭转、肠套叠、重症的肠阻塞，肠屏障机能丧失，肠内细菌进入腹腔；骨盆腔脏器炎症漫延，传染病过程中，细菌、有毒物质或异物刺激腹膜引起炎症。

2. 渗出过程增强 腹膜发炎后，腹膜血管充血、出血和腹腔内积有渗出液。被膜失去光泽、粗糙、不透明。干性腹膜炎时渗出液少，腹膜和腹腔各脏器粘连俞着。湿性腹膜炎时渗出液量多，按其性质不同可分为浆液性、出血性、纤维蛋白性、化脓性。病程较长，渗出液中的水分逐渐被吸收，只剩下纤维蛋白成为带状或绒毛状的附着物。渗出物成腐败臭；血管严重损伤时，渗出物有大量红细胞；胃肠破裂时，渗出物中有饲料颗粒或粪渣；膀胱破裂时，渗出液含大量尿液成分。

3. 毒血症、菌血症和中毒性休克 大量的毒素、细菌或炎性渗出物，被机体吸收，则可发生毒血症、菌血症或中毒性休克，导致病畜迅速死亡。

【症状】

1. 急性腹膜炎 继发性腹膜炎多被原发病的症状掩盖，故症状不定。主要症状有：

腹痛：随病畜种类不同，腹痛程度有轻有重。

体温变化：大多数病例体温均升高到41~42℃，败血性腹膜炎体温降低，脉搏增数，结膜紫红色，皮温不整。

腹部检查变化：腹壁感觉敏感，后期减弱，腹围膨大，肠蠕动麻痹，肠膨胀，初期便秘或粪便干燥带有黏液，后期下痢，腹腔穿刺，一般有多量渗出液，其中含有多种病理性成分。

其他症状：食欲急剧减少，见呕吐，呼吸促迫，精神高度沉郁或呈昏睡状态。

2. 慢性腹膜炎 与急性病例相似，只是症状较轻微，经过较缓慢。

牛缺乏腹壁敏感症状，食欲减退，逐渐消瘦，长期下痢，腹部膨胀。马除具有相同的症状外，尚表现轻微的腹痛，中等热。

【诊断】一般根据病因和临床症状，如腹壁知觉敏感，体温升高，胸式呼吸，心悸亢进，心律不齐；直检腹膜显粗糙，腹肌蜷缩等即可确诊。在诊断中须与各种疝痛性疾病和胃肠炎鉴别诊断。

诊断要点：腹壁疼痛表现为怕运动，四肢呈集合姿势，步态强拘，短缩，腹部压痛；体温升高，皮温不整；腹围增大，腹壁感觉敏感，腹腔穿刺液增多，并含有多种病理成分；有相应原发病症状。应与腹水症鉴别诊断，要点如下：腹腔积水，是由于血液循环障碍导致腹腔内积聚大量漏出液的一种慢性疾病；两侧下腹部对称性膨大，触诊有波动感，穿刺有大量漏出液，Rivalta 反应阴性；体温不高，腹壁不敏感。

【治疗】

1. 治疗原则 抗菌消炎，制止渗出，增强全身机能。

2. 治疗措施 要除去病因，积极治疗原发病。

腹腔液过多，要穿腹排液，过于浓稠时，可切开腹腔排出后用生理盐水冲洗干净。

抗菌消炎，可用青链霉素或用 0.25% 普鲁卡因液混合 5% 葡萄糖溶液作腹腔注射。

3. 中药治疗

消黄散：浙贝母、知母各 25g，黄药子、白药子各 25g，二花 30g，连翘 25g，犀角 9g，羚羊角 5g，大黄 25g，玄参 30g，花粉 25g，郁金 25g，生地 25g，薄荷 25g，蝉蜕 15g，僵虫 15g，公英 3g，山甲珠 15g，豆根 15g，地丁 20g，射干 15g，黄连 15g，黄芩 25g，黄柏 30g，栀子 25g，桔梗 20g，甘草 15g，蜂蜜 120g，鸡蛋清 4 个，清水少许研末灌服。

【预防】避免各种不良因素的刺激和影响，特别是注意防止腹腔及骨盆腔脏器的破裂和穿孔；导尿、直肠检查、灌肠都须谨慎；去势、腹腔穿刺以及腹壁手术均应按照操作规程进行，防止腹腔感染；母畜分娩、胎盘剥离、子宫整复、难产手术以及子宫内膜炎的治疗等都须谨慎，防止本病发生。

二、腹腔积液

动物的腹腔，在生理状态下，腔内含有少量液体，主要起润滑作用。病理状态下，腹腔内液体增多，称为腹腔积液或称腹水。

【病因】因积液形成的原因及性质不同，可分为漏出液性腹腔积液和渗出液性腹腔积液。

漏出液性腹腔积液，为非炎性积液，其形成的主要原因为血浆胶体渗透压降低，常见于肾病、慢性间质性肾炎、重度营养不良等；毛细血管内压增高，常见于慢性心脏衰弱；淋巴管阻塞，常见于肿瘤压迫、结核引起的淋巴回流受阻。也有上述两种或两种以上的因素所致的漏出液性腹腔积液，如肝硬化。

渗出液性腹腔积液，为炎性积液，见于各种原因引起的弥漫性腹膜炎，如细菌性腹膜炎、结核性腹膜炎、内脏器官破裂、穿孔所引起的腹膜炎等。由于致病因素的作用，致使腹膜发生炎症，使发炎区内的毛细血管壁受损，通透性增高，使血液内的液体、细胞和分子较大的蛋白质渗出到腹腔。渗出液在马可高达 40L，牛可达 100L。

【症状】除有引起腹腔积液的原发病所特有的临床症状外，最明显的症状是腹部外形的变化，腹部向下，向两侧对称性膨胀，状如蛙腹。当动物体位改变时，腹部的形态也随着改变，腹部的最低处即膨起。腹部叩诊，呈水平浊音。腹部冲击式触诊，可感到回击波或振荡音。此外由于腹水压迫横膈膜，动物常常表现呼吸困难。腹腔穿刺有多量液体流出。

腹腔穿刺液检查：其目的是鉴别腹腔积液的性质。

漏出液为淡黄色透明液体或稍混浊的淡黄色液体，比重低于 1.018，一般不凝固，蛋白总量在 25g/L 以下，黏蛋白定性试验（Rivalta 试验）为阴性反应。细胞计数常小于 100×10^6 个/L，以淋巴细胞和间皮细胞为主。细菌学检查为阴性。

渗出液为深黄色混浊液体（但因病因不同，亦可呈现红色、黄色等颜色），比重高于 1.018，蛋白总量在 30g/L 以上，黏蛋白定性试验为阳性。细胞计数常大于 500×10^6 个/L，根据不同病因，分别以嗜中性白细胞或淋巴细胞为主。细菌学检查，可找到病原菌。

【治疗】

1. 治疗原则 消除病因、制止漏出、利尿、排出腹腔液体。

2. 治疗措施 本病的治疗，首先应着重治疗原发病，如肾病、慢性间质性肾炎、肝硬变、营养不良、心脏衰弱和腹膜炎等疾病。

为促进漏出液或渗出液的吸收和排出，可应用强心剂和利尿剂。

有大量积液时，应采取腹腔穿刺排出腹腔积液（逐渐排放，以防发生虚脱）。

制止漏出，可静脉缓慢注射 10% 氯化钙或水解蛋白液，并配合 25% 葡萄糖、强心剂、维生素 B、维生素 C 等。

病例分析

病例一：一匹马被牵到学校兽医院门诊部就诊。主诉：最近两日来，吃草缓慢，并有吐草现象，喝水从鼻孔流出来；流涎、流鼻涕、有时咳嗽。检查：营养中等，口流涎沫，有鼻涕，眼结膜偏红，口色偏红；体温 38.8℃，人工诱咳（＋），食管检查无甚异常；听诊肺部正常，叩诊亦正常；让其饮水，一旦吞咽立刻从鼻孔流出。请给出初步诊断印象，并提出治疗方案。

病例二：一黄牛被牵到兽医院就诊。主诉：最近以来主要是春耕农活忙，从昨天开始，吃草就不好，反刍少，今天吃草更少。检查：体温 39.1℃，口色偏红，舌苔黄厚，口臭；瘤胃检查，上部松软，下部有面团状感，听诊蠕动音弱，每分钟一次蠕动波，粪便稍硬。其他系统检查无发现异常。请给出初步诊断印象，并提出治疗方案。

病例三：一大型黑背犬，被牵到动物医院就诊。主诉：从昨天到今天吃东西后不久就吐出来，曾喂过鱼、肉等食堂的残羹剩饭。检查：体温、脉搏、呼吸皆在正常范围之内，精神尚活泼，有食欲，喂食火腿等食物，吃进后不久就被吐出来；仔细检查食管，似在上部食管（咽下部）有异常感。分析是咽炎、食管阻塞、还是其他疾病，如何确诊？并提出治疗、护理方案。

病例四：一畜主上午 10 点多钟要求给牛急诊。主诉：今早食欲不好，现在牛突然发生肚胀，情况较为紧急。于是立刻亲临现场，检查：病牛中等大小体型，腹围膨大，左侧尤为明显，不时发出吭吭声，叩之呈鼓音。处理：暂不穿刺，先给灌以止酵剂和促反刍剂。灌药后10min臌气不再增加，再过10min后腹围明显减小。又见病牛排出带血的稀便，问之得知一月来所喂饲料以冷轧棉籽饼为主。根据以上情况，分析病牛臌气发生的原因，遇到瘤胃臌气如何处理，本病例为什么不予以瘤胃穿刺放气，本病例下一步如何治疗和护理。

病例五：一黄牛由于不食、不反刍被牵来就诊。主诉：已病一周余，开始吃草减少，反刍少，后来食欲更少，甚至不反刍；平时草料为麦秸、麸皮、玉米面等；在乡村兽医站用抗生素、助消化药等治疗，不见效果。检查：体温、呼吸、脉搏皆无异常；触诊瘤胃松软，其他三胃检查无异常，排粪基本正常。后经治疗两次痊愈。试对本病做些分析，如何确诊、治疗、护理，提高治疗效果。

病例六：一成年奶牛被牵到校附属兽医院就诊。主诉：食欲、反刍都无，已病3d，在当地兽医院用青、链霉素治疗过无效。检查：体况中等，体温39.2℃，呼吸78次/min，精神沉郁，呼吸促迫，左腹部膨胀，瘤胃中下部硬实，上部有少量积气，听诊瘤胃蠕动音弱，眼结膜暗红，鼻镜干燥，有时空口磨牙，口腔干黏，口臭，舌苔黄厚。请给出初步诊断印象，并提出治疗方案。

病例七：一奶牛被牵来就诊。主诉：产犊后胎衣不下，后来食欲时好时坏。检查：体温、呼吸、脉搏、正常；阴道分泌物不洁；触诊瘤胃松软；听诊，瘤胃蠕动音弱；网胃检查无异常。经子宫冲洗，洗出大量腐解的胎衣，并经过抗菌消炎、健胃促反刍治疗后，食欲有所好转，但不久又出现食欲、反刍不佳的状态。进一步检查，听诊左腹壁瘤胃蠕动音弱，但能听到与瘤胃蠕动时间不一致的其他音，在听诊左腹部的同时进行叩诊，可听到金属音。请对本病例进行可能病症的分析，并提出进一步治疗方案。

病例八：一犊牛，出现不反刍现象前来就诊。主诉：此犊牛出生三月龄，出于爱护给予增加精料，灌服玉米面粥，1次1碗，一日两次。半月后出现不反刍、不食的现象。检查：瘤胃松软，蠕动音弱，舌苔白腻。导胃流出的瘤胃液与小苏打混合不出现气泡。请分析病因，并给出治疗方案。

病例九：一匹6岁公马，3月25日被牵到兽医院就诊。主诉：每天饲喂的是谷草和玉米。近日来不爱吃草，一次喝一桶水，拉车送粪。23日下午3点马开始发病，起卧，倒地滚转，回顾腹部，拉少量粪球，乡兽医站给灌了两袋芒硝（1 000g）和约一脸盆水，灌后2.5h不见好转，村兽医站又灌了两袋芒硝，晚上9点多钟，马开始胀肚（臌气），兽医给放了气。后半夜马开始拉稀，天亮后被牵来就诊。主要临床症状：体温38.6℃，脉搏94次/min，呼吸10次/min；视诊，精神沉郁，耳聋头低眼半闭，不注意周围事物，被毛逆立，营养中下等，皮肤弹性稍减退，右肷窝部剪过毛，涂过碘酊，胸腹下、后肢下、股内侧、尾毛被粪水污染，检查过程中排水样恶臭粪便2次，肚腹蜷缩，运步迟缓无力，摇摆，耳尖、鼻端及四肢下端发凉，眼结膜弥漫性潮红，口腔湿润，口色暗红，舌面有较厚黄灰色舌苔，口腔有恶臭（口征较重），触诊胃肠未见异常，听诊大小肠音不整，第一、第二心音增强，脉细弱，其他检查不认异常。

请思考：①乡村兽医的诊断和用药是否正确？②该病例从始至终都有什么病？

病例十：一匹十岁母马，昨天上午见病马不安，食欲减退，粪便干硬而少，每隔3h左右卧地一次。结膜轻度发绀，体温38.2℃，脉搏45次/min、呼吸数36次/min，小肠音4次/min，大肠音减弱或消失，偶有举尾排粪动作，不见粪便排出。治疗：10%安乃近30ml

肌肉注射，灌服液体石蜡 500ml。

要求：

1. 初步诊断判定病名。

2. 你如果当时在场，你是否同意这种处理方法？为什么？

3. 如果要进一步诊治本病，还需补充哪些检查项目？

病例十一： 昌黎县某单位职工杨×于 2011 年 8 月 5 日抱 50 日龄博美幼犬 1 只来院就诊。主诉：幼犬自断奶后经常下痢，时好时坏，并有阵发性抽搐，开始表现轻微，未加注意，近 3～4d 来突有加重趋势，遂送诊入院。经临床检查，病犬体温 39.2℃，呼吸 24 次/min，脉搏 95 次/min，肠音弱偶有金属音。鼻镜轻微干燥，可视黏膜稍微苍白，腹胀，触诊有弹性。幼犬体质较弱，发育不良，但精神尚可，肛门周围粘有少许粪便污染物。根据主诉和临床表现，排出了患细小病毒等传染病的可能，初步诊断为营养不良、钙质缺乏伴慢性结肠炎。针对以上症状，肌肉注射卡那霉素并静脉注射葡萄糖酸钙、维生素 B_1 等，8 月 7 日下午病情好转出院，嘱犬主回家后饲喂少量新鲜易消化食物并加饲钙片。5d 后（8 月 12 日）再次入院，主诉：幼犬无食欲并伴有呕吐。此时病犬比初诊时全身症状明显加重，精神沉郁，被毛粗乱并伴有脱水表现，鼻镜干燥，极度虚弱。按以上处方予以治疗，肌肉注射胃复安注射液，并辅以 0.9% 氯化钠葡萄糖溶液进行补液，加 10% 葡萄糖、5% 碳酸氢钠等。8 月 14 日病情及体况逾差，食欲废绝，站立不稳，精神高度沉郁并有抽搐表现，反复呕吐。当日下午呕出深茶色呕吐物，发现其中有一条活蛔虫，虫体长约 4cm，呈淡黄色。考虑该病例可能误诊。本欲按"急则治其标，缓则治其本"的原则，待病情控制住后再给予驱虫，但该病犬于第 2d 早上死亡。剖检犬结肠黏膜部分脱落，空肠、回肠黏膜部分糜烂，肠道中见少量稀薄粪便，有恶臭气味。特别是在胃内发现 2 条蛔虫，小肠内有 13 条蛔虫，大肠内有 1 条蛔虫，其中回肠的中部有 6 条拧成索状并结团，已堵塞肠腔，在体内共检出虫体 16 条，为 2～4cm 长。心、肺、肝、肾未见明显异常变化。

要求：

1. 分析患犬出现抽搐、腹胀等症状的原因。

2. 分析误诊的原因。

第二章

呼吸系统疾病

知识目标：

✧ 掌握感冒、支气管炎、支气管肺炎、大叶性肺炎、幼畜肺炎、胸膜炎的常见病因、临床症状、防治原则和治疗措施以及呼吸系统常见病的鉴别诊断。

✧ 理解呼吸系统疾病防治的重要意义以及肺气肿、幼畜肺炎等病的发生机理及防治知识。

✧ 了解鼻炎、喉炎的临床特征，中西药物结合防治呼吸道疾病方法，X 射线检查在动物呼吸系统疾病诊断上的应用。

技能目标：

✧ 能应用所学知识，接近观察患病动物，临床检查有序，会正确的进行病例分析，正确配用输液剂和治疗药剂，对动物常见呼吸道疾病进行诊断和防治。

✧ 能测定动物体温、呼吸、脉搏等生理指标，能辨别健康呼吸音和病理性呼吸音。

✧ 能使用听诊器、体温计、叩诊器、注射器、穿刺针等常规器械对患病动物实施检查和治疗。

第一节　上呼吸道疾病

一、感冒

感冒是由于气候骤变，机体突受风寒侵袭而引起的以上呼吸道炎症为主的一种急性、热性全身性疾病。临床上以鼻流清涕、羞明流泪、呼吸增快、体表温度不均为特征。各种畜禽都可发病，尤以幼畜禽多见。一年四季均可发生，但以早春、秋末，气温骤变季节多发。

【病因】该病主要是由于对畜禽管理不当，寒冷突然袭击所致。如厩舍条件差，安全过冬措施跟不上，受贼风的侵袭。舍饲的家畜在寒冷气候下露宿；运动出汗后被雨淋风吹等。寒冷因素作用于机体，引起机体防御机能降低，上呼吸道黏膜血管收缩，分泌减少，气管黏膜上皮纤毛运动减弱，致使呼吸道条件致病菌大量繁殖，由于细菌产物的刺激，引起上呼吸道炎症，因而出现咳嗽、鼻塞、流涕，甚至体温升高等现象。

此外，长途运输（特别是小鸡），营养不良及患有其他疾病时，机体抵抗力减弱的情况下，更易发病。

【症状】病畜精神不振，头低耳聋，食欲减退，体温升高，羞明流泪，结膜充血。耳尖、鼻端发凉，皮温不均。鼻黏膜充血、肿胀，鼻塞不通，初期流浆液性鼻液，以后变为黏液性、脓性鼻液，常伴发咳嗽，呼吸、脉搏增快。病情严重的畏寒怕冷，拱腰颤栗，行走不灵，甚至躺卧不起。牛则磨牙，鼻镜干燥，前胃弛缓，反刍停止。猪多便秘，怕冷，喜钻草堆，仔猪尤为明显。有的病畜眼红多眵，口舌干燥。一般如能及时治疗，可很快痊愈，如治疗不及时，幼畜则易继发支气管肺炎。

【诊断】　根据病因调查，结合身颤肢冷、发热、皮温不均、流清涕、咳嗽等主要症状可以诊断。在鉴别诊断上，应与流行性感冒相区别。流行性感冒为流行性感冒病毒引起，体温突然升高2~3℃以上，传播迅速，有明显的流行性。

【治疗】

1. 治疗原则　以解热镇痛、祛风散寒为主，有并发症时，可适当抗菌消炎。

2. 治疗措施　可选用30%安乃近、复方氨基吡啉、复方奎宁（孕畜禁用）、柴胡等注射液，牛、马20~40ml，猪、羊5~10ml，一次肌肉注射。

为预防继发感染，在用解热镇痛剂后，体温仍不下降或症状没有减轻时，可适当应用磺胺类药物或抗生素。

3. 中药治疗　以解表、散寒、清热为主。分为风寒、风热两种证型。

（1）风寒感冒：发热轻，恶寒重，耳鼻凉，肌肉颤抖，无汗，舌苔薄白，治宜辛温解表，散寒镇咳，可用杏苏散：杏仁18g，桔梗30g，紫苏30g，半夏15g，陈皮20g，前胡25g，枳壳20g，茯苓30g，甘草15g，生姜30g，葱白两根为引，共为细末，开水冲，候温灌服（牛、马），猪、羊酌减。

（2）风热感冒：发热重，恶寒轻，口干舌燥，口色偏红，舌苔薄黄，治宜辛凉解表，清泻肺热，可用银翘散：银花30g，连翘30g，桔梗25g，荆芥25g，淡豆豉25g，竹叶30g，薄荷15g，牛蒡子25g，芦根60g，甘草15g，共为细末，开水冲，候温灌服（牛、马），猪、羊酌减。

4. 针灸　主要针刺山根、肺俞、血印、尾尖、蹄头、百会、六脉、鼻梁、大椎等穴。

5. 验方

轻者可用生姜、紫苏、葱白、红糖适量，煎水候温灌服。

紫苏、荆芥各300~500g，煎水候温灌服（牛）。

一枝黄花、金银花、紫花地丁各适量，煎水候温灌服。

【预防】　对感冒的预防应侧重于防止畜禽突然受寒和风雨侵袭（特别是运动出汗后）。建立合理的饲养管理和使役制度，冬天气温骤变时要做好防寒保暖工作。

二、鼻炎

鼻炎是指鼻腔黏膜的炎症，按病程可分为急性鼻炎和慢性鼻炎；按病因可分为原发性鼻炎和继发性鼻炎。临床上以鼻黏膜充血、肿胀、鼻塞、吸气困难、流鼻液及打喷嚏为特征。各种动物均可发病，以犬和猫最为常见。

【病因】

1. 原发性鼻炎　主要是由于受寒感冒、吸入刺激性气体和化学药物等引起，如畜舍通风不良，吸入氨、硫化氢、烟雾以及农药、化肥等有刺激性的气体；动物吸入饲料或环境中的尘埃、霉菌孢子、麦芒、昆虫及使用胃管不当或异物卡塞于鼻道对鼻黏膜的机械性刺激。过敏性鼻炎是一种很难确定病因的特异性反应，季节性发生多与花粉有关，犬和猫常年发生可能与房舍尘土及霉菌有关。牛和绵羊的"夏季鼻塞"综合征是一种原因不明的变应性鼻炎。

2. 继发性鼻炎 主要见于流感、马鼻疽、传染性胸膜肺炎、牛恶性卡他热、慢性猪肺疫、猪萎缩性鼻炎、犬瘟热、犬副流感、猫病毒性鼻气管炎等传染病。在咽炎、喉炎、副鼻窦炎、支气管炎和肺炎等疾病过程中常伴有鼻炎症状。犬齿根脓肿扩展到上颌骨隐窝时，也可发生鼻炎或鼻窦炎。

【症状】 急性鼻炎鼻黏膜敏感性增强，主要表现打喷嚏，流鼻液，摩擦鼻部，犬、猫抓挠面部。鼻黏膜潮红、肿胀，敏感性增高，由于鼻腔变窄，小动物呼吸时出现鼻塞音或鼾声，严重者张口呼吸或发生吸气性呼吸困难。病畜体温、呼吸、脉搏及食欲一般无明显变化。鼻液初期为浆液性，继发细菌感染后变为黏液性，鼻黏膜炎性细胞浸润后则出现黏液脓性鼻液，最后逐渐减少、变干，呈干痂状附着于鼻孔周围。下颌淋巴结肿胀。急性单侧性鼻炎伴有抓挠面部或摩擦鼻部，提示鼻腔可能有异物。初期为单侧性流鼻液，后期呈双侧性，鼻液由黏液性变为浆液血性或鼻出血，提示可能为肿瘤性或霉菌性疾病。

慢性鼻炎病程较长，临床表现时轻时重，有的鼻黏膜肿胀、肥厚、凹凸不平，严重者有糜烂、溃疡或瘢痕。犬的慢性鼻炎可引起窒息或脑病。猫的慢性化脓性鼻炎可导致鼻骨肿大，鼻梁皮肤增厚及淋巴结肿大，难以痊愈。

牛的"夏季鼻塞"常见于春夏时节牧草开花时，突然发生呼吸困难，鼻孔流出黏液脓性至干酪样不同稠度的大量桔黄色或黄色鼻液。打喷嚏，鼻塞，因鼻腔发痒而使动物摇头，在地面擦鼻或将鼻镜在篱笆及其他物体上摩擦。严重者两侧鼻孔完全堵塞，表现呼吸困难，甚至张口呼吸。

急性原发性鼻炎，一般在 1～2 周后，鼻液量逐渐减少，最后完全痊愈。慢性或继发性鼻炎，可经数周或数月，有的病例长时间未能治愈而发生鼻黏膜肥厚，病畜表现鼻塞性呼吸音。

【诊断】 单纯性鼻炎可根据鼻黏膜充血、肿胀，打喷嚏和流浆液性鼻液或脓性鼻液，全身反应不明显等症状确诊。继发性鼻炎要侧重于确定原发病。此外，本病应注意与鼻腔鼻疽、马腺疫、流行性感冒及副鼻窦炎等疾病相区别。

【治疗】

1. 治疗原则 消除病因，镇痛消炎，对症治疗。

2. 治疗措施 首先应除去致病因素，轻度的卡他性鼻炎可自行痊愈。病情严重者可用温生理盐水、1% 碳酸氢钠溶液、2%～3% 硼酸溶液、1% 磺胺溶液、1% 明矾溶液、0.1% 鞣酸溶液或 0.1% 高锰酸钾溶液，每日冲洗鼻腔 1～2 次。冲洗后可用鼻眼净药水滴鼻或涂以青霉素或磺胺软膏，也可向鼻腔内撒入青霉素或磺胺类粉剂。

当鼻黏膜严重充血肿胀时，为促进局部血管收缩并减轻鼻黏膜的敏感性，可用可卡因 0.1g，0.1% 的肾上腺素溶液 1ml，加蒸馏水 20ml，混合后滴鼻，每日 2～3 次。

亦可用 2% 克辽林或 2% 松节油，进行蒸汽吸入，每日 2～3 次，每次 15～20min。

对体温升高、全身症状明显的病畜，应及时用抗生素或磺胺类药物进行治疗。

3. 中药治疗 以疏风清热，解毒消肿为主。方用苍耳子散加减：苍耳子 30g，辛夷 25g，白芷 15g，薄荷 15g，菊花 25g，黄芩 20g，栀子 20g，木香 15g，苏叶 30g，煎水候温灌服。也可用连翘 30g，银花 15g，桔梗 20g，知母 20g，黄柏 25g，郁金 20g，花粉 20g，薄荷 15g，蒲公英 20g，甘草 12g，共为细末，开水冲，候温灌服。

4. 针灸　主要针刺鼻梁、玉堂、开关等穴。

5. 验方

鹅不食草 100g 或葱白一把，捣汁滴鼻。

吹鼻散：冰片 5g，血余炭 5g，共为细末，用胶管吹入鼻腔内。

【预防】　主要是防止受寒感冒和其他致病因素的刺激，对继发性鼻炎应及时治疗原发病。

三、喉炎

喉炎是喉头黏膜的炎症。临床上以剧烈咳嗽和喉头敏感为特征。急性卡他性喉炎较多见，如与咽炎并发，则称咽喉炎。本病各种动物均可发生，一般多发生在春、秋、冬季。

【病因】　原发性喉炎主要由于受寒感冒，吸入尘埃、烟雾或刺激性气体、霉菌、异物以及出汗动物突饮冷水等都可刺激喉黏膜而发生炎症。

喉炎也可继发于一些疾病过程中，如鼻炎、咽炎、气管和支气管炎、犬瘟热、猫传染性鼻气管炎、牛传染性鼻气管炎、马腺疫、流感等。

【症状】　喉炎主要表现为剧烈咳嗽，病初为干而痛的咳嗽，声音短促强大，以后则变为湿而长的咳嗽，病程较长时声音嘶哑。按压喉部、吸入寒冷或有灰尘的空气、吞咽粗糙食物或冷水以及投服药物等均可引起剧烈的咳嗽。犬随着咳嗽可发生呕吐。有的病畜鼻流浆液性、黏液性或黏液脓性鼻液。下颌淋巴结肿大，动物头颈不愿转动，保持微向前伸姿势。严重病例伴有体温升高和其他全身症状。触诊喉部，局部肿胀、温度升高，病畜表现敏感疼痛，常诱发强烈的咳嗽；听诊喉部气管，有大水泡音或喉头狭窄音。

喉头水肿可在数小时内发生，表现吸气性呼吸困难，喉头有喘鸣音。随着吸气困难加剧，呼吸频率减慢，可视黏膜发绀，体温升高，脉搏增数。犬在天气炎热时，由于呼吸道受阻，体温调节功能极度紊乱，可使体温显著上升。

【诊断】　根据咳嗽剧烈和喉头敏感可作出初步诊断，确诊则需进行喉镜检查。本病应注意与咽炎相鉴别，咽炎主要以吞咽障碍为主，吞咽时食物和饮水常从两侧鼻孔流出，咳嗽较轻。

【治疗】

1. 治疗原则　消除致病因素，缓解疼痛，加强护理，消除炎症。

2. 治疗措施　为缓解疼痛，减轻咳嗽，可采用喉头周围封闭，马、牛可用 0.25% 普鲁卡因 20～30ml，青霉素 40 万～100 万 IU 混合，每日 2 次，效果良好。

对出现全身反应的病畜，可内服或注射抗生素或磺胺类药物。喉炎病畜还可在喉部皮肤涂鱼石脂软膏，必要时可经鼻腔向喉内注入碘甘油。

频繁咳嗽时，应及时内服祛痰镇咳药，常用人工盐 20～30g，茴香粉 50～100g，马、牛一次内服；或碳酸氢钠 15～30g，远志酊 30～40ml，温水 500ml，一次内服；或氯化铵 15g，杏仁水 35ml，远志酊 30ml，温水 500ml，一次内服。小动物可内服复方甘草片、止咳糖浆等；也可内服羧甲基半胱氨酸片（化痰片），犬 0.1～0.2g，猫 0.05～0.1g，每日 3 次。

3. 中药治疗　以清热解毒，消肿利喉为主。方用普济消毒饮加减：黄芩、玄参、柴胡、桔梗、连翘、马勃、薄荷各 30g，黄连 15g，桔红、牛蒡子各 24g，甘草、升麻各 8g，僵蚕 9g，板蓝根 45g，水煎服。也可用消黄散加味：知母、黄芩、牛蒡子、山豆根、桔梗、花粉、射干各 18g，黄药子、白药子、贝母、郁金各 15g，栀子、大黄、连翘各 21g，甘草、黄连各 12g，朴硝 60g，共研末，加鸡蛋清 4 个，蜂蜜 120g，开水冲服，或水煎服。

4. 针灸 主要针刺鹘脉、玉堂、开关、通关、锁喉、颈脉等穴。

5. 验方

雄黄、栀子、大黄各 30g，冰片 3g，白芷 6g，共研末，用醋调成糊状，涂于咽喉外部，每日 2~3 次，有一定效果。

七叶一枝花 15g，水煎服。

鲜八角莲根 20g，加冰片 3g，捣汁，滴入喉内。

【预防】 参考感冒和鼻炎的预防。

第二节　支气管与肺脏疾病

一、支气管炎

支气管炎是各种原因引起动物支气管黏膜表层或深层的炎症，临床上以咳嗽、流鼻液和不定热型为特征。各种动物均可发生，但幼龄和老龄动物比较常见。寒冷季节或气候突变时容易发病。根据疾病的性质和病程可分为急性和慢性两种。

急性支气管炎是由感染、物理、化学刺激或过敏等因素引起支气管黏膜表层和深层的急性炎症。临床特征为咳嗽和流鼻液。

慢性支气管炎为支气管黏膜长期的、持续数月，甚至数年的炎症过程。临床上以持续性咳嗽为特征。

【病因】

1. 感染 受寒感冒是引起支气管炎的主要原因。动物机体受寒后，导致机体抵抗力降低，一方面病毒、细菌直接感染，另一方面呼吸道寄生菌（如肺炎球菌、巴氏杆菌、链球菌、葡萄球菌、化脓杆菌、霉菌孢子、副伤寒杆菌等）或外源性非特异性病原菌乘虚而入，呈现致病作用。也可由急性上呼吸道感染的细菌和病毒蔓延而引起。

2. 物理、化学因素 吸入过冷的空气、粉尘、刺激性气体（如二氧化硫、氨气、氯气、烟雾等）均可直接刺激支气管黏膜而发病。投药或吞咽障碍时由于异物进入气管，可引起吸入性支气管炎。

3. 过敏反应 多由吸入花粉、有机粉尘、真菌孢子等引起。主要见于犬，特征为按压气管容易引起短促、干而粗厉的咳嗽，支气管分泌物中有大量的嗜酸性细胞，无特异性致病菌。

4. 继发性因素 在马腺疫、流行性感冒、牛口蹄疫、恶性卡他热、家禽的慢性呼吸道病、羊痘等传染病的经过中，常表现支气管炎的症状。另外，患喉炎、肺炎及胸膜炎等疾病时，炎症扩展也可继发支气管炎。

5. 诱因 饲养管理粗放，如畜舍卫生条件差、通风不良、闷热潮湿以及饲料营养不平衡等，导致机体抵抗力下降，均可成为支气管炎发生的诱因。

原发性慢性支气管炎通常由急性转变而来，常见于致病因素未能及时消除，长期反复作用或未能及时治疗，饲养管理及使役不当，均可使急性转变为慢性。老龄动物由于呼吸道防御功能下降，喉头反射减弱，单核—吞噬细胞系统功能减弱，慢性支气管炎发病率较高。维生素 C、维生素 A 等缺乏，支气管黏膜上皮的修复功能减退，溶菌酶的活力降低，也容易发生本病。另外，一般慢性疾病如结核、肺蠕虫病、肺气肿和心脏瓣膜病等经过中，都可影响肺内气体交换和使血液循环障碍，引起支气管的慢性炎症过程。

【症状】

1. 急性支气管炎　主要的症状是咳嗽。在疾病初期，表现干、短和疼痛咳嗽，以后随着炎性渗出物的增多，变为湿而长的咳嗽。有时咳出较多的黏液或黏液脓性痰液，呈灰白色或黄色。同时，鼻孔流出浆液性、黏液性或黏液脓性鼻液。胸部听诊肺泡呼吸音增强，并可出现干啰音和湿啰音。通过气管人工诱咳，可出现声音高朗的持续性咳嗽。全身症状较轻，体温正常或轻度升高（0.5～1.0℃）。随着疾病的发展，炎症侵害细支气管，则全身症状加剧，体温升高 1～2℃，呼吸加快，精神不振，食欲大减，严重者出现吸气性呼吸困难。

吸入异物引起的支气管炎，后期可发展为腐败性炎症，出现呼吸困难，呼出气体有腐败性恶臭，两侧鼻孔流出污秽不洁和有腐败臭味的鼻液。听诊肺部可能出现空瓮性呼吸音。病畜全身反应明显。血液检查，白细胞总数增加，嗜中性粒细胞比例升高。

2. 慢性支气管炎　以持续性咳嗽为特征，咳嗽可拖延数月甚至数年。咳嗽严重程度视病情而定，一般在运动、采食、夜间或早晚气温较低时，常常出现剧烈咳嗽。痰量较少，有时混有少量血液，急性发作并有细菌感染时，则咳出大量黏液脓性痰液。体温无明显变化，有的病畜因支气管狭窄和肺泡气肿而出现呼吸困难。肺部听诊，初期因黏膜有大量稀薄的渗出物，可听到湿啰音，后期由于支气管渗出物黏稠，则出现干啰音；由于长期食欲不良和疾病消耗，病畜逐渐消瘦，有的发生贫血。

【诊断】急性支气管炎根据病史，结合咳嗽、流鼻液和肺部出现干、湿啰音等呼吸道症状即可初步诊断，应注意与流行性感冒、急性上呼吸道感染等疾病相鉴别。慢性支气管炎根据持续性咳嗽和肺部啰音等症状即可诊断。

【治疗】

1. 治疗原则　消除病因，祛痰镇咳，抑菌消炎，必要时用抗过敏药。

2. 治疗措施　消除病因，加强护理，畜舍内保持通风良好且干燥温暖，供给充足的清洁饮水和优质的饲草料。

为了促进炎性渗出物的排出，可用克辽林、来苏尔、松节油、薄荷脑、麝香草酚等蒸汽反复吸入，也可用碳酸氢钠等无刺激性的药物进行雾化吸入。对严重呼吸困难的病畜，则可吸入氧气。

祛痰镇咳。对咳嗽频繁、支气管分泌物黏稠的病畜，可口服祛痰剂，如氯化铵，马、牛 10～20g，猪、羊 0.2～2g；吐酒石，马、牛 0.5～3g，猪、羊 0.2～0.5g，每日 1～2 次。分泌物不多，但咳嗽频繁且疼痛明显，可选用镇痛止咳剂，如复方樟脑酊，马、牛 30～50ml，猪、羊 5～10ml，内服，每日 1～2 次；复方甘草合剂，马、牛 100～150ml，猪、羊 10～20ml，内服，每日 1～2 次；杏仁水，马、牛 30～60ml，猪、羊 2～5ml，内服，每日 1～2 次；磷酸可待因，马、牛 0.2～2g，猪、羊 0.05～0.1g，犬、猫酌减，内服，每日

1~2次；犬、猫等动物痛咳不止，可用盐酸吗啡0.1g、杏仁水10ml、茴香水300ml，混合后内服，每次一汤匙，每日2~3次。

抑菌消炎，可选用抗生素或磺胺类药物。如肌肉注射青霉素，马、牛4 000~8 000IU/kg体重，马驹、犊牛、羊、猪、犬10 000~15 000IU/kg体重，每日2次，连用2~3d。青霉素100万IU，链霉素100万IU，溶于1%普鲁卡因溶液15~20ml，气管内注射，每日1次，有良好的效果。病情严重者可用四环素，剂量为5~10mg/kg体重，溶于5%葡萄糖溶液或生理盐水中静脉注射，每日2次。也可用10%磺胺嘧啶钠溶液，马、牛100~150ml，猪、羊10~20ml，肌肉或静脉注射。另外，可选用大环内酯类（红霉素等）、喹诺酮类（氧氟沙星、环丙沙星等）及头孢菌素类。

抗过敏，在使用祛痰止咳药的同时，每日内服溴樟脑，马、牛3~5g，猪、羊0.5~1g或盐酸异丙嗪，马、牛0.25~0.5g，猪、羊25~50mg，效果更好。

此外，也可采用自家血疗法，大动物初次为80~100ml，以后每次增加20ml，小动物酌减。

3. 中药治疗 中兽医称支气管炎为咳嗽，治以疏风、宣肺、化痰止咳为主。

外感风寒引起者，宜疏风散寒，宣肺止咳。可选用荆防散合止咳散加减：荆芥、紫菀、前胡各30g，杏仁20g，苏叶、防风、陈皮各24g，远志、桔梗各15g，甘草9g，共研末，马、牛一次灌服（猪、羊酌减）。

外感风热引起者，宜疏风清热，宣肺止咳。可选用款冬花散：款冬花、知母、浙贝母、桔梗、桑白皮、地骨皮、黄芩、金银花各30g，杏仁20g，马兜铃、枇杷叶、陈皮各24g，甘草12g，共研末，马、牛一次灌服（猪、羊酌减）。

4. 针灸 主要针刺苏气、肺俞、尾尖、血印、鼻梁、山根、大椎等穴。

5. 验方

炙杏仁100g，冰糖50g，共为细末，开水冲调，加麻油100g，一次灌服。

食用醋500g，甘草粉50g，冰片10g，水500ml，混合后用胃管一次投服，用于慢性支气管炎。

白毛夏枯草、一枝黄花各200~250g，水煎灌服，治急、慢性支气管炎。

【预防】着重于加强平时的饲养管理，圈舍应经常保持清洁卫生，注意通风透光，增强动物的抵抗力；动物运动或使役出汗后，应避免受寒冷和潮湿的刺激；及时治疗易引起支气管炎的原发病。

二、支气管肺炎

支气管肺炎又称小叶性肺炎或卡他性肺炎，是病原微生物感染引起的以细支气管为中心的个别肺小叶或几个肺小叶的炎症。其病理学特征为肺泡内充满了由上皮细胞、红细胞和白细胞组成的卡他性炎性渗出物，病变从支气管炎或细支气管炎开始，而后蔓延到邻近的肺泡。临床上以出现弛张热型、呼吸次数增多、叩诊有散在的局灶性浊音区、听诊有捻发音等为特征。各种动物均可发病，但以幼畜和老龄动物更为多见，多发生于春秋两季。

【病因】

1. 不良因素的刺激 因受寒感冒，饲养管理不当，某些营养物质缺乏，长途运输，物理因素、化学因素的刺激，过度疲劳等，使机体抵抗力降低，特别是呼吸道的防御机能减弱，导致呼吸道黏膜上的条件致病菌大量繁殖以及外源性病原微生物入侵感染引起。这些能引起支气管肺炎的病原菌均为非特异性，已发现的有肺炎球菌、猪嗜血杆菌、坏死杆菌、副伤寒杆菌、沙门氏杆菌、大肠杆菌、链球菌、葡萄球菌和流感病毒等。

2. 血源感染　主要是病原微生物经血流至肺脏，先引起间质的炎症，而后波及支气管壁，进入支气管腔，即经由支气管周围炎、支气管炎，最后发展为支气管肺炎。血源性感染也可先引起肺泡间隔的炎症，然后侵入肺泡腔，再通过肺泡管、细支气管和肺泡孔发展为支气管肺炎，常见于化脓性疾病，如子宫炎、乳房炎等。

3. 继发性病因　继发或并发于许多传染病和寄生虫病的过程中。如仔猪流行性感冒、传染性支气管炎、结核病、犬瘟热、牛恶性卡他热、猪肺疫、副伤寒、肺线虫病等。

【症状】病初呈急性支气管炎的症状，表现干而短的疼痛性咳嗽，逐渐变为湿而长的咳嗽，疼痛减轻或消失，并有分泌物被咳出。体温升高 $1.5 \sim 2.0℃$，呈弛张热型。脉搏频率随体温升高而增加（$60 \sim 100$ 次/min）。呼吸频率增加（$40 \sim 100$ 次/min），严重者出现呼吸困难。流少量浆液性、黏液性或脓性鼻液。精神沉郁，食欲减退或废绝，可视黏膜潮红或发绀。

胸部叩诊，当病灶位于肺的表面时，可出现一个或多个局灶性的小浊音区，融合性肺炎则出现大片浊音区。

听诊病灶部，肺泡呼吸音减弱或消失，出现捻发音和支气管呼吸音，并常可听到干啰音或湿啰音；病灶周围的健康肺组织，肺泡呼吸音增强。

血液学检查，白细胞总数增多达 $1 \times 10^{10}/L \sim 2 \times 10^{10}/L$，嗜中性粒细胞比例可达80%以上，出现核左移现象。

X 射线检查，表现斑片状或斑点状的渗出性阴影，大小和形状不规则，密度不均匀，边缘模糊不清，可沿肺纹理分布。

【诊断】根据咳嗽、弛张热型、叩诊浊音及听诊捻发音和啰音等典型症状，结合 X 射线检查和血液学变化，即可诊断。本病与细支气管炎和大叶性肺炎有相似之处，应注意鉴别。

【治疗】

1. 治疗原则　加强护理，抗菌消炎，祛痰止咳，制止渗出和促进渗出物吸收及对症治疗。

2. 治疗措施

（1）抗菌消炎：临床上主要应用抗生素和磺胺类药物进行治疗，用药途径及剂量视病情轻重及有无并发症而定。常用的抗生素为青霉素、链霉素、红霉素、林可霉素。也可选用氟苯尼考、四环素等广谱抗生素。有条件的可在治疗前取鼻分泌物作细菌的药敏试验，以便对症用药。肺炎双球菌、链球菌对青霉素敏感，一般青霉素和链霉素联合应用效果更好。多杀性巴氏杆菌用氟苯尼考，每天 $10mg/kg$ 体重肌肉注射，疗效很好。氟哌酸对大肠杆菌、绿脓杆菌、巴氏杆菌及嗜血杆菌等有效。

对支气管炎症状明显的病畜（马、牛），可用青霉素200 万 ~400 万 IU、链霉素 $1 \sim 2g$、$1\% \sim 2\%$ 的普鲁卡因溶液 $40 \sim 60ml$，气管内注射，每日 1 次，连用 $2 \sim 4$ 次，效果较好。病情严重者可用头孢菌素，如头孢噻吩钠（先锋I），头孢唑啉钠（先锋V），肌肉或静脉注射。抗菌药物疗程一般为 $5 \sim 7d$，或在退热后3d停药。磺胺类药物，常用长效磺胺类（如 SM，SMZ，SD，SMM，SMP 等）并配合增效剂（TMP），按 20～25mg/kg 体重，12～24h一次。葡萄糖50g，安钠咖2g，乌洛托品10g，磺胺嘧啶10g，溶于1L 蒸溜水中，灭菌，大动物静脉注射，一日一次，连用 3～4d，效果良好。

（2）祛痰止咳：咳嗽频繁，分泌物黏稠时或无痰干咳时，可选用止咳祛痰镇痛剂。

（3）制止渗出：可静脉注射10%氯化钙溶液，马、牛 100～150ml，每日 1 次。促进渗出物吸收和排出，可用利尿剂，也可用 10% 安钠咖溶液 10～20ml、10% 水杨酸钠溶液 100～150ml 和40% 乌洛托品溶液 60～100ml，马、牛一次静脉注射。

（4）对症疗法：体温过高时，可用解热药，常用复方氨基吡啉或安痛定注射液，马、牛 20～50ml，猪、羊 5～10ml，犬 1～5ml，肌肉或皮下注射。对体温过高、出汗过多引起脱水者，应适当补液，纠正水、电解质和酸碱平衡紊乱。对病情危重、全身毒血症严重的病畜，可短期（3～5d）静脉注射氢化可的松或地塞米松等糖皮质激素。心功能衰弱，可用安钠咖等。

3. 中药治疗 中兽医称支气管肺炎为肺热，治以辛凉泄热，清肺止咳为主。方用加味麻杏石甘汤：麻黄15g，杏仁 8g，生石膏90g，二花 30g，连翘 30g，黄芩24g，知母24g，元参24g，生地24g，麦冬24g，花粉24g，桔梗21g，共为细末，蜂蜜250g为引，马、牛一次开水冲服（猪、羊酌减）。

也可用桑白皮30g，地骨皮30g，花粉30g，知母30g，天冬20g，贝母20g，黄芩30g，生地30g，栀子30g，桔梗25g，甘草15g，水煎候温灌服（牛、马）。

4. 针灸 可参照"大叶性肺炎"。

5. 验方

金荞麦根 200～400g，水煎候温灌服。

马鞭草、板蓝根各 200～400g，水煎候温灌服。

生石膏30g，鱼腥草30g，白茅根30g，金银花15g，连翘10g，水煎候温灌服（猪）。

【预防】加强饲养管理，避免淋雨受寒、过度劳役等诱发因素。供给全价日粮，健全完善免疫接种制度，减少应激因素的刺激，增强机体的抗病能力。

三、大叶性肺炎

大叶性肺炎是整个肺叶发生的急性炎症过程。该病的炎性渗出物为纤维蛋白性物质，故称为纤维素性肺炎或格鲁布性肺炎。病变起始于局部肺泡，并迅速波及整个或多个肺大叶。临床上以稽留热型、流铁锈色鼻液和肺部出现广泛性浊音区为特征。本病可发生于马、牛、猪、羔羊、犬、猫等动物。

【病因】本病主要由病原微生物引起，但真正的病因仍不十分清楚。多数研究表明，动物的大叶性肺炎主要由肺炎双球菌引起，并且常见于一些传染病的病程中，如马和牛的传染性胸膜肺炎主要表现大叶性肺炎的病理过程。巴氏杆菌可引起牛、羊和猪发病。此外，肺炎杆菌、金黄色葡萄球菌、绿脓杆菌、大肠杆菌、坏死杆菌、沙门氏杆菌、溶血性链球菌等在本病的发生中也起着重要作用。

继发性大叶性肺炎见于马腺疫、出血性败血症、血斑病、流行性支气管炎和犊牛副伤寒等，在临床上常呈非典型经过。

受寒感冒，饲养管理不当，长途运输，吸入刺激性气体，使用免疫抑制剂等均可导致呼吸道黏膜的防御机能降低，成为本病的诱因。

【发病机理】病原微生物主要经气源性感染，通过支气管播散，炎症通常开始于细支气管，并迅速波及肺泡。细菌侵入肺泡内，尤其在浆液性渗出物中迅速大量的繁殖，并通过肺泡间孔或呼吸性细支气管向临近肺组织蔓延，播散形成整个或多个肺大叶的病变，在大叶之间的蔓延则主要由带菌渗出液经支气管播散所致（图2-1）。

图2-1 大叶性肺炎模式图

大叶性肺炎按炎症的定型发展可分为以下四个时期。

1. 充血水肿期 发病1~2d。剖检变化为病变肺叶肿大，重量增加，呈暗红色，挤压时有淡红色泡沫状液体流出，切面平滑，有带血的液体流出。组织学变化为肺泡壁毛细血管显著扩张、充血，肺泡腔内有较多浆液性渗出物，并有少量红细胞、中性粒细胞和肺泡巨噬细胞。

2. 红色肝变期 发病后3~4d。剖检发现肺叶肿大，呈暗红色，病变肺叶质实，切面稍干燥，呈粗糙颗粒状，近似肝脏，故有"红色肝变"之称。肺泡和细支气管充满纤维蛋白，其中含有大量红细胞、脱落的上皮和少量白细胞的渗出物，不含空气。当切开后，切面干燥呈颗粒状，如红花岗石样，剪取一块放入水中，立即下沉。

3. 灰色肝变期 发病后5~6d。剖检发现肺叶仍肿胀，质实，切面干燥，颗粒状，由于充血消退，红细胞大量溶解消失，实变区颜色由暗红色逐渐变为灰白色，切面如灰色花岗石样，坚固性比红色肝变期为小。

4. 溶解消散期 发病后1周左右，机体充分发挥抗菌机制，形成特异性抗体，白细胞、巨噬细胞的吞噬作用增强，导致病原菌被消灭。剖检发现肺叶体积复原，质地变软，病变肺部呈黄色，挤压有少量脓性混浊液流出，胸膜渗出物被吸收或有轻度粘连。病变肺组织逐渐恢复正常结构和功能。

由于临床上大量抗生素的应用，大叶性肺炎的上述典型经过已不多见，分期也不明显，病变的部位有局限性。另外，动物的大叶性肺炎在发病过程中，往往造成淋巴管受损，肺泡腔内的纤维蛋白等渗出物不能完全被吸收清除，则由肺泡间隔和细支气管壁新生的肉芽组织机化，使病变部分肺组织变成褐色肉样纤维组织，称为肺肉质变。

大叶性肺炎病原常同时侵入胸膜，引起浆液－纤维素性胸膜炎，表现为胸膜粗糙，表面有数量不等的纤维素附着，胸腔内有浆液－纤维素性渗出物蓄积。

【症状】病畜精神沉郁，食欲减退或废绝，反刍停止，泌乳降低。体温迅速升高至40～41℃以上，呈稽留热型，6～9d 后渐退或骤退至常温。脉搏加快（60～100 次/min），一般初期体温升高1℃，脉搏增加 10～15 次/min，继续升高 2～3℃时，脉搏则不再增加，后期脉搏逐渐变小而弱。呼吸迫促，频率增加（60 次/min 以上），严重时呈混合性呼吸困难，鼻孔开张，呼出气体温度较高。黏膜潮红或发绀。初期出现短而干的痛咳，溶解期则变为湿咳。疾病初期，有浆液性、黏液性或黏液脓性鼻液，在肝变期鼻孔中流出铁锈色或黄红色的鼻液。

胸部叩诊，充血渗出期，叩诊呈过清音或鼓音；肝变期，叩诊呈大片半浊音或浊音；溶解期，凝固的渗出物逐渐被溶解、吸收和排出，重新呈过清音或鼓音；随着疾病的痊愈，叩诊音恢复正常。马的浊音区多从肘后下部开始，逐渐扩展至胸部后上方，范围广大，上界多呈弓形，弓背向上（图2－2）。牛的浊音区，常在肩前叩诊区。大叶性肺炎继发肺气肿时，叩诊边缘呈过清音，肺界向后下方扩大。

图2－2　大叶性肺炎弧形浊音区

肺部听诊，充血渗出期，可出现干啰音，以后随肺泡腔内浆液渗出，可听到湿啰音或捻发音，肺泡呼吸音减弱；肝变期出现支气管呼吸音；溶解期，渗出物逐渐溶解、液化和排出，支气管呼吸音逐渐消失，出现湿啰音或捻发音；最后随疾病的痊愈，呼吸音恢复正常。

血液学检查，白细胞总数显著增加，中性粒细胞比例增加，呈核左移。病情严重的动物，白细胞减少，表示病畜机体抗病力差，多预后不良。

X 射线检查，充血期仅见肺纹理增重；肝变期发现肺脏有大片均匀的浓密阴影；溶解期表现散在不均匀的片状阴影；2～3 周后，阴影完全消散。

【诊断】根据稽留热型，流铁锈色鼻液，不同时期肺部叩诊和听诊的变化，即可诊断。X 射线检查肺部有大片浓密阴影，有助于确诊。本病应与小叶性肺炎和胸膜炎相鉴别：

1. 小叶性肺炎　多为弛张热型，肺部叩诊出现大小不等的浊音区，X 射线检查表现斑片状或斑点状的渗出性阴影。

2. 胸膜炎　热型不定。干性胸膜炎听诊有胸膜摩擦音；当有大量渗出液时，叩诊呈水平浊音，听诊呼吸音和心音均减弱，胸腔穿刺有大量液体流出。

【治疗】

1. 治疗原则　抗菌消炎，控制继发感染，制止渗出和促进炎性产物吸收。

2. 治疗措施　病初，注射 914（新砷凡钠明），按 0.015g/kg 体重计算，溶于葡萄糖盐水或生理盐水 100～500ml 内，缓慢静脉注射（现用现配）；在注射前半小时，宜先皮下注射咖啡因较为安全，3～5d 一次，可连用 3 次。如出现过敏，可皮下注射 0.1% 肾上腺素 3～4ml。

抗菌消炎可选用青霉素、链霉素联合应用或土霉素、四环素，剂量为每日 10～30mg/kg 体重，溶于 5% 葡萄糖溶液 500～1 000ml，分 2 次静脉注射。也可静脉注射氢化可的松或地塞米松，降低机体对各种刺激的反应性，控制炎症发展。大叶性肺炎并发脓毒血症时，可用 10% 磺胺嘧啶钠溶液 100～150ml、40% 乌洛托品溶液 60ml、5% 葡萄糖溶液 500ml，混合后马、牛一次静脉注射（猪、羊酌减），每日 1 次。

制止渗出可静脉注射 10% 氯化钙或葡萄糖酸钙溶液。促进炎性渗出物吸收可用利尿剂。当渗出物消散太慢，为防止机化，可用碘制剂，如碘化钾，马、牛 5～10g；或碘酊，马、牛 10～20ml（猪、羊酌减），加在流体饲料中或灌服，每日 2 次。

对症治疗：体温过高可用解热镇痛药，如复方氨基比林、安痛定注射液等。剧烈咳嗽时，可选用祛痰止咳药。心力衰竭时用强心剂。

3. 中药治疗　中兽医称大叶性肺炎为肺黄，治疗以清热解毒，凉血养阴为主。方用清瘟败毒散：石膏 120g，犀角 6g（或水牛角 30g），黄连 18g，桔梗 24g，淡竹叶 60g，甘草 9g，生地 30g，山栀 30g，丹皮 30g，黄芩 30g，赤芍 30g，元参 30g，知母 30g，连翘 30g，水煎候温，马、牛一次灌服。也可用清肺山栀散加减：栀子、黄连、黄芩、桔梗、知母、葶苈子、连翘、玄参、贝母、天冬、麦冬各 40～50g，生石膏 200g，杏仁 50～100g，甘草 25g，共研末，马、牛开水冲服或水煎候温灌服（猪、羊酌减）。

4. 针灸　主要针刺肺俞、苏气、尾尖、血印、百会、玉堂、山根、大椎等穴。

5. 验方

鱼腥草、鸭跖草各 200～400g，生石膏 150g，水煎候温灌服。

穿心莲、十大功劳、板蓝根各 200～400g，水煎候温灌服。

生石膏 100g，鱼腥草 250g，黄芩 60g，水煎候温，每日分 2 次灌服，连用 3～5d。

【预防】隔离病畜，饲养管理人员及厩舍和用具进行严格消毒；病畜痊愈后单独饲喂一周以上，新购入的家畜最好先隔离饲养，经检查无病后，方可混群饲养。

四、幼畜肺炎

幼畜肺炎是一种卡他性肺炎或卡他性纤维素性肺炎，单纯纤维素性肺炎不常见。此病各种幼畜均可发生，多见于早春、晚秋气候多变的季节，常引起大量发病；恢复后的幼畜发育受阻，生长迟缓。

【病因】本病发生的原因是多方面的，首先是幼畜的呼吸道在形态和机能上均发育不充分，如呼吸道黏膜较幼嫩，血管丰富而通透性较大，咽周围的淋巴结发育不良，支气管腺分泌黏液较少，纤毛上皮运动较差，其清除异物和屏障防御机能较弱。肺的组织很柔软，在肺上分布的血管是浅表的。同时，神经反射机能尚未发育成熟。因此，对于幼畜肺炎与其他感染性疾病最易发生。

饲养和管理不良，常是造成本病的主要诱因。如利用营养价值不全的饲料饲喂妊娠后期的母畜，则生出的幼畜体质虚弱，对外界环境因素抵抗力降低。此外，受寒感冒，物理因素、化学因素的刺激，厩舍的寒冷和潮湿，畜舍日光照射不足，通风不良，经常蓄积有害的气体（如氨、硫化氢等），密集饲养，畜舍过热，运动不足以及受贼风侵袭，雨雪浇淋等，均易使幼畜发生肺炎。

在本病的发生上某些微生物的传染，如腺疫链球菌、副伤寒杆菌、坏死杆菌、大肠杆菌、巴氏杆菌、双球菌等的感染也起着重要作用。幼畜肺炎的细菌感染，一方面是在上述内外条件改变的影响下发生，另一方面感染的细菌往往是非特异性的和多种多样的。在幼畜饲养管理不良的条件下，细菌乘机繁殖，毒素增加，呈现致病作用。

【症状】幼畜肺炎有急性型和慢性型两种：

急性型多见于 1～3 月龄的幼畜。精神委靡，食欲减退或废绝。结膜充血，以后发绀。热度中等，心跳次数增加。重症时随心脏血管机能变化出现水肿；心音微弱，心律不齐。呼吸困难，浅表频数，多呈腹式呼吸，甚至头颈伸张。咳嗽，开始为干性，疼痛明显，后变为湿性。马驹、犊牛和羔羊为每次咳嗽之后，常伴有吞咽动作，时而发生喷鼻声。同时流大量鼻液，初为浆液性，后变为黏稠脓性。

胸部叩诊呈现灶状浊音区。听诊时有干性或湿性啰音，在病灶部呼吸音减弱或消失，有的出现捻发音。

慢性型多发生于 3～6 月龄的幼畜。病初最显著的症状为间断性的咳嗽。起初比较稀疏，后日益频繁。呼吸加快而困难（特别是在运动时），听诊有湿性和干性啰音，间或有支气管呼吸音。体温略有升高，病程较长，发育迟滞，日渐消瘦。

幼畜肺炎常并发喉头炎、气管炎、胸膜炎、胃肠卡他，若有并发症存在时，则症状复杂而严重。

【诊断】本病可根据病史如环境条件，临床症状如咳嗽、肺部变化和 X 射线检查肺叶的灶状阴影等而确诊。病原诊断须排出特异性微生物感染，如犊牛病毒性肺炎、败血症、仔猪蛔虫性肺炎、丝虫性支气管肺炎、猪肺疫和喘气病等。

【治疗】

1. 治疗原则　主要是加强护理，抑菌消炎和祛痰止咳，对症治疗。

2. 治疗措施　加强护理，厩舍内要保持清洁，通风良好。天暖时要使幼畜随母畜在附近牧地放牧，或进行适当运动，并给予哺乳母畜和幼畜以营养丰富的饲料。

抗菌消炎。为了抑制病原微生物的大量繁殖，消除炎症和避免并发病的发生，主要使用抗生素或磺胺类药物。可用青霉素或链霉素肌肉注射，每日 2 次，至痊愈为止。据报道应用四环素治疗有很好效果。也可用磺胺制剂，如 10% 磺胺噻唑钠或磺胺嘧啶钠溶液 20～40ml（犊、驹），加入 25% 葡萄糖溶液，或用葡萄糖生理盐水 100ml 静脉注射，每日 2 次。亦可内服长效磺胺，驹、犊 0.1g/kg 体重，每日 1 次，首次用两倍量；羔羊和仔猪用量酌减。为了增强磺胺制剂的疗效，在使用磺胺制剂的同时，可配合使用磺胺增效剂。

为了促使炎症消散，可用青霉素或链霉素，溶于5ml注射用水中，向气管内缓缓注入，每日1次；连用5~9次为一疗程。

对慢性病例，可配合自家血疗法。用同种健康动物血清，按0.5ml/kg体重肌肉注射。

祛痰止咳。咳嗽频繁而重剧的，可用止咳祛痰药，常用氯化铵、复方甘草合剂或远志酊等内服。

对症治疗。为了防止渗出，早期可用钙制剂。心脏衰弱者可用强心剂。

3. 验方

苇根120g，小米500g，煎汤喂服。

大蒜、葱白各40g，蚯蚓、蜗牛各10条，捣烂，加白糖50g喂服（仔猪）。

【预防】预防本病的发生，首先应给予妊娠母畜富有营养、易消化的饲料；畜舍保持良好通风，清洁干燥，饲养密度适宜；冬季防止贼风侵袭，夏季防止过热。另外，给予幼畜的补料，亦应注意各种营养成分的搭配。根据国外资料，对1周龄的仔猪，每头每天0.2g维生素C随饲料喂给，持续到仔猪断奶，有预防肺炎的作用。

五、肺气肿

肺气肿是肺泡腔在致病因素作用下，肺泡过度扩张，超过生理限度，最终引起肺泡壁弹性降低，肺泡内充满大量气体，甚至肺泡隔破裂的一种疾病。临床特征为呼吸困难、呼吸深快用力和运动能力降低。根据发生的过程和性质，分为急性肺泡气肿和慢性肺泡气肿两种。急性病例多是肺泡的单纯扩张，肺组织很少发生变化。慢性病例，肺泡壁与微细血管逐渐萎缩，肺泡弹力将永久失去而不能恢复。各种动物均可发生，老龄动物和营养不良者更易发病。

【病因】急性弥漫性肺气肿主要起因于剧烈运动，持续性咳嗽，长期挣扎和鸣叫等紧张呼吸。特别是老龄动物，由于肺泡壁弹性降低，更容易发生。呼吸器官疾病引起持续剧烈的咳嗽也可发生急性肺泡气肿。慢性支气管炎使管腔狭窄，也可发病。另外，肺组织的局灶性炎症或一侧性气胸使病变部肺组织呼吸机能丧失，健康肺组织呼吸机能相应增强，可引起急性局限性或代偿性肺泡气肿。

慢性肺气肿多由急性肺气肿治疗不当转化而来；或发生于长期过度劳役和迅速奔跑的家畜，由于深呼吸和胸廓扩张，肺泡异常膨大，弹性丧失，无法恢复而发生。

继发性慢性肺泡气肿多发生于慢性支气管炎、毛细支气管卡他性炎症、重度肺炎及其他呼吸道疾病，因呼气性呼吸困难和痉挛性咳嗽导致发病。肺硬化、肺扩张不全、胸膜局部粘连等均可引起代偿性慢性肺泡气肿。

【症状】急性弥漫性肺气肿发病突然，主要表现呼吸困难，病畜用力呼吸，甚至张口伸颈，呼吸频率增加。可视黏膜发绀，有的病畜出现低而弱的咳嗽、呻吟、磨牙等。肺部叩诊呈广泛性过清音，叩诊界向后扩大。听诊，肺泡呼吸音病初增强，后期减弱，有时伴有干啰音或湿啰音。X射线检查，两肺透明度增高，膈后移及其运动减弱，肺的透明度不随呼吸发生明显的改变。

代偿性肺气肿发病缓慢，呼吸困难逐渐加剧。肺部叩诊时过清音仅局限在浊音区周围。X射线检查可见局限性肺大泡或一侧性肺透明度增高。

慢性肺气肿常能持续数月至数年。主要表现呼气性呼吸困难，特征是呈现二重式呼气，即在正常呼气运动之后，腹肌又强烈的收缩，出现连续两次呼气动作。同时可沿肋骨弓出现较深的凹陷沟，又称"喘沟"或"喘线"，呼气用力，脊背拱曲，肷窝变平，腹围缩小，肛门突出。黏膜发绀，容易疲劳、出汗，体温正常。肺部听诊，肺泡呼吸音减弱甚至消失，常可听到干、湿啰音。继发右心室肥大，肺动脉第二心音高朗，心功能不全时，可出现全身淤血，腹下、会阴部及四肢水肿。

X射线检查，整个肺区异常透明，支气管影像模糊，膈穹窿后移。

急性肺泡气肿，如能及时消除病因，则迅速恢复健康，否则可转为慢性，出现不可逆的病变。在牛有时因肺泡过度扩张而破裂，导致间质性肺气肿，预后多不良。

中兽医称肺气肿为肺胀或喘病，可分为实喘与虚喘。虚喘来势较慢，喘声低而短，静时喘轻，动则喘重，体表不热，口色青白，脉象沉细，有时大便溏泻，小便短少，日渐消瘦。实喘发病较快，鼻咋喘粗，气急胸满，喘鸣音长，形似抽锯，咳嗽有力，体表发热，口色赤红，精神沉郁，草料减少，脉象洪数，大便干燥，小便短赤。牛反刍缓慢。

【诊断】急性肺气肿根据病史，结合呼吸困难及肺部叩诊界后移，呈鼓音，听诊肺泡呼吸音减弱或消失，并有明显喘沟，二重式呼吸等特征及X射线检查，不难确诊。但在临床上应与气管狭窄、肺水肿、气胸等相鉴别。

【治疗】

1. 治疗原则 加强护理，缓解呼吸困难，治疗原发病。

2. 治疗措施 加强护理，病畜应置于通风良好和安静的畜舍，供给优质饲草料和清洁饮水。可口服亚砷酸钾溶液提高病畜的物质代谢，改善其营养和全身状况，以便恢复肺组织的机能，马、牛10~15ml，每日2次。有人用砷制剂和碘制剂（碘化钾3g，碘化钠2g，混合分为12包，每日2次，每次1包）结合进行治疗，前10~20d用砷制剂治疗，再用碘制剂治疗10d，直至病情好转。

缓解呼吸困难可用舒张支气管药物，如抗胆碱药、茶碱类。可用1%硫酸阿托品、2%氨茶碱或0.5%异丙肾上腺素雾化吸入，每次2~4ml。也可皮下注射1%硫酸阿托品溶液，大动物1~3ml，小动物0.2~0.3ml。如有过敏因素存在，可适当选用糖皮质激素。

对急性发作期的病畜，应选用有效的抗生素，如青霉素、庆大霉素、环丙沙星、头孢菌素等防止继发感染。慢性肺气肿无根治疗法，可采取加强护理，减少运动，对症治疗等措施。

3. 中药治疗

实喘以清热润肺祛痰为主。方用葶苈子散加减：葶苈子60g，炙杏仁40g，贝母30g，桔梗40g，桑白皮30g，瓜蒌仁40g，紫菀40g，花粉40g，黄芩40g，枇杷叶50g，知母40g，栀子40g，麦冬30g，玄参50g，前胡40g，百合30g，甘草15g，共为细末，开水冲调，候温加鸡蛋清5个，蜂蜜200g为引，马牛一次灌服（猪、羊酌减）。

虚喘以理气健脾，补虚定喘为主。方用滋阴定喘散加减：熟地40g，山药40g，何首乌30g，麦冬30g，当归40g，沙参40g，党参50g，五味子25g，天冬30g，丹参30g，炙杏仁40g，前胡40g，苏子30g，紫菀40g，白芍30g，百合30g，黄芪40g，甘草15g，共为细末，开水冲调，候温，加蜂蜜200g为引，马牛一次灌服（猪、羊酌减）。

4. 针灸 主要针刺苏气、肺俞、六脉、膻中、山根、尾尖、蹄头等穴。

5. 验方

鲜梨（捣碎）500g，白果粉、杏仁粉、焙地龙粉各50g，开水冲调，加蜂蜜200g为引，一次灌服。每日一剂，连用7~10剂。

白芨120g，白蔹90g，枯矾120g，硼砂90g，共为细末，开水冲调，加香油120ml，鸡蛋清10个为引，一次灌服，隔天一剂（夏季可加石膏，咳嗽加清半夏）。

地龙、甘草各30~60g，共为细末，加温水1 000~2 000ml混合，一次灌服，每日一次，10d为一疗程，主治慢性肺气肿。

【预防】加强饲养管理，避免剧烈运动和采食有大量尘埃的草料，注意畜舍通风换气和冬季保暖。对支气管炎和肺炎等呼吸器官疾病应及时治疗。

第三节　胸膜疾病

一、胸膜炎

胸膜炎是胸膜纤维蛋白沉着和胸腔炎性渗出物积聚的一种炎症过程。临床上以胸部疼痛、体温升高和胸部听诊出现摩擦音为特征。根据病程可分为急性和慢性；按病变的蔓延程度，可分为局限性和弥漫性；按渗出物的多少，可分为干性和湿性；按渗出物的性质，可分为浆液性、浆液—纤维蛋白性、出血性、化脓性、化脓—腐败性等。各种动物均可发病。

【病因】原发性胸膜炎比较少见，肺炎、肺脓肿、败血症、肋骨骨折、胸腔肿瘤等均可引起发病。剧烈运动、长途运输、外科手术及麻醉、寒冷侵袭及呼吸道病毒感染等因素可成为发病的诱因。

胸膜炎常继发或伴发于某些传染病的过程中，如多杀性巴氏杆菌和溶血性巴氏杆菌引起的吸入性肺炎，以及纤维素性肺炎、结核病、流行性感冒、牛肺疫、猪肺疫、马传染性贫血、支原体感染等。

【症状】疾病初期，精神沉郁，食欲减退或废绝，体温升高（40℃），呼吸迫促，出现腹式呼吸，脉搏加快。在胸壁触诊或叩诊，动物敏感疼痛，甚至战栗或呻吟。站立时两肘外展，不愿活动，有的病畜胸腹部及四肢皮下水肿。胸部听诊，随呼吸运动出现胸膜摩擦音，随着渗出液增多，则摩擦音消失。伴有肺炎时，可听到拍水音或捻发音，同时肺泡呼吸音减弱或消失，出现支气管呼吸音。当渗出液大量积聚时，胸部叩诊呈水平浊音。

慢性病例表现食欲减退，消瘦，间歇性发热，呼吸困难，运动乏力，反复发作咳嗽，呼吸机能的某些损伤可能长期存在。

胸腔穿刺可抽出大量渗出液，同时炎性渗出物表现混浊、易凝固、蛋白质含量在4%以上或有大量絮状纤维蛋白及凝块，显微镜检查发现大量炎性细胞和细菌。

血液学检查，白细胞总数升高，嗜中性粒细胞比例增加，呈核左移现象，淋巴细胞比例减少。

急性渗出性胸膜炎，全身症状较轻时，如能及时治疗，一般预后良好。因传染病引起的胸膜炎或化脓杆菌感染导致胸膜发生化脓性、腐败性炎症时，则预后不良。

【诊断】根据胸膜摩擦音和叩诊出现水平浊音等典型症状，结合X射线和超声波检查，即可诊断。胸腔穿刺对本病与胸腔积水的鉴别诊断有重要意义，穿刺部位为胸外静脉之上，反刍动物多在左侧第6肋间隙，猪在左侧第8肋间隙或右侧第6肋间隙。

【治疗】

1. 治疗原则 抗菌消炎，制止渗出，促进渗出物的吸收和排出。

2. 治疗措施 首先应加强护理，将病畜置于通风良好、温暖和安静的畜舍，供给营养丰富、优质易消化的饲草和饲料，并适当限制饮水。

抗菌消炎，可选用广谱抗生素或磺胺类药物，如青霉素、链霉素、氟苯尼考、庆大霉素、四环素、土霉素和头孢菌素等；也可根据细菌培养后的药敏试验结果，选用更有效的抗生素。

制止渗出，可静脉注射5%氯化钙溶液或10%葡萄糖酸钙溶液，每日1次。

促进渗出物吸收和排出，可用利尿剂、强心剂等。当胸腔有大量液体存在时，穿刺抽出液体可使病情暂时减轻，并可将抗生素直接注入胸腔。或用水杨酸钠5g、利尿素5g、乌洛托品5g，蒸馏水加至100ml，混合灭菌，马牛一次静脉注射，连用4d。也可用硫酸钠等轻泻剂内服，促进渗出液的排出。胸腔穿刺时要严格按操作规程进行，以免针头在呼吸运动时刺伤肺脏。

化脓性胸膜炎，在穿刺排出积液后，可用0.1%雷佛奴尔溶液、2%～4%硼酸溶液或0.01%～0.02%呋喃西林溶液反复冲洗胸腔，然后直接注入抗生素。

3. 中药治疗 中兽医称胸膜炎为肺痈；有胸腔渗出液时，则称前罗膈水。治疗以清热润肺，活血止痛或攻逐水饮（体弱者宜攻补兼施）为主。

方用归芍散：当归30g，白芍30g，白芨30g，桔梗15g，贝母18g，寸冬15g，百合15g，黄芩20g，花粉24g，滑石30g，木通24g，共为末，开水冲调候温，马、牛一次灌服。热盛加双花、连翘、栀子；喘甚加杏仁、杷叶、葶苈子；胸水加猪苓、泽泻、车前子；痰多加前胡、半夏、陈皮；胸痛甚加没药、乳香；后期气虚加党参、黄芪等。

也可用十枣汤加味：芫花18g，大戟18g，甘遂18g，葶苈30g，黄芪30g，党参45g，白术30g，茯苓30g，当归30g，大枣45g，陈皮30g，水煎去渣，候温灌服（马、牛）。每日一剂，如出现腹痛，可停药1～2d后再服。

4. 针灸 根据虚实补泻原则，主要针刺鹘脉、胸膛、肺俞、苏气等穴。水盛停胸而正气尚旺者，可前槽穴放胸水。

5. 验方

瓜蒌皮、白芍、柴胡、牡蛎、黄芩、郁金各50～100g，甘草40g，水煎去渣，候温灌服。

陈醋500～1 000ml，每日灌服一次，连服2d。间隔4d再服，6次为一疗程。

【预防】 主要为加强饲养管理，防止胸部创伤和增强机体的抵抗力。此外，及时治疗原发病，对预防本病的发生有重要意义。

二、胸腔积液

胸腔积液，又称胸水，是指胸腔内积聚大量的漏出液，但在胸膜上并无炎症变化的一种疾病。本病一般不是孤立的发生，而是其他器官或全身疾病的一种表现，临床上以呼吸困难为特征。通常为两侧性，但在局部血液循环紊乱时，也可发生一侧性胸水。

【病因】 常见于心力衰竭、肾功能不全、肝硬化及营养不良、各种贫血等。也见于某些毒物中毒、机体缺氧等因素。另外，恶性淋巴瘤（特别是犬、猫）时常见胸腔积液。

血管内外的液体不断地进行交换，血液中的液体通过动脉端毛细血管进入组织间隙，成为组织液，又回流入静脉端毛细血管或进入淋巴管变为淋巴液。健康状况下，组织液的生成和回流处于动态平衡状态。当动物发生心力衰竭时，静脉回流障碍，使体循环静脉系统有大量血液淤积，充盈过度，压力上升，均可使组织液生成与回流失去平衡，胸膜腔内的液体形成过快，而发生胸腔积液。中毒、缺氧、组织代谢紊乱等，使酸性代谢产物及生物活性物质积聚，破坏毛细血管内皮细胞间的黏合物质，引起血管壁通透性升高而发生大量液体渗出。

胸腔大量漏出液积聚，使肺脏扩张受到限制，导致肺通气功能障碍而发生呼吸迫促或呼吸困难。

【症状】病初有少量的胸腔积液，一般无明显的临床表现。当液体积聚过多时，动物呼吸频率加快，严重者呼吸困难，甚至出现腹式呼吸。体温正常，心音减弱或模糊不清。胸部叩诊呈水平浊音，水平面随动物体位的改变而发生变化。胸腔穿刺探查，有大量淡黄色的液体流出。肺部听诊，浊音区内常听不到肺泡呼吸音，有时可听到支气管呼吸音。本病若发生腹水，心包积水及皮下水肿等现象，预后一般不良。

【诊断】根据呼吸困难及叩诊胸壁呈水平浊音等特征症状，即可初步诊断，胸腔穿刺液的检查，可为确诊提供依据。本病应与渗出性胸膜炎相鉴别。胸膜炎时体温升高，胸部疼痛，咳嗽，听诊有胸膜摩擦音，渗出液混浊，含有大量炎性细胞、纤维素及蛋白质。

【治疗】

1. 治疗原则　本病是胸部或全身疾病的一部分，主要为治疗原发病，改善饲养管理，对症治疗。

2. 治疗措施　首先应加强饲养管理，限制饮水，供给蛋白质丰富的优质饲料。确诊和及时根治原发病，防止病情继续恶化。胸腔积液常在纠正病因后被逐渐吸收。

对症治疗：当漏出液不多时，可选用强心剂和利尿剂以促进胸水的吸收和排出。临床可用苯甲酸钠咖啡因 0.2～0.4g、蒸馏水 5ml，溶解、过滤、煮沸灭菌后，一次皮下注射（猪）。当胸腔积液过多引起严重呼吸困难时，可通过胸腔穿刺排出积液。

3. 中药治疗　中兽医称胸腔积液为前槽停水。治疗以补气和血，行水散瘀，或利水渗湿，健脾化气为主。可选用：当归30g，黄芪30g，党参30g，白芍30g，桑白皮60g，桔梗15g，麦冬15g，黄芩15g，滑石30g，木通20g，泽泻20g，茯苓20g，共为末，开水冲调，候温灌服（牛、马）。亦可选用加味五苓散：泽泻80g，肉桂40g，茯苓60g，猪苓60g，白术60g，厚朴60g，煎水，候温灌服，每日2～3次（牛、马）。

4. 针灸　以放胸水为主。马在前槽穴；牛为右侧第6肋，左侧第7肋间，胸外静脉上2～5㎝处；猪为右侧第7肋左侧第8肋间之肋骨与肋软骨的交界处。此外，可酌情配以脾俞、六脉、胸膛等穴。

5. 验方

车前草120g，蒲公英100g，萹蓄100g，水煎候温灌服。

大戟、甘遂各20g，白芥子50g，共为细末，开水冲调，候温灌服。

【预防】加强饲养管理，保证动物健康。本病主要是循环系统疾病、低蛋白血症等因素引起的全身疾病的局部表现。因此，及时诊断和早期治疗原发病是预防本病的关键。

附表：呼吸系统几种疾病的鉴别诊断

病名 鉴别要点	急性支气管炎	支气管肺炎	大叶性肺炎	胸膜炎
体温变化	微热或中等发热	弛张热	稽留热	弛张热
呼吸现象	稍快，呈胸腹式	加快呈胸腹式	加快，多呈腹式呼吸，常有呻吟	浅表疾速，可有腹式呼吸
鼻液	黏液、黏液－脓性	黏液脓性	铁锈色或橙黄色，鼻脓或有臭味	无
咳嗽	频咳，诱咳易发，声粗大	频发，声粗大，后转弱	有时咳嗽，低、弱	短、弱、痛苦
叩诊	无变化，有时呈过清音	点状浊音或成片性浊音区	广泛浊音	水平浊音较多，有痛感
听诊	肺泡音加强或有湿啰音	肺泡音弱，有湿啰音	肺泡音消失，有支气管呼吸音	胸膜摩擦音，或有支气管呼吸音
心脏机能	心音强盛，稍快	心音强盛，加快	心音高朗，在胸壁各处均能听到心音	心音遥远，心搏动弱

病例分析

病例一：

主诉：这几天气候较冷，此猪昨天晚上吃食正常，今早突然不吃，精神不好。

临床检查：患猪体温 40.3℃，精神沉郁，头低耳聋，皮温不均，拱腰颤抖，耳鼻与四肢发冷。时有咳嗽，流出水样鼻涕，结膜潮红，呼吸加快，舌苔薄白。

病例二：2011 年 11 月 24 日，胜利村 1 头 3 岁公黄牛就诊。

主诉：3d 前该牛被雨淋湿，晚上出现采食减少，次日清晨伴有咳嗽，经当地兽医治疗不见好转，故前来求治。

临床检查：体温 39.4℃，脉搏 78 次/min，呼吸 36 次/min，营养中等，精神欠佳，食欲、反刍减少，表现有频繁的喘息，咳嗽干、短，并有低头伸颈的表现，咳嗽时从鼻孔流出浆液性鼻液。肺泡呼吸音增强，可听到干啰音。

病例三：前进村周某家一头 70kg 架子猪，7 月 6 日就诊。

主诉：该猪感冒已 4d，打针吃药后体温不降，其他症状也不见好转。

临床检查：体温 41.2℃，脉搏 87 次/min，呼吸 56 次/min，精神沉郁，食欲废绝，呼吸困难呈腹式，眼结膜发红，流黄红色鼻液，痛性咳嗽。叩诊胸部敏感，出现大片浊音区，听诊出现支气管呼吸音和湿啰音。

要求：

1. 根据以上病例症状及资料进行综合分析并判定病名。

2. 拟定治疗方案。

3. 开写正规处方（包括中、西药物处方）。

第三章

心血管及血液疾病

知识目标：

◇ 掌握心力衰竭、心包炎、心肌炎、心内膜炎和贫血的主要症状、基本诊断方法和防治措施。

◇ 理解心力衰竭、心包炎、心肌炎、心内膜炎和贫血的发生、发展过程及它们之间相互关系的知识。

◇ 了解几种心血管疾病的一些特殊临床诊断方法。

技能目标：

◇ 能运用所学知识诊治动物常见的心血管及血液疾病。

◇ 能借助听诊器，准确检查患病动物的各种病理性心音。

◇ 能使用血液分析仪、血压计、穿刺针，对患病动物实施相应的诊断和治疗。

一、心力衰竭

心力衰竭又称心脏衰弱，它不是一种独立的心脏疾病，而往往是机体营养不良或过度劳累及其他全身性疾病过程中特有的一组征候群，即心肌收缩力减弱，心脏机能不全，使心脏的输出量减少，动脉压下降，静脉回流受阻，从而导致全身血液循环障碍性疾病。按发病原因可分为原发性和继发性心力衰竭；按病程分为急性和慢性心力衰竭。本病多见于牛、犬、猫，其他动物也可发生。

【病因】

1. 原发性病因 主要是由于过度疲劳，尤其是平时缺乏锻炼或长期休闲的动物突然剧烈运动；心脏负荷突然加重，如保定时的剧烈挣扎，过度的强烈调教，静脉注射钙剂速度过快、补液量过大等，均可引发本病。

2. 继发性病因 主要见于马传染性贫血、传染性胸膜肺炎、恶性口蹄疫、急性贫血、血孢子虫病、急性胃肠炎、中暑和多种中毒性疾病过程中，其发生往往与毒素对心肌的直接刺激有关。此外，一些影响血液循环的疾病，如心肌炎、慢性心内膜炎、慢性肺泡气肿、慢性肾炎等也常继发心力衰竭。

【症状】

1. 急性心力衰竭 轻度的心力衰竭表现为精神沉郁，食欲减退，使役时容易出汗，气喘，黏膜轻度淤血，心音增强，脉搏增数达每分钟 60 次以上；中度心力衰竭时，病畜表现为精神沉郁，食欲大减，黏膜淤血，体表静脉怒张，心悸亢进并常出现心杂音，心律不齐，第一心音高朗，脉搏数达每分钟 80 次以上；重度心力衰竭时，病畜表现为高度的精神沉郁，食欲废绝，黏膜严重淤血，体表静脉显著怒张，呼吸困难并常发生肺水肿，全身大出汗，脉搏增数可达每分钟 100 次以上，心悸增强，震动整个胸壁乃至全身。病至后期，心动微弱，甚至脉不感手，体温下降，末梢冷厥，可在数分钟或十几分钟内倒地死亡。

2. 慢性心力衰竭 发展缓慢，病程较长，除了表现为精神沉郁，食欲减退，运动时容易疲劳和出汗外，重要症状之一是全身肌肉的紧张性降低而呈现下唇松弛，耳和眼睑下垂，鼻和耳的活动减少，当肌肉紧张性下降严重时，病畜站立不稳，四肢频频交替负重，运步时头耳和尾随运动而摇摆。同时，在身体低位和四肢下部出现浮肿，这种浮肿在运动和给以强心药后可减轻或消失。病初心搏动增强，后期则减弱，并伴有节律不齐或心内杂音。

由于体循环不良，可引起全身器官淤血。当脑淤血时，因脑组织缺氧而出现类似慢性脑室积水的症状；肺淤血时，常出现肺水肿及慢性支气管炎症；肾淤血时，尿量减少，尿中出现蛋白质。

【诊断】根据发病史，以及静脉怒张、结膜发绀、脉搏增数、呼吸困难、心内杂音、心浊音区扩大等临床症状可作出诊断。但要注意区别该病是急性还是慢性心力衰竭，是原发性还是继发性心力衰竭。

【治疗】

1. 治疗原则 加强饲养管理，减轻心脏负担及改善心脏机能为主，辅以对症治疗。

2. 治疗措施 加强护理，充分休息，给予容易消化的优质饲料，并且适当控制或禁喂食盐。

减轻心脏负担，根据动物的体重、淤血程度和心脏的机能状态，酌情放血 1 000 ~ 3 000ml，再缓慢静脉注射 25% ~ 50% 的葡萄糖溶液 500 ~ 1 000ml，维生素 C 5 ~ 6g。为消除水肿和钠、水滞留，最大限度地减轻心室容量负荷，给予利尿剂，常用双氢克尿塞，马、牛 0.5 ~ 1.0g；猪、羊 0.05 ~ 0.1g；犬 25 ~ 50mg 内服或速尿按 2 ~ 3mg/kg 体重内服或 0.5 ~ 1.0mg/kg 体重肌肉注射，每天 1 ~ 2 次，连用 3 ~ 4d，停药数日后再用数日。

改善心脏功能，可选用洋地黄粉 2 ~ 5g 内服，也可以用 0.03% 的洋地黄苷 5 ~ 10ml 静脉注射。洋地黄苷制剂必须在动物血压平稳时才能使用，用前要仔细检查动物的心脏，在心内膜炎、急性心肌炎和心肌营养不良时不宜使用，孕畜要慎用。

对严重急性心力衰竭的动物急救，可立即注射 0.065% 的洋地黄注射液，数分钟后放血 1 000 ~ 2 000ml，同时皮下注射 0.3% 的硝酸士的宁 5 ~ 10ml，然后再输给氧气、维生素 C 等，当呼吸衰竭时可皮下注射 2.5% 的尼可刹米 10 ~ 20ml。

对于持续时间较长或难治的犬、猫心力衰竭，可应用小动脉扩张剂，如肼苯哒嗪，0.5 ~ 2.0mg/kg 体重，每天 2 次。静脉扩张剂，如硝酸甘油，二硝酸异山梨醇酯等。兼有扩张小动脉和降低静脉血压的制剂，如哌唑嗪 0.02 ~ 0.05mg/kg 体重内服，每天 2 次。醛固酮拮抗剂，如安体舒通 10 ~ 50mg/kg 体重内服，每天 3 次，兼有利尿效果。血管紧张素转移酶抑制剂，如甲巯丙脯酸 0.5 ~ 1.0mg/kg 体重内服，每天 3 次，有缓解症状，延长存活时间的功效。

此外，应针对出现的症状，给予健胃、缓泻、镇静等制剂，还可使用 ATP、辅酶 A、细胞色素 C、维生素 B_6 和葡萄糖等营养合剂，作辅助治疗。

3. 中药治疗 治疗宜益气养阴，温阳活血，方用参附汤合生脉散加减：党参 60g，黄芪 60g，制附子 30g，五味子 30g，麦冬 30g，当归 24g，丹参 24g，甘草 15g，水煎灌服。气喘自汗为主者，可加牡蛎30g，麻黄30g，补骨脂30g，胡桃肉18g；如见水肿严重者，去麦冬，加桂皮24g，白术24g，茯苓24g，车前子24g，泽泻24g，防己24g；如见舌红、口渴、盗汗者，去附子，加玉竹24g，南沙参24g，天冬24g，生地30g。

4. 验方

（1）万年青（卷柏）60g，水煎候温灌服。

（2）人参45g，附子45g，牡蛎75g，水煎候温灌服。

【预防】 加强饲养管理和动物的调教训练，合理使役，做好疾病的防治工作，可减少本病的发生。在发生某些严重传染病和寄生虫病的过程中，应该注意保护患畜的心脏。

二、心包炎

心包壁层和脏层的炎症，统称为心包炎。按病程可分为急性和慢性心包炎；按渗出物可分为浆液性、纤维素性、出血性、化脓性、腐败性等多种类型，其中以浆液性、浆液－纤维素性和纤维素性心包炎比较常见。临床特征为心动过速，心音减弱，心浊音区扩大，出现心包摩擦音或拍水音。心包炎常见于牛和猪，马、羊、犬、鸡、兔等动物均有发生。

【病因】

1. 非创伤性心包炎 通常由血源性感染或邻近器官炎症（心肌炎、胸膜炎）蔓延引起，常见于某些传染病、寄生虫病和各种脓毒败血症。另外，受寒、感冒、过劳、饲养管理差、维生素缺乏以及许多亚临床型新陈代谢疾病会降低机体的抵抗力，会促进心包炎的发生。

马的心包炎伴发于马传染性胸膜肺炎、马鼻疽、马腺疫、上呼吸道感染、流感、链球菌感染、败血症、腹膜炎、关节炎、风湿病、肿瘤、弓形虫病的经过中。

牛的心包炎伴发于牛肺疫、牛出血性败血症、牛结核病、脓毒性子宫炎、衣原体病和支原体病的经过中。

猪的心包炎主要见于猪丹毒、猪肺疫、猪瘟、支原体肺炎、沙门氏菌病、链球菌感染、仔猪病毒性心包炎、猪浆膜丝虫病、弓形虫病的经过中。

犬的心包炎见于结核病、肿瘤等疾病。

鸡的心包炎多见于多种传染病和中毒病的经过中，如大肠杆菌病、鸡白痢、新城疫、禽霍乱等传染病和多种药物以及化学药物中毒等。

慢性心包炎多数由急性心包炎转化而来，也可继发于一些慢性传染病的病程中，有的散发性病例常无确切的病因，是感染因素综合作用的结果。

2. 创伤性心包炎 是由于尖锐异物刺伤心包引起的。

【症状】 急性非创伤性心包炎通常都有感冒、上呼吸道感染、肺炎、胸膜炎或传染病的病史，多伴有原发病的相关症状。病初主要表现为发热，脉搏加快，心律失常，逐渐出现心包摩擦音。心区触诊有时可感到心区震颤。随着病情的发展，心包腔内积聚多量渗出物，心包摩擦音减弱或消失，心音遥远，第一心音和第二心音均减弱。如果心包腔内积液的同时还存在气体，则可听到心包拍水音，病的后期，颈静脉、胸外静脉怒张，颈静脉阴性搏动明显，腹下水肿，脉搏微弱，脉律显著加快，结膜发绀，呼吸困难。

创伤性心包炎的症状表现分为两个阶段，第一阶段为网胃炎症状（详见第一章有关描述），第二阶段为心包炎症状。心包炎症状主要表现为精神沉郁，呆立不动，头下垂，眼半闭。病初体温升高，多数呈稽留热，少数呈弛张热，后期降至常温，但脉率仍然增加，脉性初期充实，后期微弱不易感触。呼吸浅快，迫促，有时困难，呈腹式呼吸。心音变化较快，病初由于有纤维性渗出故出现摩擦音，随着浆液渗出及气泡的产生，出现心包拍水音。叩诊浊音区增大，上界可达肩端水平线，后方可达第7至第8肋间。可视黏膜发绀，有时呈现黄染。当病程超过1~2周，血液循环明显障碍，颈静脉搏动明显，患畜下颌间隙和垂皮等处先后发生水肿。病畜常因心脏衰竭或脓毒败血症而死亡，极个别的突然死于心脏破裂。

【诊断】根据病史，心包有摩擦音或心包拍水音、心区敏感疼痛、颈静脉高度怒张等主要症状可诊断，但应该注意以下特征：

心包摩擦音为本病的初期特征，只在发病初期的二三日内明显，过此时期，心包内有大量的渗出液时，摩擦音消失，临床上往往不容易听到。心包积液渗出液较多时出现拍水音，但只有伴发心包积气时，拍水音带金属音而异常明显，单纯积液时拍水音低弱。纤维蛋白性心包炎以及心包腔内大量纤维蛋白形成凝块时，临床上均不见拍水音。

创伤性心包炎的一系列疼痛表现在发病初期较为明显，可为本病的特征。病程到了后期，由于炎症转为慢性，敏感性就会降低，且异物周围包囊形成，刺激性减弱，所以心区周围的疼痛表现不很突出，但仔细观察，可发现肘头外展，重度叩诊有疼痛反应。

本病应注意与纤维素性胸膜炎、胸腔积液等病进行鉴别诊断。

【治疗】

1. 治疗原则 加强饲养管理，积极治疗原发病，排出心包积液，减轻心脏负担，辅以对症治疗。

2. 治疗措施 对于传染病继发的心包炎应采用抗生素药物治疗，常用青霉素和庆大霉素，有条件的应该对心包穿刺，用心包液分离出细菌再进行药敏试验，然后根据试验结果，选用高敏的抗生素治疗。对创伤性心包炎宜尽早实施手术疗法。

为了减轻心脏的负担，可用心包穿刺法，排液后注入含青霉素100万~200万IU，链霉素1~2g，胃蛋白酶10万~20万IU的溶液。

对于严重心律失常的动物，可选用硫酸奎尼丁、盐酸利多卡因等制剂。有充血性心力衰竭的动物，可试用洋地黄制剂、咖啡因等药物。

【预防】及时治疗损害心包的传染病、寄生虫病等各种原发病。加强饲养管理工作，防止饲料中混杂金属异物。对已确诊为创伤性网胃炎的病畜，尽早实施瘤胃切开术，取出异物，避免病程延长使病情恶化，刺伤心包。

三、心肌炎

心肌炎是伴发心肌兴奋性增强和心肌收缩机能减弱为特征的心肌炎症。本病主要继发或并发于多种传染病、中毒或脓毒败血症的过程中，其特点是心肌中有局灶性或弥漫性的炎性病变。按侵害的组织可分为实质性和间质性心肌炎；按照炎症的性质分为化脓性和非化脓性心肌炎；按照炎症的病程可分为急性和慢性心肌炎。

【病因】原发性急性心肌炎很少，多为继发性。可继发于传染病，如炭疽、马腺疫、马传染性贫血、口蹄疫、猪瘟、猪丹毒等；寄生虫病如血孢子虫病；营养代谢病如白肌病、酮病；中毒性疾病如汞、砷、磷、锑、铜等中毒病。此外，还可见于脓毒败血症、邻近器官组织的炎症、风湿病、感冒等的病程中。

【症状】 由急性传染病引起的心肌炎，大多数表现发热，精神沉郁，食欲减退和废绝。有的呈现黏膜发绀，呼吸高度困难，体表静脉怒张，颌下、垂皮和四肢下端水肿等心脏代偿能力丧失后的症状。重症患畜，精神高度沉郁，全身虚弱无力，战栗，运步踉跄，甚至出现神志昏迷，眩晕，因心力衰竭而突然死亡。

听诊时，病初第一心音强盛伴有混浊或分裂；第二心音显著减弱，多伴有因心脏扩张房室孔相对闭锁不全而引起的心缩期杂音。重症患畜，出现奔马律，或有频繁的期前收缩，濒死期心音减弱。

脉搏，初期紧张、充实，随病程发展，脉性变化显著，心跳与脉搏非常不相称，心跳强盛而脉搏甚微。当病变严重时，出现明显的期前收缩，心律不齐，交替脉。

【诊断】 心肌炎多是传染病和中毒病的继发病，在原发病的基础上结合出现心动过速、心律不齐、心音分裂、心浊音区扩大、循环障碍等症状，即可诊断，但应注意与心内膜炎和心包炎的区别。心内膜炎有各种心内性杂音，心包炎则可出现心包摩擦音或拍水音、心区叩诊疼痛等症状。

【治疗】

1. 治疗原则 以治疗原发病，减轻心脏负担，增加心肌营养为主。

2. 治疗措施 病畜要充分休息，饲喂容易消化和富含维生素的饲料。对由感染性疾病引起的，可选用抗生素和磺胺类药物配合治疗。当出现心脏衰弱时，可选用强尔心（樟脑）或安钠咖肌肉注射，但禁用洋地黄。为了增加心肌的营养，牛、马可静脉注射25%的葡萄糖液 500~1 000ml、维生素 C 6~8g，每日 1 次。同时为了抑制心肌的炎性反应和变态反应，缓解心脏衰竭和心律失常，可用地塞米松 10~20mg，加入到 5%~10% 的葡萄糖液中静脉注射，连用一周后，逐渐减量，不要突然停药。当出现全身水肿时，可适当限制动物的饮水量，并使用利尿药，如山梨醇、速尿等药物注射。如有缺氧症状时，可用 5%~10% 的葡萄糖溶液配制 0.3% 双氧水静脉注射，每千克体重用 2~3ml。

3. 中药治疗 方用葛根芩连芪麦汤：葛根 15g，黄芩 12g，黄连 8g，炙甘草 10g，生黄芪 40g，麦冬 15g。水煎去渣取汁，候温灌服。

4. 针灸 迅速彻鹘脉血、胸膛血、蹄头血等。

【预防】 合理饲养管理和使役，增强机体抗病能力，及时治疗原发病，动物痊愈后，要适当休息一段时间，以防止复发。

四、急性心内膜炎

急性心内膜炎是指心内膜及其瓣膜的炎症，临床上以血液循环障碍、发热和心内器质性杂音为特征。本病发生于各种家畜。犬、猪发生较多，牛和马次之。

【病因】 原发性心内膜炎多数是由细菌感染引起的。牛主要由化脓性放线菌、链球菌、葡萄球菌和革兰氏阴性菌；马由马腺疫链球菌和其他化脓性细菌；猪由猪丹毒杆菌和链球菌；羔羊由埃希氏大肠杆菌和链球菌引起。

继发性心内膜炎多数继发于牛的创伤性网胃炎、慢性肺炎、乳房炎、子宫炎和血栓性静脉炎。也可由心肌炎、心包炎等蔓延而发病。

此外，新陈代谢异常、维生素缺乏、感冒、过劳等，也是易引发本病的诱因。

【症状】 由于致病菌的种类和毒性强弱不同，炎症的性质以及有无全身感染的情况不同，其临床症状也不一样。有的家畜无任何前驱症状而突然死亡。有的病畜体重下降，伴发游走性跛行和关节性强拘，滑膜炎和关节触疼。

大多数病畜表现为持续或间歇性发热，心动过速，缩期杂音；牛有时也出现"高亢"心音或心音强度增强，有时甚至减弱。病初，心率增加，心搏动增强，心区震颤，继而出现心内器质性杂音，脉搏微弱，脉律不齐。有的出现食欲废绝，瘤胃臌气，腹泻或便秘，黄疸等症状。后期，发生充血性心力衰竭，出现水肿、腹水、浅表静脉怒张和搏动。心区浊音区增大。呼吸困难，触压心区，病畜出现疼痛反应。马病初有疝痛表现。如发生转移性病灶，则可出现化脓性肺炎、肾炎、脑膜炎、关节炎等。

母猪常在产后 2~3 周出现无乳，继而体重下降，不愿运动，休息时呼吸困难。

血液检查：嗜中性白细胞增多和核左移，病畜血液培养能分离出病原菌，血清球蛋白升高，伴有轻度心脏衰竭的病牛血浆心房尿钠肽升高。

【诊断】 根据病史和血液循环障碍、心动过速、发热和心内器质性杂音等可以作出诊断。血液培养阳性和心回声检查可确诊，心脏超声显象和 M 型超声心动图检查能确立病变部位。必须注意本病与急性心肌炎、心包炎、败血症、脑膜脑炎和血斑病等鉴别。

【治疗】

1. 治疗原则 积极治疗原发病，加强护理，抗菌消炎，减轻心脏负担。

2. 治疗措施 控制感染是治疗本病的关键，须长期应用抗生素治疗。应通过血液培养和药物敏感实验，选择最小抑菌浓度的最佳药物。青霉素和氨苄青霉素是抑制化脓性放线菌和链球菌的首选药物，无革兰氏阴性菌或抗青霉素的革兰氏阳性菌感染时，可直接应用青霉素（22 000~33 000IU/kg 体重）或氨苄青霉素（10~20mg/kg 体重），一日 2 次，连用 1~3 周。

对慢性化脓性放线菌感染，用青霉素配合利福平（每次 5mg/kg 体重，口服），一日 2 次。

当出现静脉扩张，腹下水肿时，除用抗生素外，还应用速尿，0.5mg/kg 体重，一日 2~3 次。

当病畜出现疼痛或强直及游走性跛行时，口服阿司匹林 15.6~31.0g，一日 2 次。当出现充血性心力衰竭时，应限制食盐的食入量。

为维持心脏机能，可应用洋地黄、毒毛旋花子苷 K 等强心剂；对于继发性心内膜炎，应治疗原发病。

五、贫血

贫血是指单位容积血液中的红细胞数、血红蛋白量和红细胞压积值低于正常水平的综合征。贫血不是独立的疾病，而是许多不同的原因引起或各种不同疾病伴有的综合征。贫血主要表现为皮肤和可视黏膜苍白，心率加快，心搏动增强，肌肉无力及各器官由于组织缺氧而产生的各种症状。贫血按其原因可分为失血性贫血、溶血性贫血、营养不良性贫血和再生障碍性贫血四种。

【病因】

1. 失血性贫血 由于出血造成红细胞丧失过多所致，可分为急性失血性贫血和慢性失血性贫血。急性失血性贫血是由于血管，特别是动脉管被破坏，在短时间内使机体丧失大量红细胞，而机体血库及造血器官又不能代偿时所发生的贫血。可见于外伤或外科手术使血管壁受损，动脉管发生大出血后，机体血液丧失过多。如鼻腔、喉及肺受到损伤而出血，牛的皱胃溃疡和猪的胃出血，母畜分娩时损伤产道，公畜去势止血不良所引起的血管断端出血及发生于某些部位的肿瘤等引起的长期大量出血。内脏器官受到损伤引起的内出血，尤其是作为血库的肝和脾破裂时严重出血。曾见到乳牛放牧时，由于跌倒而造成脾破裂，引起大量内出血，在 1h 内死亡。

慢性失血性贫血是由少量反复的出血及突然大量出血后长时间不能恢复所引起的低蛋白性及正成红细胞性贫血。可见于鼻、肺、肾、膀胱、子宫内膜、胃肠及出血性素质等长期反复地失血引起慢性出血性贫血。由于胃肠器官机能减弱，影响对铁的吸收，使肝脏和骨髓得不到足够的铁，造血原料缺乏引起慢性出血性贫血。有毒植物中毒也可发生慢性出血性贫血。寄生虫病，特别是反刍动物的血矛线虫病、肝片吸虫病和血吸虫病，犊牛的球虫病及蜱、刺蝇的重度侵袭下引起慢性出血性贫血。

2. 营养不良性贫血 由于造血物质供应不足所引起的贫血。多由于长期采食缺乏蛋白质、铁、铜、钴、维生素 B_{12} 和叶酸等营养物质的饲料，动物长期患有消化吸收功能障碍等引起。临床上以仔猪缺铁性贫血最为多见。

3. 溶血性贫血 是由于红细胞破坏过多超过机体造血补偿能力范围时所发生的贫血。

溶血性贫血不是独立的疾病，凡是有溶血症状的皆为发病原因，主要有内在缺陷和红细胞外因所致的两大类溶血性贫血。红细胞内在缺陷是红细胞膜结构异常，磷酸戊糖旁路和谷胱甘肽代谢酶的缺乏，红细胞糖酵解酶缺乏及球蛋白构造和合成的缺陷所致的溶血性贫血。红细胞外因是由免疫性反应（不合血型的输血，新生幼畜溶血性贫血）及创伤、感染、物理、化学及生物性因素所致的溶血性贫血和脾功能亢进等。

新生幼畜溶血性贫血，属同族免疫溶血性疾病。这是由于母畜与仔畜血型不同，仔畜在胚胎期间产生一种抗原，刺激母畜产生免疫性抗体。在胚胎期，抗体不能通过胎盘屏障进入胎儿体内，只存在于血液及初乳中。当初生幼畜吃了含有免疫性抗体的初乳后，抗体即通过肠黏膜进入血液，与带有抗原的仔畜红细胞凝集而发生溶血。

4. 再生障碍性贫血 由于骨髓的造血功能障碍所致的贫血，这类型贫血往往导致循环血中红细胞和白细胞同时减少。损伤骨髓造血功能的因素中，药物、化学、物理因素和病毒感染较为常见，细胞毒性类药物，特别是烷化剂，是强烈的骨髓抑制性药物，达到足够剂量即可损害骨髓造血功能。

【症状】贫血病的共同症状主要表现为体质虚弱，容易疲劳，多汗，心跳、呼吸加快，可视黏膜苍白，血红蛋白量和红细胞总量减少，红细胞形态改变等。

1. 急性失血性贫血 病程发展迅速，病畜衰弱，精神委靡，行步不稳，出冷黏汗，烦渴欲饮，体温降低，鼻端、耳尖和四肢厥冷，可视黏膜急剧苍白，脉快而弱，呼吸加快，心音微弱。濒死前，瞳孔散大，眩晕甚至昏迷、休克，倒地痉挛死亡。

轻症时，病畜表现贫血的一般症状，严重时则出现呼吸、循环及消化系统症状。同时发生明显的生物化学过程的变化，组织呼吸受到破坏，血液中的酸性产物增加，乳酸增加尤为明显，加重了酸中毒，低蛋白血症，残余氮增加。

血液学变化：出血后由于血管内血液总量减少，引起血液动力学的应答性反应，所有代偿机能都起作用。首先是真正的血库（肝、脾等）及补充性的扩散性血库（肠系膜血管及皮下血管丛）排出血液；其次是毛细血管网收缩，相应部分的动脉收缩，最后液体从组织中回流到血管，此时血液稀薄，红细胞数及血红蛋白量降低，血沉加快。

出血后，骨髓开始再生活动，到第四五天时达到最高峰。一般来说，幼畜比老畜强，单蹄动物比猪及部分牛的反应强。因此，在出血后血液中出现网织红细胞、多染性红细胞、嗜碱性颗粒红细胞增多，同时出现成红细胞。血液中未成熟的红细胞，其直径比正常的红细胞稍大一些。在红细胞中，血红蛋白的饱和度不足，血色指数低于1.0。

2. 慢性失血性贫血 出现渐进性消瘦和衰弱，嗜睡，脉搏快而弱，呼吸快而浅表，结膜苍白，病程长时，往往在胸腹下部及四肢末梢发生水肿，最后死于因贫血而引起的心力衰竭。

症状发展缓慢，初期症状不明显，患畜呈渐进性消瘦及衰弱。严重时可视黏膜苍白，机体衰弱无力，精神不振，嗜睡。血压降低，脉搏快而弱，轻微运动后脉搏显著加快，呼吸快而浅表。心脏听诊时，心音低沉而弱，心浊音区扩大。由于脑贫血及氧化不全的代谢产物中毒，引起各种症状，如晕厥、视力障碍、嗳气、呕吐和膈肌痉挛性收缩。贫血严重时，胸腹部、下颌间隙及四肢末端水肿。体腔积液，胃肠吸收和分泌机能降低，腹泻，最终因体力衰竭而死亡。血液学检查，长期慢性出血性贫血时，血液中幼稚型红细胞及网织红细胞增多，血红蛋白减少，血液比重降低，干物质减少，血沉加快。显微镜检查有很多有核红细胞呈有丝分裂，白细胞及巨核胚细胞大量增多。骨髓中由于铁含量不足，常见到大而淡染的、血红蛋白贫乏的红细胞。发现淡染的红细胞是慢性出血性贫血的重要特征之一。

3. 营养不良性贫血 病程较长，精神委靡，容易疲劳，皮肤干燥，被毛粗乱无光泽，进行性消瘦，可视黏膜苍白，出现代偿性心扩张，心浊区界扩大，心跳呼吸加快，听诊心脏有贫血性心内杂音，脉快而空虚。胸腹下部及四肢末梢发生水肿。血液检查，除了血红蛋白量和红细胞降低外，血中可出现大量的网织红细胞和异形红细胞。缺铁时，红细胞直径缩小、淡染。缺乏维生素 B_{12} 和叶酸时，红细胞直径增大。

仔猪缺铁性贫血，多见于 2~3 周龄的仔猪，可大群发病。仔猪出生 8~9d 时出现贫血症状，皮肤及可视黏膜苍白，心搏加快，活力显著下降，吮乳能力下降。仔猪发生营养不良，机体衰弱，精神不振，被毛粗乱，影响生长发育。仔猪极度消瘦，消化系统发生障碍，出现周期性下痢及便秘，腹壁蜷缩，猪体型呈两头尖的橄榄状。另一类型仔猪不消瘦，外观上很肥胖，生长发育较快，经 3~4 周后在奔跑中突然死亡。

4. 溶血性贫血 急性溶血或慢性溶血急性发作（溶血危象），骤然发病，严重的背部、四肢疼痛，寒战，高热，患畜并发狂躁、恶心、呕吐、腹痛、腹泻等胃肠道症状。由于溶血迅速，血红蛋白大幅下降；血管内溶血出现血红蛋白尿，发病 12h 后，出现黄疸。

慢性溶血性贫血，起病缓慢，可有贫血、黄疸及脾肿大三大类型，主要表现为可视黏膜苍白，气短。若溶血未超过骨髓代偿能力时不出现贫血。由于肝脏消除胆红素功能很强，黄疸转为轻度。长期持续溶血，可并发胆石症和肝功能损害，血液中出现大量的胆固醇、类脂和脂肪。

5. 再生障碍性贫血 由于骨髓造血机能障碍，外周血液中红细胞数减少，血红蛋白量降低，再生型红细胞几乎完全消失，红细胞大小不均，血沉加快。由于贫血，可视黏膜及无色素皮肤苍白，周期性出血，机体衰弱，易于疲劳，心动过速。此外，白细胞和血小板数也减少，毛细血管脆性和通透性增加，在皮肤和黏膜下，往往有出血斑点。局部感染常反复发生，亦有周身感染和败血症。由于粒细胞及单核细胞减少，机体防御机能下降，体温升高，皮肤发生局部坏死等症状。

【诊断】 急性出血性贫血，可根据临床症状和发病情况作出诊断。对内出血则需要做各系统详细检查，如为肝脾破裂，则需要腹腔穿刺确诊。有贫血症状，而且黄疸较重时，可考虑溶血性贫血。贫血同时有营养缺乏症状，且出现红细胞淡染、红细胞直径缩小等，可确定为缺铁性贫血。如果具有出血性素质，血液中缺乏幼龄的红细胞，同时白细胞和血小板都减少，可考虑为再生障碍性贫血。

【治疗】

1. 治疗原则 急性出血性贫血，针对出血原因立即进行止血，增加血管充盈度，解除休克状态，补充造血物质等。慢性出血性贫血，止血，加强饲养管理，补充造血物质等。溶血性贫血，消除原发病，给予易消化的营养丰富的饲料，输血并补充造血物质。仔猪营养性贫血，去除病因，补充铁剂，加强母畜饲养管理，并尽早给幼畜补铁。再生障碍性贫血，加强饲养管理，消除病因，提高造血机能，补充血液量。

2. 治疗措施 外伤性出血，除了采取外科止血法外，可适当使用全身止血药，如安络血肌肉注射，马、牛 10～20ml，羊、猪 0.1～0.3g，其他如维生素 K_3、氯化钙、凝血质等均可使用。如果出血量过多，可以输同型血，牛、马一次量为 1 000～2 000ml。

溶血性贫血，可采用肾上腺皮质激素疗法，强泼尼松注射液，肌肉注射或静脉注射，马、牛 0.05～0.15g；猪、羊 0.01～0.02g。其他治疗方法参照急性出血性贫血。

营养不良性贫血，以缺铁性贫血多见，大动物口服硫酸亚铁，每天 6～8g，一周后改为 3～5g，连用 1～2 周，同时每天注射 0.1% 的亚砷酸钾溶液，每天 10～15ml，能显著的提高疗效。对于仔猪缺铁性贫血，可用硫酸亚铁 5g、硫酸铜 1g、氯化钴 0.5g、常水100ml，配成溶液涂擦在母猪的乳头上或每日 1～2ml 口服。母猪在产前两周，肌肉注射右旋糖酐铁 10ml，可预防仔猪缺铁性贫血。国产兽用右旋糖酐铁（每 10ml 含铁元素150mg），2～3 日龄的仔猪一次可肌肉注射1ml，药效可维持 20d 以上。

再生障碍性贫血，主要在于除去病因，给予富含蛋白质的饲料，并同时补给氯化钴和维生素 B_{12}，或反复中等剂量输血，以兴奋造血机能，药物疗法可用硝酸士的宁，牛马用量为 5～15mg，每周可肌肉注射 5d，休息 2d。另外，丙酸睾丸素能刺激骨髓的造血机能，牛、马每日可肌肉注射 200～300mg，疗程至少一个月以上。

3. 中药治疗 治宜补气养血。用八珍汤和归脾汤加减：党参 60g，黄芪 60g，白术45g，当归 30g，熟地 60g，白芍 30g，炙甘草 30g，酸枣仁 45g，五味子 30g，红枣 60g，共为细末，同调冲服（大动物）。如脾虚、运化不健、食少、便稀，可去当归、熟地，加砂仁 24g，山药 120g，陈皮 24g；如见舌质红，脉搏细数无力，口干，常有低热或出现黏膜瘀点或瘀斑者，则为肝肾阴虚，则去黄芪，酌加女贞子、炙首乌、炙龟板、枸杞子各 30g，若有慢性出血，加炮姜炭 24g，仙鹤草 30g，煅龙骨、煅牡蛎各 60g。

【预防】 对急、慢性失血性贫血应该查明原因，及时采取治疗措施，防止继续失血。对内外寄生虫引起的贫血应该定期驱虫，平时加强饲养管理，供给富含蛋白质、维生素、矿物质的饲料。对溶血性贫血和再生障碍性贫血，应及早治疗原发病，避免慢性化过程、感染及进行性出血。慎重选用药物，禁止滥用药物，必须使用时应定期检查血液学变化，以便及时减量或停药。

病例分析

病例一：福源牛场的一头7岁黑白花奶牛，体温升高至40.4℃，脉搏116次/min，呼吸42次/min。吃草减少，反刍无力，反刍次数减少，有时不反刍，颈下及两前肢之间，有排球大小的水肿区，呈生面团样，指压留痕，两侧颈静脉怒张，心脏听诊心音弱、遥远，有心包拍水音。

病例二：某商品猪场，近日相继出现发病猪只，病猪体温升高，呈稽留热。食欲废绝，体表发红，可视黏膜黄染，尿液成酱油色。粪便少而干硬。呼吸急促，心跳加快。

病例三：某户养一宠物犬，近期食欲差，咳嗽，流鼻液，体温基本正常。到门诊部诊治，静脉输入5％葡萄糖配合抗生素，静脉滴注速度为250滴/min，输液过程中突然死亡。

病例四：某种猪场，一栋猪舍的仔猪近期相继出现急性死亡。该猪舍的母猪曾经得过口蹄疫，仔猪精神高度沉郁，全身虚弱无力，运步踉跄，可视黏膜高度发绀，呼吸高度困难。听诊第一心音强盛，第二心音微弱。

病例五：某种猪场，20日龄网上饲养的仔猪，相继出现精神沉郁，机体衰弱，被毛粗乱，生长迟缓，可视黏膜苍白，心跳增快。追赶时出现呼吸急促。消化机能降低，采食量减少，交替性腹泻与便秘。

要求：

1. 根据以上病例症状及资料进行综合分析并判定病名。
2. 拟定治疗方案。
3. 开写正规处方。

第四章

泌尿器官疾病

知识目标:

◇ 掌握肾炎、肾病、肾盂炎的常见病因、临床症状、诊断方法、防治原则和具体治疗措施以及泌尿系统常见疾病的鉴别诊断。

◇ 理解泌尿系统疾病防治的重要意义以及膀胱炎、膀胱麻痹、尿道炎和尿毒症疾病的发生发展、诊断要点和防治知识。

◇ 了解尿结石的临床特征,了解B超检查在动物泌尿系统疾病诊断上的应用方法。

技能目标:

◇ 能应用所学知识,对患病动物发病情况进行综合判定,并能够给出合理的防治方案,正确使用输液剂和治疗药剂,对动物常见疾病进行有效防治。

◇ 能运用所学知识测定尿液的物理性质、化学性质及尿液成分的变化。

◇ 能使用听诊器、体温计、叩诊器、注射器、输液器和穿刺针等常规器械对患病动物实施检查和治疗;能够使用常规手术器械对泌尿系统疾病进行手术治疗。

第一节 肾脏疾病

一、肾炎

肾炎通常是指肾小球、肾小管或肾间质组织发生炎症性病理变化的统称。肾炎的主要特征是水肿,肾区敏感和疼痛,尿量改变,尿液含多量肾上皮细胞和各种管型。按其病程分为急性和慢性两种,按炎症发生的部位可分为肾小球性和间质性肾炎,按炎症发生的范围可分为弥漫性和局灶性肾炎。临床上多见急性、慢性和间质性肾炎,各种家畜均可发生,而间质性肾炎主要发生在牛。

【病因】 肾炎的发病原因不十分清楚,目前认为该病的发生与感染、毒物刺激和变态反应等因素有关。

1. 感染因素 多继发于某些传染病,如炭疽、牛瘟、口蹄疫、结核、传染性胸膜肺炎、猪和羊的败血性链球菌、猪瘟、猪丹毒及牛病毒性腹泻等。

2. 毒物刺激因素 主要有外源性毒物刺激和内源性毒物刺激两种。外源性毒物刺激主要有有毒植物、霉败变质的饲料与被农药和重金属(如砷、汞、铅、镉等)污染的饲料或误食有强烈刺激性的药物(如斑蝥、石炭酸、松节油等)以及化学物质(砷、汞、磷等);内源性毒物主要是胃肠道炎症,代谢性疾病,大面积烧伤等疾病中所产生的毒素、代谢产物或组织分解产物,经肾脏排出时而致病。

3. 诱发因素 机体遭受风、寒、湿的作用（受寒、感冒），营养不良以及过劳等，均为肾炎的诱发因素。特别是当家畜感冒时，由于机体遭受寒冷的刺激，引起全身血管发生反射性收缩，尤其是肾小球毛细血管的痉挛性收缩，导致肾血液循环及其营养发生障碍，结果肾脏防御机能降低，病原微生物侵入，促使肾脏易于发病。此外，本病也可由肾盂炎、膀胱炎、子宫内膜炎、尿道炎等邻近器官炎症的蔓延和致病菌通过血液循环进入肾组织而引起。

肾间质对某些药物呈现一种超敏反应，可引起药源性间质性肾炎，如二甲氧青霉素、氨基苄青霉素、先锋霉素、噻嗪类及磺胺类药物。犬的急性间质性肾炎多数是由钩端螺旋体感染引发。

慢性肾炎，是指肾小球发生弥漫性炎症，肾小管发生变性以及肾间质组织发生细胞浸润的一种慢性肾脏疾病，或是伴发间质结缔组织增生，导致实质受压而萎缩，肾脏体积缩小变硬（慢性间质性肾炎，或称肾硬化）。慢性肾炎的原发性病因基本上与急性肾炎相同，只是作用时间较长，刺激作用轻微。当家畜患急性肾炎后，如果治疗不当或不及时，或未彻底治愈，亦可转化为慢性肾炎。

【发病机理】 近年来，由于免疫生物学的发展，动物模型的改进，电镜技术和肾脏活体组织检查以及荧光抗体法的应用，使肾炎的发病机理研究取得较大的进展。经过大量的试验研究表明，有 70% 左右的临床肾炎病例属免疫复合物性肾炎，有 5% 左右的病例属抗肾小球基底膜性肾炎，其余为非免疫性所致。

1. 免疫复合物性肾炎 是机体在外源性（如链球菌的膜抗原，病毒颗粒和异种蛋白质等）或内源性抗原（如因感染或自身组织被破坏而产生的变性物质）刺激下产生的相应的抗体。当抗原与抗体在循环血液中形成可溶性抗原抗体复合物后，抗原抗体复合物随血液循环到达肾小球，并沉积在肾小球血管内皮下，血管间质内或肾小球囊脏层的上皮细胞下。由于激活了补体，促使肥大细胞释放组织胺，使血管的通透性升高，同时吸引中性粒细胞在肾小球内聚集，并促使毛细血管内形成血栓，毛细血管内皮细胞、上皮细胞与系膜细胞增生，引起肾小球肾炎。进一步研究表明，这种由免疫介质引起的肾炎与淋巴因子、溶酶体的释放有关，氧自由基起到重要作用。研究发现，免疫复合物可刺激肾小球系膜释放超氧阴离子自由基和过氧化物，导致肾小球结构改变，内皮细胞肿胀，上皮细胞足突融合，肾小球基底膜降解等一系列组织细胞损伤。免疫复合物的生成，犬常与腺病毒感染、子宫蓄脓、肿瘤、全身性红斑狼疮、犬恶心丝虫病、利什曼病等有关，猫常与白血病、传染性腹膜炎、支原体感染等有关。

2. 抗肾小球基底膜性肾炎 此为抗体直接与肾小球基底膜结合所致。其产生的过程是，在感染或其他因素作用下细菌或病毒的某种成分与肾小球基底膜结合，形成自身抗原，刺激机体产生抗自身肾小球基底膜抗原的抗体，或某些细菌及其他物质与肾小球毛细血管基底膜有共同抗原性，刺激机体产生的抗体，既可与该抗原物质反应，也可与肾小球基底膜起反应（交叉免疫反应），并激活补体等炎症介质引起肾小球的炎症反应。

20 世纪 70 年代以来的研究证实，肾炎的发病过程中，除体液免疫以外，细胞免疫亦起到一定作用。研究表明，T 淋巴细胞和单核细胞等均在肾小球肾炎的发病中起重要作用。如在抗基底膜性肾小球肾炎的动物模型和病人的肾活检材料的肾小球内均明显地见到单核细胞浸润，表明单核细胞在肾小球性肾炎的发病机制中起到一定作用。

3. 非免疫性肾炎 为病原微生物或其毒素，以及有毒物质或有害的代谢产物，经血液循环进入肾脏时直接刺激或阻塞、损伤肾小球或肾小管的毛细血管而导致肾炎。

肾炎初期，因变态反应引起肾小球毛细血管痉挛性收缩，肾小球缺血，导致毛细血管滤过率下降，或因炎症致使肾毛细血管壁肿胀，导致肾小球滤过面积减少，滤过率下降，因而尿量减少或无尿。进一步发展，水、钠在体内大量蓄积而发生不同程度的水肿。

肾炎的中后期，由于肾小球毛细血管的基底膜变性、坏死、结构疏松或出现裂隙，使血浆蛋白和红细胞漏出，形成蛋白尿和血尿。由于肾小球缺血，引起肾小管也缺血，结果肾小管上皮细胞发生变性、坏死、甚至脱落。渗出、漏出物及脱落的上皮细胞在肾小管内凝集形成各种管型（透明管型、颗粒管型、细胞管型）。

肾小球滤过机能降低，水、钠潴留，血容量增加；肾素分泌增多，血浆内血管紧张素增加，小动脉平滑肌收缩，致使血压升高，主动脉第二心音增强。由于肾脏的滤过机能障碍，使机体内代谢产物（非蛋白氮）不能及时从尿中排出而蓄积，引起尿毒症（氮质血症）。

慢性肾炎，由于炎症反复发作，肾脏结缔组织增生以及体积缩小导致临床症状时好时坏，终因肾小球滤过机能障碍，尿量改变，残余氮不能完全排出，滞留在血液中，引起慢性氮质血症性尿毒症。

【症状】

1. 急性肾炎 病畜食欲减退，体温升高，精神沉郁，消化不良，反刍紊乱（反刍动物）。由于肾区敏感、疼痛，病畜不愿行动。站立时腰背拱起，后肢叉开或集于腹下。强迫行走时背腰僵硬，运步困难，步态强拘，小步前进。严重时，后肢不能充分提举而拖曳前进，尤其向侧转弯困难。病畜频频排尿，但每次尿量较少（少尿），严重者无尿。尿色浓暗，比重增高，甚至出现血尿。由于血管痉挛，眼结膜显淡白色，动脉血压可升高达29.26kPa（正常时为15.96～18.62kPa）。主动脉第二心音增高，脉搏强硬。

肾区触诊或直肠触摸，可见病畜有痛感反应，手感肾脏肿大，压之感觉过敏。病畜站立不安，拱腰拂尾，躲避或抗拒检查。

水肿并不一定经常出现，有时在病的后期可见眼睑、颌下、胸腹下、阴囊部及牛的垂皮处发生水肿。严重病例可伴发喉水肿、肺水肿或体腔积水。

严重病例或发病后期血中非蛋白氮含量增高，呈现尿毒症症状。此时病畜体力急剧下降，衰弱无力，嗜睡，意识障碍或昏迷，全身肌肉呈发作性痉挛，严重的腹泻，呼吸困难。

尿液蛋白质检查呈阳性，尿沉渣镜检可见管型、白细胞、红细胞及多量的肾上皮细胞。血液检查可见血浆蛋白含量下降，血液非蛋白氮含量明显增高。有资料报道，马的肾炎血液非蛋白氮可达1.785mmol/L以上（正常值为1.428～1.785mmol/L）。

2. 慢性肾炎 多由急性肾炎发展而来，故其症状与急性肾炎基本相似。但慢性肾炎发展缓慢，且症状多不明显，在临床上不易确诊。病畜逐渐消瘦，贫血，疲乏无力，食欲不定，血压升高，脉搏增数，硬脉，主动脉第二心音增强。疾病后期，于眼睑、颌下、胸前、腹下或四肢末端出现水肿，重症时可发生体腔积水或肺水肿。

尿量不定，比重增高，尿中有少量蛋白质，尿沉渣中出现大量肾上皮细胞和各种管型。血中非蛋白氮含量增高，尿蓝母增多，最终导致慢性氮质血症性尿毒症。

【诊断】 该病主要根据病史（有无患某些传染病、中毒或有受寒、感冒的病史），临床特征（少尿或无尿，肾区敏感，疼痛，血压升高，主动脉第二心音增强，水肿，尿毒症）和实验室尿液化验（尿蛋白、血尿、尿沉渣中有多量肾上皮细胞和各种管型和肌酐清除率测定）进行综合诊断。

间质性肾炎，除根据上述诊断外，还可进行直肠内触诊：肾脏硬固，体积缩小。

在鉴别诊断方面，本病应与肾病区别。肾病是由于细菌或毒物的直接刺激肾脏，而引起肾小管上皮变性的一种非炎性疾病，通常肾小球损害轻微。临床上有明显水肿、大量蛋白尿和低蛋白血症，但无血尿及肾性高血压现象。

【治疗】

1. 治疗原则 消除病因，加强护理，消炎利尿，抑制免疫反应以及对症治疗。

2. 治疗措施 首先应改善饲养管理，将病畜置于温暖、干燥、阳光充足且通风良好的畜舍内，防止继续受寒、感冒。

在药物治疗方面，应采用消除感染、抑制免疫反应和利尿、消肿等措施。

消除炎症、控制感染。一般选用青霉素，按每千克体重，肌肉注射一次量为：牛、马1万~2万IU，猪、羊、马驹、犊牛2万~3万IU，每日3~4次，连用一周。亦可应用卡那霉素，10~15mg/kg体重（或1万~1.5万IU/kg体重），每日2次，肌肉注射。另外，链霉素，诺氟沙星，环丙沙星合并使用也可提高疗效。

免疫抑制疗法：近年来鉴于免疫反应在肾炎发病上的重要作用，在临床上应用某些免疫抑制药治疗肾炎，收到一定的效果。而肾上腺皮质激素在药理剂量时具有很强的抗炎和抗过敏作用。所以，对于肾炎病例多采用皮质酮类制剂治疗，如氢化可的松注射液，肌肉注射或静脉注射，一次量：牛、马200~500mg，猪、羊20~80mg，犬5~10mg，猫1~5mg，每日一次；地塞米松，肌肉注射或静脉注射，一次量：牛、马10~20mg，猪、羊5~10mg，犬0.25~1mg，猫0.125~0.5mg，每日一次。也可配合使用超氧化物歧化酶（SOD）、别嘌呤醇及去铁敏等抗氧化剂，其在清除氧自由基，防止肾小球组织损伤中起重要作用。

利尿消肿。可选用利尿剂，双氢克尿噻，牛、马0.5~2g，猪、羊0.05~0.2g，加水适量内服，每日一次，连用3~5d。

对症治疗。当心脏衰弱时，可应用强心剂，如安钠咖或洋地黄制剂。当出现尿毒症时，可应用5%碳酸氢钠注射液，200~500ml，或应用11.2%乳酸钠溶液，溶于5%葡萄糖溶液500~1 000ml中，静脉注射。当有大量蛋白尿时，为补充机体蛋白，可应用蛋白合成药物，如苯丙酸诺龙或丙酸睾丸素。当出现血尿时，可应用止血剂。

3. 中药治疗 中兽医称急性肾炎为湿热蕴结证，治疗宜清热利湿，凉血止血，方用"秦艽散"加减。慢性肾炎属水湿困脾证，治疗宜燥湿利水，方用"平胃散"和"五皮饮"加减：苍术、厚朴、陈皮各60g，泽泻45g，大腹皮、茯苓皮、生姜皮各30g，水煎服。

【预防】本病预防应从加强饲养管理入手，防止家畜受寒、感冒，以减少病原微生物的侵袭和感染。保证饲料的质量，禁止喂饲家畜发霉、腐败或变质的饲料，避免中毒。对患急性肾炎的病畜，应采取有效的治疗措施，彻底消除病因以防复发或慢性化或转为间质性肾炎。

二、肾病

肾病主要是指肾小管上皮发生弥漫性变性、坏死的一种非炎性肾脏疾病。其病理变化的特点是肾小管上皮发生混浊肿胀、上皮细胞弥漫性脂肪变性与淀粉样变性及坏死，通常肾小球的损害轻微。肾病的临床特征是，大量蛋白尿、明显的水肿、低蛋白血症，但不见有血尿及血压升高现象。各种家畜均有发生，但以马较为多见。

【病因】多种因素均可引发肾病，其中以中毒与缺氧为较重要的因素。

1. 中毒性肾病病因　常见的有家畜蛋白性与脂肪性肾病。蛋白性肾病通常是由于传染性胸膜肺炎、口蹄疫、结核病和猪丹毒等急、慢性传染病，以及重金属元素、霉菌毒素等中毒病引起。脂肪性肾病则见于严重的妊娠中毒，原发性酮病及某些传染病。

2. 低氧性肾病　主要是由大的撞击伤，马的氮尿症，输血性贫血，大面积烧伤和其他引起大量游离血红蛋白与肌红蛋白的疾病引发的。

3. 其他肾病病因　如空泡性肾病或称为渗透性肾病与低血钾有关。犬和猫的糖尿病，由于糖沉积于肾小管上皮细胞，特别是沉积于髓质外带与皮质的最内带时而导致糖原性肾病。在禽痛风时因尿酸盐沉着于肾小管而导致尿酸盐肾病。

【症状】　肾病一般缺乏特征性的临床症状，症状与肾炎相似，但不同的是肾病没有血尿，尿沉渣中无红细胞及红细胞管型。

轻症病例，仅呈现原发病固有的症状。尿中有少量的蛋白质和肾上皮细胞。当尿呈酸性反应时，可见少量管型，尿量不见明显变化。重症病例，则出现不同程度的消化障碍，如食欲减退、周期性腹泻等，病畜逐渐消瘦，衰弱和贫血，并出现水肿，严重时发生胸、腹腔积水。尿量减少，比重增高，尿蛋白含量增加，尿沉渣中见有大量肾小管上皮细胞及透明、颗粒管型，但缺少红细胞。

慢性肾病，尿量无显著改变，当肾小管上皮细胞严重变性或坏死时，重吸收功能降低，尿量增加，比重降低。

血液学变化，轻症病例无明显变化，重症病例可见红细胞数减少，白细胞数正常或轻度增加，血小板计数偏高。血红蛋白降低，血沉加快，血浆总蛋白降低至 $20 \sim 40g/L$，血液中总脂、胆固醇和甘油三脂含量均明显增高。

【诊断】肾病的诊断，主要根据尿液化验，尿液中含有大量蛋白质，肾上皮细胞，透明管型和颗粒管型，但缺乏红细胞和红细胞管型，血液变化（蛋白含量降低，胆固醇含量增高），然后结合病史（中毒或缺氧等病史）及临床症状（水肿，无血尿，血压也不升高）进行诊断。

在鉴别诊断方面主要应与肾炎进行区别。肾炎既可由细菌感染引起，也可由变态反应引起，炎症主要侵害肾小球，并伴有渗出、增生等病理变化。患畜肾区敏感、疼痛，尿量减少，出现血尿。在尿沉渣中能发现大量红细胞、红细胞管型及肾上皮细胞。心脏血管系统变化明显，但水肿比较轻微。

【治疗】

1. 治疗原则　加强饲养管理，消除病因，改善饲养，抗菌，利尿和防止水肿。

2. 治疗措施　在饲养上应给病畜饲喂富含蛋白质的饲料，以补充机体漏失的蛋白质，纠正低蛋白血症。对肉食动物饲喂牛奶，草食家畜应饲喂优质豆科植物，配合少量块根饲料。

针对中毒性肾病、低氧性肾病及其他原因引起的原发性肾病，采取消除病因和控制治疗。注射抑菌消炎药以控制病原微生物的感染，采用清理体内毒物与毒素的方法来处理由毒性物质所致的原发病等。

为了消除水肿，适当使用利尿剂，改善病畜一般体况。胃肠道水肿消退后，患畜食欲增加，对防治感染也有利。常用的利尿剂有：

（1）髓袢利尿剂：可用速尿静脉注射或口服。本药很适宜于肾功能减退者，其用量可根据水肿程度及肾功能情况而定，一般用量，犬、猫 5 ~ 10mg/kg 体重，牛、马 0.25 ~ 0.5g/kg 体重，每日 1 ~ 2 次，连用 3 ~ 5d。

（2）噻嗪类：一般病例可用双氢克尿噻，口服，牛、马 0.5 ~ 2g，猪、羊 0.05 ~ 0.1g，每日 1 ~ 2 次，连用 3 ~ 4d，同时应补充钾盐。

也可选用乙酰唑胺，成年犬 100 ~ 150mg，内服，每日 3 次。氯噻嗪，利尿素等利尿药。促进蛋白质的生成，可应用丙酸诺龙，牛、马 0.2 ~ 0.4g，猪、羊 0.05 ~ 0.1g，肌肉注射。或用丙酸睾丸素，牛、马 0.1 ~ 0.3g，猪、羊 0.05 ~ 0.1g，肌肉注射，2 ~ 3d 一次。

在治疗效果不满意时可使用免疫抑制剂进行治疗，可提高疗效。临床上常用环磷酰胺，其可作用于细胞内脱氧核糖核酸或信息核糖核酸，影响 B 淋巴细胞的抗体生成，减弱免疫反应。使用剂量可参考人的用量（每日 200mg 环磷酰胺置于生理盐水中）作静脉注射，5 ~ 7d 为一疗程。

第二节　尿路疾病

一、肾盂炎

肾盂炎是肾盂黏膜的炎症，临床上单纯的肾盂炎极少见，多半是肾盂和肾合并发生炎症，即肾盂发炎后肾实质很快或同时发生不同程度的炎症，即肾盂肾炎，但通常以肾盂的病变占优势，故一般将本病统称为肾盂炎。多为化脓性，取慢性经过。临床上以频尿，排尿带痛，脓尿和高热为特征。各种动物均可发病，但多发于母畜，尤其是乳牛或产后母牛。

【病因】肾盂炎多发生于某些传染性和中毒性疾病过程中，主要是由细菌及其毒素的作用而引起。致病菌中，除大肠杆菌、化脓杆菌、变形杆菌、链球菌、葡萄球菌、绿脓杆菌之外，肾盂炎棒状杆菌也是本病常见的病原菌。这种细菌既可单独感染，也可与其他病菌混合感染。由于母畜的尿道短而宽，常常发生创伤，病原微生物易通过尿道口进入膀胱，因而母畜易发生感染上行而致肾盂炎。肾盂炎多发生在全身和局部化脓性疾病的经过中。病程中可因病原菌沿血液循环到达肾盂而致病，也可因尿道、膀胱、子宫的炎症上行蔓延而发生。牛肾盂肾炎多见于妊娠后期或分娩后的乳牛，产后的胎衣滞留亦可造成肾盂的感染。

此外，有毒物质（松节油、棉酚、斑蝥毒素等）经过肾脏排出，以及肾结石或肾寄生虫的机械性刺激，也能引起肾盂炎。

【发病机理】

病原微生物一般可经血源、尿源、淋巴源三种感染途径侵入肾脏。

1. 血源性感染　当家畜患全身性传染病或局部化脓性疾患时，病原微生物及其毒素可经血液循环途径侵入肾脏，先在肾小球毛细血管网内形成细菌性栓塞，然后病原菌移行至肾小管和集合管，并在其周围的间质形成小脓肿。最后通过肾乳头到达肾盂，引起肾盂炎症。

2. 尿源性感染　病原微生物从尿道经膀胱和输尿管逆行进入肾盂。开始时肾盂黏膜发生化脓性炎症，随后炎症不断发展，并沿集合管上行，在肾小管及其周围组织也引起化脓性炎症。严重者可形成多量小脓肿，肾小管发生变性，甚至坏死。脓肿向肾小管腔破溃，致使腔内充满脓细胞和细菌，形成脓尿和菌尿。

3. 淋巴性感染　当与肾相邻近的肠管发生病变时，病原微生物或其毒素可沿淋巴途径侵入肾盂。据记载，病原微生物有可能经输尿管周围淋巴管而侵入肾盂。

肾盂炎初期，由于炎症刺激肾盂黏膜和邻近的输尿管，黏膜发生肿胀、增厚，因而输尿管管腔变窄导致排尿困难，引起肾内压升高，压迫感觉神经，引起疼痛；当尿液和炎性产物蓄积，炎症进一步发展，肾盂黏膜下组织因此发生脓性浸润；积滞的尿液发酵，产生游离的氨，三价磷酸盐，于是尿液中出现大量的黏液、肾盂上皮细胞、病原微生物、磷酸铵镁及尿酸盐等，使尿液浓稠并混浊。

肾盂炎后期，因尿液长期不能排出，肾盂发生肌层肥厚，进而弛缓，造成尿液排出更加困难，致使混有炎性产物的尿液大量蓄积于肾盂内，肾盂组织受到压迫而遭受破坏，久之，肾盂内可形成一个充满液体的大脓腔，出现化脓性肾盂炎。

由于病原微生物及其毒素和炎性产物不断被吸收而进入血液，则可引起机体全身性反应，出现体温升高，精神沉郁，食欲减退和消化功能紊乱等症状。

【症状】　肾盂肾炎是严重的化脓性炎症，且炎症经常波及输尿管和膀胱，引起上述器官的化脓性炎症，故全身症状较为明显。病畜表现为精神沉郁，食欲减退，消化不良，呈进行性消瘦，经常发生腹痛。急性病例，体温升高，可高达 41℃，多呈弛张热或间歇热型。

由于肾区疼痛，病畜多拱背站立，行走时背腰僵硬。牛、马等大动物，直肠检查可触摸到肿大的肾脏，按压时病畜疼痛不安。当肾盂内有尿液、脓液蓄积时，输尿管膨胀、扩张、有波动感。中小动物，腹部触诊，肾脏体积增大，敏感性升高。

多数病畜频频排尿，拱背，努责。病初尿量减少，排尿次数增多，后期尿量增多，尿中有病理性产物，尿液混浊，可见多量黏液和浓汁并有大量蛋白质。尿沉渣中有大量红细胞、白细胞和脓细胞，肾盂上皮细胞及肾上皮细胞，少量的透明和颗粒管型，以及磷酸铵镁和尿酸盐结晶。作尿沉渣直接涂片或作尿细菌培养，可发现肾盂炎棒状杆菌。

除上述基本症状外，肾盂炎还表现出动物的种间差异。

母牛：体温一般不升高，反刍减少。由于肾盂疼痛，病牛表现为不安，排尿频繁，后肢踢腹，摇尾和努责。当慢性肾盂炎急性发作时，可见到血尿，甚至混有血丝或脓块。

母犬：急性肾盂炎患犬全身症状明显，体温升高，沉郁，呕吐，腹泻和腹痛。慢性患犬有间歇热，肾组织严重损伤时可导致尿毒症。尿液浓缩能力下降可引起饮水增多和多尿症。

【诊断】　肾盂炎可根据病史、临床症状、直肠检查以及肾区触诊和尿液化验作出诊断。进一步确诊可采用放射和超声检查。急性肾盂炎时肾肿大，慢性者可见肾变小和不规则。肾盂炎易与肾炎相混淆，必须进行鉴别。肾炎病例，尿中含有大量红细胞和红细胞管型，尿液细菌培养多呈阴性，有大量肾上皮细胞，一般有全身性水肿的特征。而肾盂炎，尿中含有蛋白质，尿沉渣中多以白细胞及脓细胞为主，常有感染与尿路刺激症状，无水肿，尿液培养可见肾盂炎棒状杆菌。如尿中蛋白质增量，尿沉渣中除见有肾盂上皮细胞外，尚有肾上皮和管型时，则是肾盂肾炎的指征。

急性肾盂炎可能与膀胱炎相互影响，因此，有必要与膀胱炎区别，后者有脓尿和大量膀胱上皮细胞，尿中无尿管型和蛋白质，也没有肾功能衰退的临床表现。如果病畜有脓尿，尿频和排尿有痛感，排尿终末可能出现血尿，可作为膀胱炎的诊断依据。

【治疗】

1. 治疗原则 加强护理，控制病原微生物繁殖并减弱其毒力。其次是增强肾盂的活动机能，促进尿液和炎性产物的及时排出，加速治愈过程。

2. 治疗措施 为了控制感染和消灭病原菌，可使用大剂量的青霉素和链霉素。青霉素按 6 000 ~ 12 000IU/kg 体重，链霉素按 6 ~ 12mg/kg 体重，每天 2 次，肌肉注射。较顽固的病例可选用氨苄青霉素、诺氟沙星或先锋霉素肌肉注射或静脉注射。

磺胺类药物应选择在尿中浓度高，乙酰化率低，且主要以原形从尿中排出的磺胺类药物为宜。临床常用增效磺胺片（复方新诺明——SMZ + TMP），可提高治疗效果。但应注意，对肾机能不全的患畜，应慎重使用或禁止应用。

尿路消毒可用呋喃坦啶，每日 12 ~ 15mg/kg 体重，分 2 ~ 3 次内服。还可使用40%乌洛托品溶液 10 ~ 50ml 静脉注射。

3. 中药治疗 中医称肾盂肾炎为湿热之邪内侵，结于下焦，属湿热淋，治疗宜清热、利湿、通淋。方用"八正散"加减：木通、滑石（布包）各60g，车前子、扁蓄、瞿麦、甘草梢、金银花、连翘、栀子、黄柏各30g，水煎服。

4. 验方冬瓜子、赤小豆、赤茯苓各62g，黄柏、车前草、通草各36g，炒杜仲、炒泽泻各25g，混和开水冲调，候温灌服，治疗牛肾盂炎。

【预防】 由于肾盂炎的复发率较高，因此，治疗必须彻底，应注意观察疗效，当用药后肾盂炎症状完全消失，尿检查转阴性，可以认为已临床治愈。若仍能发现细菌或脓细胞，应继续用药，切忌过早停药，导致感染复发或迁延不愈转入慢性。对患有肾盂炎，特别是细菌性肾盂炎的动物，应隔离饲养，并对畜舍进行消毒，以防止传播、蔓延。

二、膀胱炎

膀胱炎是膀胱黏膜及其黏膜下层的炎症。临床上以疼痛性频尿和尿中出现较多的膀胱上皮细胞、炎性细胞、红细胞和磷酸铵镁结晶为特征。按膀胱炎症的性质，可分为卡他性、纤维蛋白性、化脓性、出血性四种。该病多发于母畜，以卡他性膀胱炎多见。犬则常见化脓性、坏死性膀胱炎。

【病因】

1. 病原微生物感染 除某些传染病的特异性细菌继发感染之外，多半是非特异性细菌，如化脓杆菌、大肠杆菌、葡萄球菌、链球菌、绿脓杆菌和变形杆菌等，其经过血液循环或尿路感染而致病。膀胱炎多是牛肾盂肾炎最常见的先兆，因此，肾棒状杆菌也是膀胱炎的病原菌。

2. 邻近器官炎症的蔓延 肾炎、输尿管炎、尿道炎、特别是母畜的阴道炎、子宫内膜炎等，可蔓延至膀胱而引起本病。

3. 机械性刺激或损伤 主要是导尿管损伤膀胱黏膜。膀胱结石、膀胱内赘生物、尿潴留时的分解产物以及各种有毒物质或带刺激性药物，如松节油、酒精、斑蝥毒素等的强烈刺激。

4. 毒物影响或某种矿物质元素缺乏 缺碘可引起动物的膀胱炎；牛蕨中毒时因毛细血管的通透性升高，也发生出血性膀胱炎。Adama 等（1969）报道过，马采食苏丹草后出现了膀胱炎。还有人认为，霉菌毒素也是猪膀胱炎的病因。

【症状】急性膀胱炎：特征性症状是排尿频繁和疼痛。由于膀胱黏膜敏感性增高，病畜频频排尿或呈排尿姿势，但每次排出尿量较少或呈点滴状流出。排尿时病畜疼痛不安。严重者由于膀胱（颈部）黏膜肿胀或膀胱括约肌痉挛性收缩，引起尿闭。此时，表现极度疼痛不安（肾性腹痛），病畜呻吟，公畜阴茎频频勃起，母畜摇摆后躯，阴门频频开张。

直肠检查触诊膀胱时，病畜表现疼痛不安，膀胱体积缩小呈空虚感。但当膀胱颈组织增厚或括约肌痉挛时，由于尿液积留致使膀胱高度充盈。

尿液成分变化：卡他性膀胱炎时，尿液混浊，尿中含有大量黏液和少量蛋白；化脓性膀胱炎时，尿中混有脓液；出血性膀胱炎时，尿中含有大量血液或血凝块，纤维蛋白性膀胱炎时，尿中混有纤维蛋白膜或坏死组织碎片，并具氨臭味。

尿沉渣中见有大量白细胞、脓细胞、红细胞、膀胱上皮、组织碎片及病原菌。在碱性尿中，可发现有磷酸铵镁及尿酸铵结晶。

全身症状通常不明显，若炎症波及深部组织，可有体温升高，精神沉郁，食欲减退。严重的出血性膀胱炎，也可有贫血现象。

慢性膀胱炎：症状与急性膀胱炎基本相似，唯程度较轻，亦无排尿困难现象，且病程较长。

【诊断】 急性膀胱炎可根据疼痛性频尿，排尿姿势变化等临床特征以及尿液检查有大量的膀胱上皮细胞和磷酸铵镁结晶，不难作出判断。在临床鉴别诊断中，膀胱炎与肾盂炎、尿道炎有相似之处。肾盂炎表现为肾区疼痛，肾脏肿大，尿液中有大量肾盂上皮细胞。尿道炎镜检尿液无膀胱上皮细胞。另外，要注意与膀胱麻痹、膀胱痉挛和尿石症相区别。

【治疗】

1. 治疗原则 加强饲养管理，抑菌消炎，防腐消毒及对症治疗。

2. 治疗措施 改善饲养管理，首先应使病畜适当休息，饲喂无刺激性、富含营养且易消化的优质饲料，并给予清洁饮水。对高蛋白质饲料及酸性饲料，应适当地加以限制。为了缓解尿液对黏膜的刺激作用，可增加饮水或输液。

抑菌消炎与肾炎的治疗基本相同。对重症病例，可先用 0.1% 高锰酸钾、1% ~ 3% 硼酸、0.1% 的雷佛奴尔液、0.02% 呋喃西林、0.1% 新吉尔灭液或 1% 亚甲蓝作膀胱冲洗，在反复冲洗后，膀胱内注射青霉素 80 万 ~ 120 万 IU，每日 1 ~ 2 次，效果较好。同时，肌肉注射抗生素配合治疗。

尿路消毒可口服呋喃坦啶、磺胺类或 40% 乌洛托品，马、牛 50 ~ 100ml，静脉注射。

3. 中药治疗 中兽医称膀胱炎为气淋。主证为排尿艰涩，不断努责，尿少淋漓。治宜行气通淋，可用沉香，石苇，滑石（布包），当归，陈皮，白芍，冬葵子，知母，黄柏，杞子，甘草，王不留行等，水煎服。对于出血性膀胱炎，可服用秦艽散：秦艽 50g，瞿麦 40g，车前子 40g，当归、赤芍各 35g，炒蒲黄、焦山渣各 40g，阿胶 25g，研末，水调灌服。

4. 验方 单胃动物膀胱炎或尿路感染时，用鲜鱼腥草打浆灌服，效果好。

三、膀胱麻痹

膀胱麻痹是膀胱肌肉的收缩力减弱或丧失，致使尿液不能随意排出而积滞的一种非炎症性的膀胱疾病。临床上以不随意排尿，膀胱充满且无明显疼痛反应为主要特征。本病多数是暂时性的不完全麻痹，常发生于牛、马和犬。

【病因】

1. 神经源性 主要由于中枢神经系统（脑、脊髓）的损伤以及支配膀胱肌肉的神经机能障碍所引起。较常见的是由于脊髓（主要是腰荐部脊髓）的疾患，如炎症（脊神经炎）、损伤（腰椎脊索压伤、挫伤、刨伤）、出血及肿瘤等所引起的脊髓性麻痹。此时，因支配膀胱的神经机能障碍，致膀胱缺乏自主的感觉和运动能力，妨碍其正常收缩，导致尿液积留。也有在腰麻手术之后而继发膀胱麻痹者。

2. 肌源性 因严重膀胱炎或邻近器官组织炎症波及到膀胱深层组织，导致膀胱肌层收缩减弱，或因膀胱充满尿液而得不到排尿的机会（如马、牛长时间的连续使役），或因尿路阻塞、大量尿液积滞在膀胱内，以致膀胱肌过度伸张而弛缓，降低了收缩力，导致暂时性膀胱麻痹。

膀胱麻痹后，一方面大量尿液积滞于膀胱内，膀胱尿液充满，病畜屡作排尿姿势，但无尿液排出，或呈现尿淋漓。另一方面，由于尿的潴留造成细菌大量繁殖，尿液发酵产氨，导致膀胱炎。

【症状】 脊髓性麻痹时，病畜排尿反射减弱或消失，排尿间隔时间延长，膀胱充满时才被动地排出少量尿液，直肠内触压膀胱，尿液充满。当膀胱括约肌发生麻痹时，则尿失禁，尿液不断的或间隙的呈滴状或线状排出，触摸膀胱空虚。

脑性麻痹时，由于脑的抑制而丧失对排尿的调节作用，只有膀胱内压超过括约肌紧张度时，才排出少量尿液。直肠内触诊膀胱，尿液高度充满，按压时尿液呈细流状喷射而出。

肌源性麻痹时，出现暂时性排尿障碍，膀胱内尿液充盈，频频作排尿姿势，但每次却排尿量不大。按压膀胱时有尿液排出。各种原因所引起的膀胱麻痹，尿液中均无尿管型。

【诊断】 膀胱麻痹主要根据病史，结合特征性临床症状，如不随意排尿、膀胱尿液充满、直肠内触压膀胱及导尿管探诊结果，不难作出诊断。

【治疗】

1. 治疗原则 消除病因、治疗原发病和对症治疗。

2. 治疗措施 首先针对原发病病因采取相应的治疗措施。对症治疗可先实施导尿，防止膀胱破裂。大家畜可通过直肠内刺穿肠壁，再刺入膀胱内；小动物可通过腹下壁骨盆底的耻骨前缘部位施行穿刺以排出尿液。膀胱穿刺排尿不宜多次实施，否则易引起膀胱出血、膀胱炎、腹膜炎或直肠膀胱粘连等继发症。

膀胱积尿不是特别严重的病例，可实施膀胱按摩，以排出积尿。对大家畜可采用直肠内按摩，每日2~3次，每次5~10min。

3. 中药治疗　中兽医称之为胞虚。肾气虚型主证为膀胱失于约束，小便淋漓，甚者失禁。治疗宜补肾固涩缩尿，方用"肾气丸"加减：熟地、山药各60g，山茱萸肉、菟丝子、桑螵蛸、益智仁、泽泻各45g，肉桂、附子、黄柏各30g，牡蛎90g，水煎服。脾肺气虚型主证为尿液停滞，膀胱胀满，时作排尿姿势，有时尿液被动淋漓而下，其量不多。治疗宜益气升陷，固涩缩尿，方用"补中益气汤"加减：党参、黄芪各60g，甘草、当归、陈皮、升麻、柴胡、益智仁、五味子、桑螵蛸、金樱子各30g，水煎服。

4. 针灸　选用神经兴奋剂和提高膀胱肌肉收缩力的药物，有助于膀胱排尿。可皮下注射硝酸士的宁，牛、马15~30mg，猪、羊2~4mg，犬0.5~0.8mg，每日或隔日一次。电针治疗，两电极分别插入百会穴和后海穴，调整到合适频率，每日1~2次，每次20min。

5. 验方　临床治疗表明，应用氯化钡治疗牛的膀胱麻痹，效果良好。剂量为0.1g/kg体重，配成1%灭菌水溶液，静脉注射。据报道，犬患膀胱麻痹时，可口服氯化氨基甲酰甲基胆碱5~15mg，每日3次，对提高膀胱肌肉的收缩力有一定的作用。

为防止感染，可使用抗生素和尿路消毒药。

四、尿道炎

尿道黏膜的炎症称为尿道炎，临床以频频尿意和尿频为特征。各种家畜均可发生，多见于牛、犬和猫。

【病因】　多因导尿时导尿管消毒不彻底，无菌操作不严或操作粗暴，引起细菌感染或黏膜损伤。还见于尿道结石的机械刺激及刺激性药物与化学刺激，损伤尿道黏膜继发细菌感染。此外，膀胱炎、包皮炎、子宫内膜炎等邻近器官炎症的蔓延，也可导致尿道炎。

【症状】病畜频频排尿，尿呈断续状排出，有疼痛表现，公畜阴茎勃起，母畜阴唇不断开张，严重时可见黏液性或脓性分泌物和血液不时自尿道口流出。尿液浑浊，混有黏液，血液或脓液，甚至混有坏死和脱落的尿道黏膜。作导尿管探诊时，手感紧张，甚至导尿管难以插入。病畜表现疼痛不安，并抗拒或躲避检查。有的患畜尿道黏膜糜烂、溃疡、坏死或形成瘢痕组织而引起尿道狭窄或阻塞，导致尿道破裂，尿液渗流到周围组织，使腹部下方积尿而中毒。

【诊断】　根据临床特征，如疼痛性排尿，尿道肿胀、敏感，以及导尿管插入受阻，动物疼痛不安，尿液中存在炎性产物，但无管型和肾上皮细胞、膀胱上皮细胞即可确诊。尿道炎的排尿姿势很象膀胱炎，但采集尿液检查，尿液中无膀胱上皮细胞。

【治疗】

1. 治疗原则　消除病因，控制感染和冲洗尿道。

2. 治疗措施　可用0.1%雷佛奴尔溶液或0.1%洗必泰溶液冲洗尿道。口服呋喃坦啶每千克体重10mg，每日分2次口服，或静脉注射40%乌洛托品溶液。也可全身应用抗生素，如氨苄青霉素、喹诺酮类药物等。

当严重尿闭，膀胱高度充盈时，可考虑施行手术治疗或膀胱穿刺。猪发生尿道炎时可用夏枯草90~180g，煎水、候温内服，早晚各一剂，连用5~7d。其他疗法可参考膀胱炎。

五、尿结石

尿结石又称尿石病，是指尿路中盐类结晶的凝结物，刺激尿路黏膜而引起出血、炎症和阻塞的一种泌尿器官疾病。临床上以腹痛，排尿障碍和血尿为特征。根据发病部位可分为尿道结石、膀胱结石和肾结石等。

本病各种动物均可发生，但多发于公畜。林海祥（1996）报道，新疆奎屯地区牛、羊群尿石症的发病率可达33.4%。从1980年到1993年，在北美兽医教学医院，676 668例病犬中有3 628例被确诊为尿石症（占0.54%）。本病多见于老年犬、小型犬、巴哥犬、拉萨犬、贵宾犬、北京犬、约克夏、比格犬、巴塞特猎犬等易患此病。临床上，膀胱和尿道结石最常见，肾结石只占2%~8%，输尿管结石少见。小于1岁的雄犬中97%和所有雌犬尿结石，几乎都是磷酸铵镁。成年雄犬只有23%~60%的尿结石是磷酸铵镁，其他还有尿酸盐、草酸盐和硅酸盐（多见于大型犬）等。多数尿结石是以某一成分为主，还有不等的其他成分。尿结石常伴有尿路感染。

【病因】 尿石的成因不十分清楚，目前普遍认为尿石的形成乃是多种因素的综合，但主要与饲料及饮水的数量和质量，机体矿物质代谢状态，以及泌尿器官，特别是肾脏的机能活动有密切关系。

1. 饲料营养的不平衡 长期饲喂高钙、低磷和富含硅磷的饲料和饮水，可促进尿石形成。饲喂高蛋白、高镁离子的日粮时，易促进磷酸铵镁结石的形成，特别是猫泌尿道结石主要是由于饲喂含镁过高的食物造成的。

2. 饮水不足 长期饮水不足，引起尿液浓缩，致使盐类浓度过高而促进尿石的形成。饮水不足是尿石形成的重要因素，如天气炎热，农忙季节或过度使役，饮水不足导致机体出现不同程度的脱水，使尿中盐类浓度增高，促使尿石的形成。

3. 肝机能降低 如有些品种犬（如达尔马提亚犬）因肝脏缺乏氨和尿酸转化酶发生尿酸盐结石。但该类犬仍有近25%尿结石是磷酸铵镁尿结石。

4. 某些代谢、遗传缺陷 体内代谢紊乱，如甲状旁腺机能亢进，甲状旁腺激素分泌过盛等，使体内矿物质代谢紊乱，可出现尿钙过高现象，以及体内雌性激素水平过高等因素，都可促进尿结石的形成。英国斗牛犬、约克夏犬的尿酸遗传代谢缺陷易形成尿酸铵结石，或机体代谢紊乱易形成胱氨酸结石。

5. 维生素A缺乏或雌激素过剩 可使上皮细胞脱落，进而促进尿石的形成。

6. 尿路病变 尿路病变是结石形成的重要条件。①当尿路感染时，如葡萄球菌和变形杆菌感染，直接损伤尿路上皮，尿路炎症引起组织坏死，使其脱落，促使结石核心的形成，感染菌能使尿迅速分解为氨，使尿液变为碱性，有利于磷酸铵镁尿结石的形成。②当尿路梗阻时，可引起肾盂积水，使尿液滞留，易于发生感染和晶体沉淀，有利于尿路结石的形成。③当尿路内有异物（缝线、导管、血块等）存在时，可成为结石的核心，尿中晶体盐类沉着于其表面而形成结石。

7. 慢性疾病 慢性原发性高钙血症、周期性尿液潴留、磺胺药物（某些乙酰化率高的磺胺制剂）及某些重金属的中毒，食入过多维生素D、高降钙素等作用，损伤近曲肾小管，影响其再吸收，都能增加尿液中钙和草酸分泌，从而促进了草酸钙尿结石的形成。

8. 其他因素 由于尿液中尿素酶的活性升高及柠檬酸浓度降低引起尿液pH值的变化，促进尿结石的形成。

【症状】 尿结石病畜主要表现出刺激症状和阻塞症状。

刺激症状：病畜排尿困难，频频作排尿姿势，叉腿，拱背，缩腹，举尾，阴户抽动，努责，嘶鸣，线状或点滴状排出混有脓汁和血凝块的红色尿液。

阻塞症状：当结石阻塞尿路时，病畜排出的尿流变细或无尿排出而发生尿潴留。因阻塞部位和阻塞程度不同，其临床症状也有一定差异。

肾结石临床比较少见。结石一般在肾盂部分，多呈肾盂炎症状，有血尿。结石较小时，常无明显症状；结石较大时，往往并发肾炎、肾盂炎、膀胱炎等。阻塞严重时，有肾盂积水，病畜肾区疼痛，运步强拘，步态紧张。

当结石移行至输尿管而刺激黏膜并发生阻塞时，病畜表现为剧烈腹痛。后转为精神沉郁，发热，腹触诊有压痛，行走时弓背，有痛苦表情。完全阻塞时，无尿进入膀胱。单侧输尿管阻塞时，不见有尿闭现象。输尿管不全阻塞时，常见血尿、脓尿和蛋白尿。若两侧输尿管部分或完全阻塞，将导致不同程度的肾盂积水。直肠触诊，可触摸到其阻塞部的近肾端的输尿管显著紧张而且膨胀，远端呈正常柔软的感觉。

膀胱结石时，大多数动物表现尿频和血尿，排尿疼痛，排尿时病畜呻吟，腹壁抽缩，膀胱敏感性增高。小动物当膀胱不太充满、结石较大时，膀胱触诊可触到结石。

尿道结石，公马多阻塞于尿道的骨盆中部，公牛多发生于乙状弯曲或会阴部。当尿道不完全阻塞时，病畜排尿痛苦且排尿时间延长，尿液呈滴状或线状流出，有时排出血尿。当尿道完全被阻塞时，则出现尿闭或肾性腹痛现象，病畜后肢曲屈叉开，拱背缩腹，频频举尾，屡作排尿动作，但无尿排出。尿路探诊可触及尿石所在部位，尿道外部触诊时病畜有疼痛感。直肠内触诊时，膀胱内尿液充满，体积增大。按压膀胱也不能使尿排出。若长期尿闭，可引起尿毒症或发生膀胱破裂。

在结石未引起刺激和阻塞作用时，常不显现任何临床症状。

【诊断】　根据临床上出现的频尿，排尿困难，血尿，膀胱敏感，疼痛，膀胱硬实、膨胀等症状可作出初步诊断。非完全阻塞性尿结石可能与肾盂炎或膀胱炎相混淆，只有通过直肠触诊进行鉴别。尿道结石也可触诊或插入导尿管诊断，并可判断其阻塞位置。犬、猫等小动物可借助 X 线影像确诊。尿结石患畜，在尿路，尤其尿道或膀胱，见有大小不等的结石颗粒。还应注重饲料构成成分的调查，综合判断做出确诊。

【治疗】

1. 治疗原则　消除结石，控制感染，对症治疗。

2. 治疗措施　当有可疑尿石症时，可通过改善饲养，即给予患畜流体饲料和大量饮水。必要时可投予利尿剂，以期形成大量稀释尿液，借以冲淡尿液晶体浓度，减少析出并防止沉淀。同时，尚可以冲洗尿路以使体积细小的尿石随尿排出。常用下列方法和药物治疗。用利尿剂，如利尿素、醋酸钾等。利尿疗法对磷酸铵镁结石尤为有效。乙酰羟氨酸，每日 25mg/kg 体重，可成功抑制犬由脲酶细菌引起的磷酸铵镁结石的形成和复发。

用水冲洗。导尿管消毒，涂擦润滑剂，缓慢插入尿道或膀胱，注入消毒液体，反复冲洗。适用于粉末状或沙粒状尿石。

手术治疗。尿石阻塞在膀胱或尿道的病例，可实施手术切开，将尿石取出。

控制尿路感染。长期尿结石常因细菌感染而继发严重的尿道或膀胱炎症，甚至引起肾盂肾炎、肾衰竭和败血症。故在治疗尿结石的同时，必须配合局部和全身抗生素治疗，另外，酸化尿液，增加尿量，有助于缓解感染。氯化铵是一种很有效的尿酸化剂，犬、猫每天 600mg/kg 体重，但它能增加铵离子的浓度。

据报道，对草酸盐尿石的病畜，应用硫酸阿托品或硫酸镁内服。对有磷酸盐尿结石的病畜，应用稀盐酸进行冲洗治疗获得良好的治疗效果。另外，也可采取碎石技术进行治疗。

3. 中药治疗 中医称尿路结石为"砂石淋"。根据清热利湿，通淋排石，病久者肾虚并兼顾扶正的原则，一般多用排石汤（石苇汤）加减：海金沙、鸡内金、石苇、海浮石、滑石、瞿麦、扁蓄、车前子、泽泻、生白术等。

【预防】

应查清动物的饲料、饮水和尿石成分，找出尿石形成的原因，合理调配饲料，防止长期单调的喂饲家畜以某种富含矿物性的饲料和饮水。饲料中的钙磷比例保持在 1.2 : 1 或者 1.5 : 1 的水平。并注意饲喂维生素 A 丰富的饲料，以防止泌尿器官的上皮形成不全或脱落，造成尿石的核心物质增多。

对家畜泌尿器官炎症性疾病应及时治疗，以免出现尿潴留。

平时应适当增喂多汁饲料或增加饮水，以稀释尿液，减少对泌尿器官的刺激，并保持尿中胶体与晶体的平衡。

在肥育犊牛和羔羊的日粮中加入 4% 的氯化钠对尿石的形成有一定的预防作用，同样，在饲料中补充氯化铵，以延缓镁、磷盐类在尿石外周的沉积，对预防磷酸盐结石有令人满意的效果。

第三节 其他泌尿器官疾病

尿毒症

尿毒症是由于肾机能不全或肾衰竭，导致代谢产物和毒性物质不能随尿排出在体内蓄积所引起的一种自体中毒综合征。临床上可出现神经、消化、血液、循环、呼吸、泌尿和骨骼等系统的一系列症状和特征。各种动物均可发生。

【病因】 尿毒症为继发综合征，它不是一种独立的疾病，而是泌尿器官疾病晚期发生的临床综合征。主要是各种原因引起的急性或慢性肾衰竭，或者是由慢性肾炎、慢性肾盂炎等各种慢性肾脏疾患引起。

【症状】兽医临床上将尿毒症分为真性尿毒症和假性尿毒症两种类型。

真性尿毒症 是由于含氮物质如胍类毒性物质在血液和组织内大量蓄积（氮质血症）引起，故又称为氮血症性尿毒症。氮血症性尿毒症是肾功能高度衰竭的一种标志，多呈死亡转归。

本型尿毒症的症状发展缓慢，病畜表现精神沉郁，厌食，呕吐，意识障碍，嗜睡，昏迷，腹泻，胃肠炎，呼吸困难，严重时呈现陈-施二氏呼吸，呼出气体混有尿味。此外，还可见到出血性素质，贫血和皮肤瘙痒现象。血液非蛋白氮显著升高。

假性尿毒症 又称抽搐性尿毒症或肾性惊厥，是由其他（如胺类、酚类等）毒性物质在血液内大量蓄积，致使脑血管痉挛和由此引起的脑贫血所致。临床上主要表现为突发性癫痫样抽搐及昏迷。病畜精神委顿（偶有兴奋者），呕吐，流涎，厌食，瞳孔散大，反射增强，呼吸困难，并呈阵发性喘息，卧地不起，衰弱而死亡。

【诊断】除临床症状外，可根据病史调查，血液和尿液的实验室生化检验结果，进行综合诊断。进一步确诊可进行肾功能检查、肾X射线造影检查或放射性核素肾图检查，均有助于诊断。

【治疗】

及时治疗原发病，加强饲养管理，改善饲养条件（减少日粮蛋白和氨基酸的含量，并补充维生素）是防止尿毒症进一步发展的重要措施。

为缓解酸中毒，纠正酸碱失衡，可静脉注射5%碳酸氢钠，一次注射量，牛、马5～30g，猪、羊2～6g，猫0.5～1.5g；或者11.2%乳酸钠注射液，静脉注射。为纠正水与电解质紊乱应及时静脉输液。为促进蛋白质合成，减轻氮质血症可采用苯丙酸诺龙、丙酸睾丸素或透析疗法，以清除体内毒性物质。此外，还可采用对症治疗。

病例分析

病例一： 2011年7月11日，西城区1只6岁雄性京巴犬就诊。

主诉： 该犬已经患病3d，出现频频排尿，排尿时努责，神情痛苦，出现血尿、尿淋漓症状。

临床检查： 体重6kg，体况正常，精神沉郁，食欲废绝，脱水，有时呕吐，膀胱膨胀，拒绝腹部触诊，X射线检查显示，膀胱充盈，内有多个结石，阴茎骨近端也有一个致密结石阴影。

病例二： 2011年9月，松湖镇白田村魏家1头母水牛患病5d后求诊。

主诉： 该牛喜睡少立，全身水肿，特别是眼睑、腹下、四肢及臀部等处水肿明显，强行牵起后步态强拘，尿量极少，食欲废绝。

临床检查： 患牛体温39.8℃，压诊腰部有疼痛反应。尿液检查蛋白呈阳性，尿沉渣检查可见管型和肾上皮细胞。

病例三： 2011年5月6日，海淀区1头5岁雄性京巴犬前来就诊。

主诉： 该犬后肢瘫痪，排尿困难。

临床检查： 患犬仰头，触摸腹壁紧张，压迫膀胱，则大量排尿，停止压迫则尿液立即停止排放。两后肢痛觉降低，并且肌肉萎缩，软绵无力，尾下垂。

要求：

1. 根据以上病例症状及资料进行综合分析并判定病名。
2. 拟定治疗方案。
3. 开写正规处方（包括中、西药物处方）。

第五章

神经系统疾病

知识目标：

✧ 掌握脑充血、脑膜脑炎、日射病、热射病、慢性脑室积水、脑震荡和脑挫伤的常见病因、临床症状、诊断、防治原则和具体治疗措施以及神经系统常见疾病的鉴别诊断。

✧ 理解神经系统疾病防治的重要意义和脊髓炎、脊髓膜炎、膈痉挛、脊髓挫伤及震荡疾病的发生发展、诊断要点和防治知识。

✧ 了解癫痫的临床特征，中西医药物治疗以及预防措施，特别是计算机 X 线断层摄影术、核磁共振成像、脑脊液和脑电图分析在动物神经系统疾病诊断上的应用。

技能目标：

✧ 能应用所学知识，对患病动物发病情况进行综合判定，并能够给出合理的防治方案，正确使用输液剂和治疗药剂，对动物常见疾病进行有效防治。

✧ 能测定动物体温、呼吸、脉搏、心率、尿液成分指标、血液生化指标、血常规计数及白细胞分类计数、脑脊液和脑电图变化等。

✧ 能使用听诊器、体温计、叩诊器、注射器、输液器和穿刺针等常规器械对患病动物实施检查和治疗。

第一节 脑及脑膜疾病

一、脑充血

脑及脑膜的血管发生充血或淤血情况，引起兴奋不安和神识障碍现象，通常称为脑及脑膜充血。临床上以兴奋不安和意识障碍为特征。本病可发生于各种家畜，幼畜较为常见。

【病因及发病机理】 本病按其病性有主动性（动脉性）与被动性（静脉性）两种。主动性脑及脑膜充血的原因是由于家畜过度紧张、重剧使役或驱逐上山与剧烈奔跑，粗暴管理和调教、过度兴奋，或在车船运输中过于拥挤、受热；或因畜舍通风不良，过于闷热；或因发情、受惊以及烈日照射头部；或心脏肥大，均可引起脑动脉发生充血现象。还有由于酒精、亚硝酸戊酯、水合氯醛、阿托品等药物中毒以及某些有毒植物中毒或自体中毒而引起。

此外，瘤胃臌胀、肠臌气、腹腔肿瘤、大动脉血液循环障碍和大叶性肺炎等，也能引起主动性脑充血。脑膜炎、脑出血、脑瘤肿、囊肿、寄生虫以及头骨创伤与震荡等则可引起局限性脑充血。

被动性脑充血常见于心脏瓣膜病、心包炎、心肌炎、心脏肥大以及心脏衰弱等，静脉回流障碍可导致脑静脉淤血。慢性肺气肿、间质性肺气肿和胸膜肺炎以及急性胃扩张等经络中，由于血液循环障碍，也会引起脑静脉淤血。颈静脉受到机械性压迫也常常引起被动性脑充血的发生。

【症状】主动性脑充血，病畜表现狂躁兴奋或精神沉郁、意识不清。一般而言，兴奋发作前，精神抑郁，不注意周围事物。兴奋发作时，表现为摇头，啃咬物品，磨牙，嘶鸣，无目的前冲或后退，头抵饲槽，冲撞墙壁，有的病畜挣脱缰绳，不顾障碍物向前奔跑。病畜结膜充血，头盖部灼热，瞳孔散大或缩小，呼吸急促，脉搏增数，体温有时升高，食欲下降。后期，病畜转入抑制，出现精神沉郁，目光呆滞，不注意周围事物，行走摇晃，呼吸、脉搏减慢。

反刍动物发病时，哞叫，啃饲槽，行为粗暴，狂奔，皮肤过敏，战栗，眼球转动，姿态不自然，惊恐胆怯，运动拙劣。有时转圈运动，或倒地抽搐。

病犬则表现为狂吠、嚎叫、咬物、狂奔，肌肉痉挛性收缩，并有呕吐现象。

被动性充血，病畜主要表现精神沉郁，感觉迟钝，垂头站立，有时抵靠墙壁或饲槽，不愿采食，强制牵行则步态踉跄。体温不高，呼吸困难，结膜发绀，脉搏细弱。有时癫痫样发作，抽搐和痉挛。

【诊断】根据病史调查结合临床症状分析，对本病可作出诊断，但在脑充血的病程中，呈现兴奋狂躁与神识障碍，故除与脑贫血鉴别外，还应与脑脊髓膜炎、流行性脑炎、结核性脑炎、中毒性脑炎、牛恶性卡他热、炭疽和狂犬病等鉴别，以免误诊。

【治疗】

1. 治疗原则 除去病因，镇静安神，防止脑水肿，恢复大脑皮层功能。

2. 治疗措施

（1）主动性脑充血：首先除去致病原因，可将病畜置于安静、凉爽通风处，头部施行冷敷或装置冰袋，直肠灌注冷盐水。在病畜兴奋发作期间，防止冲撞物体，以免造成损伤。严重病例，可根据体况进行静脉泻血，必要时可快速静脉注射20%甘露醇或高渗葡萄糖等药物，以降低颅内压，防止急性脑水肿或脑内出血。病畜狂躁不安时，可用安溴合剂，大家畜50～100ml、小动物5～10ml，一次静脉注射；或硫酸镁注射液，大家畜100～200ml，小动物10～20ml，一次静脉注射；水合氯醛，大家畜20～30g，猪、羊5～10g，配成1%～3%的溶液，深部灌肠。

（2）被动性脑充血：应先治疗原发病，增强心脏功能，改善脑循环。可肌肉注射安钠咖或内服番木鳖酊等中枢神经兴奋药。番木鳖酊，大家畜5～10ml，小家畜1～3ml，但不易泻血。

3. 中药治疗 中兽医称主动性脑充血为急心黄，治疗宜清热化痰，调和气血，镇心安神，方用"镇心散"加减：黄芩、黄连、龙胆紫、夏枯草各30～45g，天竹黄、郁金、丹参、党参、川芎、甘草各30g，防风、茯神、远志各25g，朱砂（另包后入）水煎候温灌服。被动性脑充血属慢性心黄，治以行淤通窍，养心安神为主，方用"血府逐淤汤"和"通窍活血汤"加减：当归、石菖蒲、桃仁、红花各30～45g，枳壳、赤芍、郁金各30g，川芎、桔梗、远志、茯神各25g，大枣20枚，老葱10根为引，水煎候温灌服。

二、脑膜脑炎

脑膜脑炎主要是受到传染性或中毒性因素的侵害，首先软脑膜及整个蛛网膜下腔发生炎性变化，继而通过血液和淋巴途径侵害到脑，引起脑实质的炎性反应；或者脑膜与脑实质同时发炎。一般通称脑膜脑炎，临床上以高热、脑膜刺激症状、一般脑症状和局部脑症状为特征，是一种伴发严重脑机能障碍的疾病。牛、马多发，也发生于猪和其他家畜。

【病因】

1. 原发性脑膜脑炎　主要由于内源性或外源性的传染性因素引起，亦有由于中毒性因素所致。其中病毒感染是主要的，例如家畜的疱疹病毒、牛恶性卡他热病毒、猪的肠病毒、犬瘟热病毒、犬虫媒病毒、犬细小病毒、猫传染性腹膜炎病毒、猫免疫缺陷病毒以及绵羊的慢病毒等；其次是细菌感染，如链球菌、葡萄球菌、肺炎球菌、双球菌、溶血性及多杀性巴氏杆菌、化脓杆菌、坏死杆菌、变形杆菌、化脓性棒状杆菌、猪流感嗜血杆菌、马放线杆菌以及单核细胞增多性李氏杆菌等；另外，原虫感染（弓形虫和新孢子虫）和霉菌感染（新型隐球菌和荚膜组织胞浆菌等）也可引发该病。中毒性因素主要见于猪食盐中毒、马霉玉米中毒、铅中毒以及各种原因引起的严重自体中毒等过程中，都具有脑膜及脑炎的病理现象。

2. 继发性脑膜脑炎　多见于脑部及邻近器官炎症的蔓延，如颅骨外伤、角坏死、龋齿、额窦炎、中耳炎、内耳炎、化脓性鼻炎、腮腺炎、眼球炎、脊髓炎等。亦有由于受到马蝇蛆、马圆虫的幼虫、脑脊髓丝虫病、脑包虫、猪与羊囊虫、普通圆线虫病以及血液原虫病等的侵袭，导致脑膜及脑炎的发生和发展。

【发病机理】　不论是病原微生物，还是有毒物质，可以通过各种不同的途径，侵入到脑膜及脑组织，引起炎性病理变化。病原微生物或有毒物质沿血液循环或淋巴途径侵入，或因外伤或邻近组织炎症的直接蔓延扩散进入脑膜及脑实质，引起软脑膜及大脑皮层血管充血、渗出、蛛网膜下腔炎性渗出物积聚。炎症进入脑实质，引发脑实质出血、水肿，炎症蔓延至脑室时，炎性渗出物增多，发生脑室积水。由于蛛网膜下腔炎性渗出物聚积，脑水肿及脑室积液，造成颅内压升高，脑血液循环障碍，致使脑细胞缺血、缺氧和能量代谢障碍，产生脑机能障碍，加之炎性产物和毒素对脑实质的刺激，因而临床上产生一系列的症状。

病畜神识障碍，精神沉郁，或极度兴奋，狂躁不安，痉挛，震颤以及运动异常。视觉障碍，呼吸与脉搏节律发生变化。并因病原微生物及其毒素的影响，同时伴发毒血症，体温升高。由于炎性病理变化及其病变部位的不同，导致各种不同的局灶性症状。

【症状】　由于炎症的部位、性质、持续时间、动物种类以及严重程度不同，临床表现也有较大差异，但大体上可分为脑膜刺激症状、一般脑症状和局灶性脑症状。

1. 脑膜刺激症状　是以脑膜炎为主的脑膜脑炎，常伴发前数段脊髓膜同时发炎，背侧脊神经根受到刺激，病畜颈部及背部感觉敏感，轻微刺激或触摸该处皮肤，则有强烈的疼痛反应，并反射性地引起颈部背侧肌肉强直性痉挛，头向后仰。膝腱反射检查，可见膝腱反射亢进。随着病程的发展，脑膜刺激症状逐渐减弱或消失。

2. 一般脑症状　病情发展急剧，病畜先兴奋后抑制或交替出现。病初，呈现高度兴奋，体温升高，感觉过敏，反射机能亢进，瞳孔缩小，视觉紊乱，易于惊恐，呼吸急促，脉搏增数。行为异常，不易控制，狂躁不安，攀登饲槽或冲撞墙壁或挣断缰绳，不顾障碍物向前冲或转圈运动。兴奋哞叫，频频从鼻喷气，口流泡沫，头部摇动，攻击人畜。有时举扬头颈，抵角甩尾，跳跃，狂奔，其后站立不稳，倒地，眼球向上翻转呈惊厥状。在数十分钟兴奋发作后，病畜转入抑制则呈嗜眠、昏睡状态，瞳孔散大，视觉障碍，反射机能减退甚至消失，呼吸缓慢而深长。后期，常卧地不起，意识丧失，昏睡，出现陈-施氏呼吸，有的四肢作游泳动作。

3. 局灶性脑症状 与炎性病变在脑组织中的位置有密切的关系，主要是由于脑实质或脑神经核受到炎性刺激或损伤所引起，临床多表现为痉挛和麻痹。大脑受损时表现行为和性情的改变，步态不稳，转圈，甚至口吐白沫，癫痫样痉挛；脑干受损时，表现精神沉郁，头偏斜，共济失调，四肢无力，眼球震颤；炎症侵害小脑时，出现共济失调，肌肉颤抖，眼球震颤，姿势异常；炎症波及呼吸中枢时，出现呼吸困难。

血液学变化：初期血沉正常或稍快，嗜中性白细胞增多，核左移，嗜酸性白细胞消失，淋巴细胞减少。康复期嗜酸性白细胞与淋巴细胞恢复正常，血沉缓慢或趋于正常。

脑脊髓穿刺：由于颅内压升高，穿刺时，流出混浊的脑脊液，其中蛋白质和细胞含量增多。

【诊断】 根据脑膜刺激症状、一般脑症状和局灶性脑症状，结合病史调查及病情发展过程，一般可作出诊断。若病情发展，临床特征不十分明显时，可进行脑脊液检查。脑膜脑炎病例，其脑脊液中嗜中性粒细胞数和蛋白含量增加。必要时可进行脑组织切片检查。但在临床实践中，有些病例，往往由于脑功能紊乱，特别是某些传染病或中毒性疾病所引起的脑功能障碍，易与本病误诊，故须注意鉴别。

【治疗】

1. 治疗原则 应加强护理，降低颅内压，保护大脑，消炎解毒，采取综合性的治疗措施，扭转病情，促进康复。

2. 治疗措施 先将病畜放置在安静、通风的地方，避免强光、噪声刺激。若病畜体温升高，头部灼热，可采用冷敷头部的方法，消炎降温。

对细菌感染患畜，应早期选用易透过血脑屏障的抗生素药物，如头孢菌素、磺胺、氨苄青霉素等。如青霉素 4 万 IU/kg 体重和庆大霉素 2～4mg/kg 体重，静脉注射，每天 3 次。亦可静脉注射林可霉素（10～15mg/kg 体重），每天 3 次。新生幼畜对部分抗生素的代谢和排泄功能较差，用量应减少，以免发生蓄积性中毒。对免疫反应引起的脑膜脑炎，皮质类固醇类药物有较好的疗效。

本病多伴有急性脑水肿，颅内压升高，脑循环障碍，可先视体质状况泻血。大家畜泻血 1 000～2 000ml，再用 10%～25% 葡萄糖溶液 1 000～2 000ml 并加入 40% 的乌洛托品 50～100ml，静脉注射。如果血液浓稠，同时可用 10% 氯化钠溶液 200～300ml，静脉注射。但最好使用脱水剂，通常用 20% 甘露醇溶液，或用 25% 山梨醇溶液，按 1～2g/kg 体重，静脉注射，应在 30min 内注射完毕，降低颅内压，改善脑循环。若于注射后 2～4h 内大量排尿，中枢神经系统紊乱现象即可好转。良种家畜，必要时，也可以考虑应用 ATP 和辅酶 A 等药物，促进新陈代谢，改善脑循环，进行急救。

当病畜高度兴奋，狂躁不安时，可用镇静剂，安溴注射液 50～100ml，静脉注射；也可使用苯巴比妥每千克体重 1mg，以调节中枢神经机能紊乱，增强大脑皮层保护性抑制作用。心脏衰弱时，可应用安钠咖和氧化樟脑等强心剂。

3. 中药治疗　中兽医称脑膜脑炎为脑黄，是由热毒扰心所致实热症。应采取清热解毒，解痉息风和镇心安神，方用"镇心散"和"白虎汤"加减：生石膏（先入）150g，知母、黄芩、栀子、贝母各60g，蒿本、草决明、菊花各45g，远志、当归、茯神、川芎、黄芪各30g，朱砂10g，水煎候温灌服。

4. 针灸　中药治疗可配合针刺鹘脉、太阳、舌底、耳尖、山根、胸堂、蹄头等穴位，效果更好。

5. 验方　鲜地龙250g，洗净捣烂，水灌服。

三、日射病及热射病

日射病是家畜在炎热季节中，头部受到强烈的日光持续直射时，引起脑及脑膜充血和脑实质的急性病变，导致中枢神经系统机能严重障碍现象，通常称为日射病。在炎热季节潮湿闷热的环境中，新陈代谢旺盛，产热多，散热少，体内积热，引起严重的中枢神经系统功能紊乱现象，通常称为热射病。又因大量出汗、水盐损失过多，可引起肌肉痉挛性收缩，故又称为热痉挛。

临床上日射病、热射病及热痉挛，都是由于外界环境中的光、热、湿度等物理因素对动物体的侵害，导致体温调节功能障碍的一系列病理现象，故统称为中暑。本病在炎热的夏季多见，病情发展急剧，甚至迅速死亡。各种动物均可发病，牛、马、犬及家禽多发。

【病因】　家畜在高温天气和强烈阳光下使役和奔跑时常引发该病。厩舍拥挤，通风不良或在闷热（温度高、湿度大）的环境中使役，用密闭而闷热的车、船运输等也都是引起本病的常见原因。另外，饲养管理不当，长期休闲，缺乏运动，体质衰弱，心脏功能、呼吸功能不全，代谢机能紊乱，家畜皮肤卫生不良，出汗过多，饮水不足，缺乏食盐以及在炎热天气从北方运往南方的家畜，适应性差、耐热能力低，都易促使本病的发生。

【发病机理】　在了解本病发病机制前，首先必须了解机体的体温调节功能。正常情况，在体温调节中枢的控制下，动物机体产热与散热处于平衡状态。这是由于体内物质代谢和肌肉活动过程中不断地产热，通过皮肤表面的辐射、传导、对流和蒸发等方式不断地散热，以维持正常体温。但在炎热季节中，气温超过35℃时，由于强烈日光和高温的作用，导致辐射、传导及对流散热困难，只能通过汗液蒸发途径散热。由于蒸发散热常常受到大气中的湿度和机体健康情况等有关因素的影响，以致散热困难，体内积热，发生中暑现象。

从发病学上分析，无论是热射病还是日射病，最终都会出现中枢神经系统紊乱，但是，其发病机理方面还是有一定差异。以日射病而言，因家畜头部持续受到强烈日光照射，日光中紫外线穿过颅骨直接作用于脑膜及脑组织即引起头部血管扩张，脑及脑膜充血，头部温度和体温急剧升高，导致神智异常。又因日光中紫外线的光化反应，引起脑神经细胞炎性反应和组织蛋白分解，从而导致脑脊液增多，颅内压增高，引起中枢神经调节功能障碍，新陈代谢异常，导致自体中毒、心力衰竭、病畜卧地不起、痉挛和昏迷。

至于热射病，主要是由于外界环境温度过高，湿度大，家畜体温调节中枢的机能降低，出汗少，散热障碍，产热与散热不能保持相对平衡，产热大于散热，以致造成家畜机体过热，引起中枢神经机能紊乱，血液循环和呼吸机能障碍而发生本病。

　　热射病发生后，机体温度高达41～42℃，体内物质代谢加强，氧化产物大量蓄积，导致酸中毒；同时因热刺激，反射性地引起大量出汗，致使病畜脱水。由于脱水和水、盐代谢失调，组织缺氧，碱贮下降，脑脊髓与体液间的渗透压急剧变化，影响中枢神经系统对内脏的调节作用，心、肺等脏器代谢机能衰竭，静脉淤血，黏膜发绀，皮肤干燥，无汗，体温下降，最终导致窒息和心脏麻痹。

　　热痉挛是因大量出汗、氯化钠损失过多，引起严重的肌肉痉挛性收缩，剧烈疼痛。但病畜体温正常，神识清醒，仍有渴感。

　　由于中暑，脑及脑膜充血，并因脑实质受到损害，产生急性病变，体温、呼吸与循环等重要的生命中枢陷于麻痹。所以，有一些病例，病畜犹如电击一般，突然晕倒，甚至在数分钟内死亡。

　　【症状】在本病的发生发展过程中，日射病和热射病常常同时存在，因而临床上很难精确区分。

　　1. 日射病　常突然发生，病的初期，病畜精神沉郁，有时眩晕，四肢无力，步态不稳，共济失调，突然倒地，四肢作游泳样运动。目光狂恶，眼球突出，神情恐惧，有时全身出汗。随着病情急剧发展，体温略有升高，呈现呼吸中枢、血管运动中枢机能紊乱，甚至麻痹症状。心力衰竭，静脉怒张，脉搏微弱，呼吸急促而节律失调，结膜发绀，瞳孔散大，皮肤干燥。皮肤、角膜、肛门反射机能减退或消失，腱反射亢进，常发生剧烈的痉挛或抽搐而迅速死亡，或因呼吸麻痹而死亡。

　　2. 热射病　突然发病，体温急剧上升，甚至高达42～44℃以上，皮温增高，甚至皮肤烫手，全身出汗，白毛动物全身通红。病畜站立不动或倒地张口喘气，两鼻孔流出粉红色、带小泡沫的鼻液。心悸，脉搏疾速，每分钟可达百次以上。眼结膜充血，瞳孔扩大或缩小。后期病畜呈昏迷状态，意识丧失，四肢划动，呼吸浅而疾速，节律不齐，第一心音微弱，第二心音消失，血压下降，血压为：收缩压10.66～13.33kPa，舒张压为8.0～10.66kPa。濒死前，多有体温下降，常因呼吸中枢麻痹而死亡。检查病畜血液，见有红细胞压积升高，高达60%；血清K^+，Na^+，Cl^-含量降低。猪，病初不食，喜饮水，口吐泡沫，有的呕吐；继而卧地不起，头颈贴地，神识昏迷，或痉挛、战栗。绵羊神情恐惧，惊厥不安。鸭，虚弱无力，步态蹒跚。

　　3. 热痉挛　病畜体温正常，神识清醒，但引人注目的是全身出汗、烦渴、喜饮水、肌肉痉挛，出现阵发性剧烈疼痛的现象。

　　【诊断】家畜的日射病、热射病以及热痉挛，发生于炎热的夏季，多因劳役过度，饮水不足，受到日光直射；或因通风不良，潮湿闷热，使体质虚弱的家畜往往受热中暑，呈现一般脑症状及一定程度的局灶性症状，甚至发生猝死。可根据发病季节，病史资料和体温急剧升高，心肺机能障碍和倒地昏迷等临床特征进行确诊。但应与肺水肿和肺充血、心力衰竭和脑充血等疾病相区别。

　　【治疗】

　　1. 治疗原则　消除病因，加强护理，防暑降温，镇静安神，强心利尿，缓解酸中毒，促进机体散热和缓解心肺机能障碍。

　　2. 治疗措施　应立即停止使役，将病畜放置于荫凉通风处，若病畜卧地不起，可就地搭起凉棚，保持安静。

不断用冷水浇洒动物全身，或用冷水灌肠，口服1%冷盐水，可于头部放置冰袋，亦可用酒精擦拭体表。体质较好者可泻血1 000～2 000ml（大动物），同时静脉注射等量生理盐水，以促进机体散热。保护丘脑下部体温调节中枢，防止产热，扩张外周血管，促进散热，缓解肌肉痉挛，扭转病情，具有较好的作用。

对心功能不全者，可皮下注射10%安钠咖等强心剂20～40ml。病畜心力衰竭，循环虚脱时，宜用25%尼可刹米溶液，牛、马10～20ml，皮下或静脉注射。或用0.1%肾上腺素溶液，牛、马3～5ml，10%～25%葡萄糖溶液，牛、马500～1 000ml；猪、羊50～200ml，静脉注射，增进血压，增强心脏机能，改善循环。为防止肺水肿，静脉注射地塞米松1～2mg/kg体重。当病畜烦躁不安和出现痉挛时，可口服或直肠灌注水合氯醛黏浆剂。若确诊病畜已出现酸中毒，可静脉注射5%碳酸氢钠500～1 000ml。

3. 中药治疗 中兽医称牛中暑为发痧，并与马的黑汗风相当。中兽医辨证中暑有轻重之分，轻者为伤暑，以清热解暑为治则，方用"清暑香薷汤"加减：香薷25g，藿香、青蒿、佩兰叶、炙杏仁、知母、陈皮各30g，滑石（布包先煎）90g，石膏（先煎）150g，水煎候温灌服。重者为中暑，病初治宜清热解暑，开窍、镇静，方用"白虎汤"合"清营汤"加减：生石膏（先煎）300g，知母、青蒿、生地、玄参、竹叶、金银花、黄芩各30～45g，生甘草25～30g，西瓜皮1 kg，水煎服。当气阴双脱时，宜益气养阴，敛汗固涩，方用"生脉散"加减：党参、五味子、麦冬各100g，煅龙骨、煅牡蛎各150g，水煎服。

4. 针灸 配合针刺鹘脉、耳尖、尾尖、舌底、太阳等穴。

5. 验方 鲜芦根1.5kg，鲜荷叶5张，水煎，候温灌服有效。

四、慢性脑室积水

慢性脑室积水通常称为神乏症或眩晕症，是因脑脊液排出受阻或吸收障碍，使侧脑室蓄积大量的脑脊液，导致脑室扩张、颅内压升高的一种慢性脑病，可影响脑循环和脑的新陈代谢。临床特征：意识障碍明显，知觉和运动机能异常，且后期植物性神经机能紊乱。本病主要发生于马，特别是6～14岁的去势挽马和母马，并且多为闭塞性的慢性脑室积水。其他动物也有发生。

【病因】

1. 脑脊液排出障碍 通常出现在大脑导水管因存在畸形、狭窄等病理改变而发生完全或不完全阻塞，致使脑脊液排出受阻。此种大脑导水管闭塞性病变多为先天性，主要由遗传因素所致。可能是胚胎期受到母马体内各种传染性因素的侵害，患过脑膜炎的结果。在胚胎发育期间，母畜缺乏营养，特别是缺乏维生素A的饲料，往往引起先天性脑室积水。另据报道，黑白花牛、爱尔夏和娟姗牛等品种发生的脑室积水可能具有染色体隐性遗传性状。患有脑室积水的短角牛，主要是大脑导水管先天性狭窄所致。大脑导水管闭塞还可以继发于脑炎、脑膜脑炎等颅内炎症性疾病，也可由脑干等部位肿瘤的压迫而发生导水管的狭窄和闭塞。此外，长期的紧张重剧劳役，过度兴奋，以及气候剧烈变化，可持续地增强心脏收缩性，颅内压持续升高，大脑的枕叶和脑的四叠体受到压迫，第三脑室及第四脑室之间的导水管发生狭窄或闭塞，脑脊液循环障碍，也可引起脑室积水。

2. 脑脊液吸收障碍 脑脊液吸收减少可引起脑室积水，见于犬瘟热、传染性脑炎、脑膜脑炎、蛛网膜下出血和维生素缺乏等病。脉络膜乳头瘤时，脑脊液分泌增多，也可导致脑室积水。

【症状】　后天性慢性脑室积水多发于成年动物。初期神情痴呆，目光凝滞，瞳孔有时缩小或散大，站立不动，头低耳聋，故称乏神症。有时姿态反常，突然狂躁不安，甚至头撞墙壁或抵于饲槽以及墙壁，有时无目的前进或奔跑。有时头高举，步伐不自然。随着病情进一步发展，病畜出现神情淡漠，目光无神，眼睑半闭，似睡非睡，垂头站立，犹似嗜眠。听觉扰乱，耳不随意转动，常常转向声音来源相反的方向或两耳分别转向不同的方向。虽然微弱音响不致引起任何反应，但有较强声响时，如突然拍掌或关门，往往引起病畜高度惊恐和战栗（图5-1）。

图 5-1　马脑积水

意识障碍　常见病畜中断采食，有时采食缓慢，或作急促采食动作；咀嚼无力，时而停止或饲草含在口中而不知咀嚼，常将饲料挂在口角；饮水时吸吮徐缓或将口鼻深浸在水中，呈嚼水动作。又因呼吸受阻，突然将头举起，进行呼吸。

感觉迟钝　病畜表现为皮肤敏感性降低，轻微刺激全无反应。用指弹其前额、鼻端、上唇，或将手指插入其耳，或用力压迫其蹄冠，或搔抓其腹壁，甚至针刺、捏挟、拔毛等，都不能引起反应。听觉障碍，对较强的声音刺激可发生惊恐不安。视觉障碍，瞳孔缩小或扩大，眼球震颤，眼底检查视乳头水肿。

运动机能障碍　病畜作圆圈运动或无目的地向前冲撞，举止笨拙，运动反常，性情执拗，不服从驱使；在运动中，头低垂，抬肢过高，着地不稳，动作笨拙，容易跌倒。

病后期，心动徐缓，脉搏数减少到 20~30 次/min，呼吸缓慢，呼吸次数减少至 7~9 次/min，节律不齐；脑脊液压力升高，马由正常的 1.19~2.4kPa 增加到 4.7kPa。脑电图描记，呈现高电压，慢波（25~200μV，1~6Hz），快波（10~20Hz），常与慢波重叠，严重病例以大慢波（1~4Hz）为主。肠蠕动弛缓，常常发生便秘。

重剧病例，有时呈现局灶性症状，上眼睑下垂，眼球震颤，甚至有时发生癫痫样惊厥。每当运动或使役后，病情更加加重。

【诊断】 本病的诊断应根据病史及其病情发展过程所呈现的综合征为基础，不能单凭某些症状，即作出诊断结论。先天性慢性脑室积水，可根据幼畜头的大小，额骨隆起，行为异常或癫痫样发作及脑电图高慢波等特征，一般可作出诊断。进一步诊断可进行头部 X 线检查，可见开放的骨缝，头骨变薄，颅穹窿呈毛玻璃样外观，蝶骨环向前移位、变薄。后天性脑室积水的诊断只有根据病史及特征性乏神症状。但须与慢性脑膜脑炎、亚急性病毒性脑炎及某些霉菌毒素中毒等疾病相鉴别。

【治疗】

1. 治疗原则 本病尚无有效治疗方法。一般采取加强饲养和护理，降低颅内压，促进脑脊液吸收，缓解病情，清肠消导，调整胃肠机能，防止便秘与消化不良。

2. 治疗措施 降低颅内压，促进脑脊液吸收，可静脉注射 20% 甘露醇或 25% 山梨醇，每 6～12h 重复注射，但用量不宜过大。

据报道，慢性脑室积水，可采用小剂量的肾上腺皮质激素治疗，疗效可达 60%，每天服用地塞米松 0.25mg/kg 体重，一般服药 3d 后，症状缓解，一周后药量减半，第三周起，每隔 2d 服药 1 次。

在治疗中，同时应用盐类泻剂或油类泻剂，调整胃肠机能，防止便秘，减少肠道腐解产物的吸收，缓和病情。此外，可以考虑应用细胞色素 C 和辅酶 A 治疗，激活脑组织的生理功能，防止与减轻意识障碍，改善脑循环。

3. 中药治疗 中兽医采用健脾燥湿，平肝息风为治疗原则，方用"天麻散"加减：天麻、菖蒲、车前子、泽泻、怀牛膝、川乌、草乌各 15g，木通 18g，白术、苍术各 21g，党参、僵蚕、石决明、龙胆草各 30g，甘草 9g，水煎候温灌服。也可采用"镇心散"加减。

五、脑震荡及脑挫伤

脑震荡及脑挫伤是因颅脑受到钝性的外力作用所引起的一种急性脑机能障碍或脑组织损伤。一般将脑组织病理变化不明显的称为脑震荡。临床上可见患畜昏迷，反射机能减退或消失等脑机能障碍。将脑组织损伤病理变化明显的称为脑挫伤。本病各种动物均可发病。

【病因】 引起本病的原因，主要是粗暴的外力作用，例如冲撞、蹴踢、角斗、跌落、摔倒、打击或在运输途中从车上摔下，以及撞车或翻车时的冲撞，或从山上滚至山下，在强力的冲击作用下导致脑损伤或脑震荡。

【症状】 本病的症状，视脑组织损伤严重程度而定。由于脑震荡的程度与脑损伤部位和病变的不同，临床症状及其特征也不一样。一般而言，若脑组织受到严重损伤，可在短时间内死亡。若发生脑震荡，且病情轻者，病畜跟跄倒地，短时间内又可从地上站起恢复到正常状态，或呈现一般脑症状。若病情重剧，一瞬间倒地，立即死亡，或者于短时间内死亡。一般病例，不太重剧，动物可长时间内倒地不起，陷于昏迷，意识丧失，知觉和反射减退或消失，瞳孔散大，呼吸变慢，脉搏细数，节律不齐，粪尿失禁。

若颅脑挫伤，除神智昏迷、呼吸、脉搏、感觉、运动及反射机能障碍外，因脑组织受到不同程度的损伤，脑循环障碍，脑组织水肿，甚至出血，从而呈现某些局部脑症状。通常在意识障碍恢复后，病畜可能发生痉挛、抽搐、麻痹、瘫痪、视力丧失，口唇歪斜，吞咽障碍及舌脱出，间或呈癫痫发作，多呈交叉性偏瘫。

【诊断】 根据颅脑部有受暴力作用的病史，体温不高和程度不同的昏迷为主的中枢性休克症状，一般可作出诊断。脑震荡，一般根据一时性意识丧失，昏迷时间短、程度轻，多不伴有局部脑症状等临床特征作出诊断。对昏迷时间长，程度重，多呈现局部脑症状，死后剖检，脑组织有形态变化等，可诊断为脑挫伤。

【治疗】

1. 治疗原则 镇静安神，保护大脑皮层，防止脑出血，降低颅内压，激活脑组织功能，促使病情好转。

2. 治疗措施 对陷于昏迷的病畜，多铺垫草，头部垫高，保持安静；经常翻转，防止褥疮，注意维持其营养，给予麸皮粥或大麦粥，同时用 25% 葡萄糖溶液，牛、马 500 ~ 1 000ml，静脉注射。

为预防因舌根部麻痹闭塞后鼻孔而引起窒息死亡，可将舌稍向外牵出，但要防止舌被咬伤。为防止脑出血，轻症病例或病初，可注射止血剂，如维生素 K_3、止血敏、安络血、凝血质和 6 - 氨基己酸。0.5% 安络血溶液剂量，牛、马 10 ~ 20ml，猪、羊 2 ~ 4ml，肌肉注射。同时可进行头部冷敷。

控制感染，可应用抗生素或磺胺类药物。消除水肿，可用 25% 山梨醇和 20% 甘露醇，按 50 ~ 100ml/kg 体重，静脉注射，每天 2 ~ 3 次，配合使用地塞米松 1mg/kg 体重，效果更佳。

若病畜长时间处于昏迷状态，可肌肉注射咖啡因（牛、马 2 ~ 5g，猪、羊 0.5 ~ 2g，小家畜 0.1 ~ 0.3g）和樟脑磺酸钠（牛、马 1 ~ 2g，猪、羊 0.2 ~ 1g，犬 0.05 ~ 0.1g）等兴奋中枢神经机能活动的药物。必要时，也可静脉注射高渗葡萄糖 500ml 和 ATP（牛、马 0.05 ~ 0.1g）激活脑组织功能，防止循环虚脱。

当病畜发生痉挛、抽搐或兴奋不安时，参照日射病及热射病的疗法，应用安溴注射液和安乃近等。良种家畜必要时也可以应用细胞色素 C，牛、马 0.06 ~ 0.1g，25% 葡萄糖溶液 500ml，静脉注射；或用三磷酸腺苷，牛、马 0.05 ~ 0.1g，肌肉注射，激活脑组织功能，防止循环虚脱。

第二节 脊髓疾病

一、脊髓炎及脊髓膜炎

脊髓炎即脊髓实质发炎、软化和变性，具有局限性、弥漫性或散布性的炎性病变。而脊髓膜炎则是脊髓的硬膜、蛛网膜和软膜的炎性变化。两者有时同时发生，有的以脊髓实质炎性变化为主，蔓延至脊髓膜；有的以脊髓膜炎为主，蔓延至脊髓实质，引起感觉过敏和运动机能障碍。所以，通常称为脊髓及脊髓膜炎。临床上以感觉、运动机能障碍、肌肉萎缩为特征。多发于马、羊和犬，其他动物也有发生。

【病因】 本病的病因与脑膜脑炎基本相同，主要继发于某些传染性疾病、细菌毒素以及有毒植物或霉菌毒素中毒。如马传染性脑脊髓炎、中毒性脑炎、流行性感冒、胸疫、腺疫、鼻疽、伪狂犬病、脑脊髓线虫病等。萱草根、山黧豆等有毒植物中毒，以及镰刀霉菌毒素、赤霉菌毒素、黄曲霉素、某些青霉菌毒素中毒都可以继发本病。

此外，椎骨骨折，脊髓震荡、挫伤及出血，颈部或纵膈脓肿或瘤肿均可引起脊髓及脊髓膜炎，猪、羊因断尾感染、猪咬尾病可导致本病发生。

【症状】　本病的临床症状较为复杂，炎性部位、病灶的大小及其病理演变过程的不同，症状也不一样。病畜食欲减退，以脊髓膜炎症为主的脊髓及脊髓膜炎，主要表现脊髓膜刺激症状。当脊髓背根受到刺激时，呈现体躯某一部位感觉过敏，用手触摸被毛，即表现骚动不安、呻吟及拱背等疼痛性反应。当脊髓腹根受刺激时，病畜则出现腰、背和四肢姿势改变，如头向后仰，曲背，四肢强直，运步强拘，步态紧张，步幅短缩，当沿脊柱叩诊或触摸四肢时，可引起肌肉痉挛性收缩，如纤维性震颤、肌肉颤动等。随着病情的进一步发展，脊髓膜刺激症状逐渐减弱，表现感觉减弱或消失、麻痹等脊髓症状。

以脊髓实质炎症为主的脊髓及脊髓膜炎，病初病畜多表现感觉过敏，疼痛不安，肌肉震颤，脊柱僵硬，运步强拘，易于疲劳和出汗，呈现抽搐和痉挛症状。

由于病变性质及部位不同，临床表现有一定差异。

弥漫性脊髓炎　常先于脊髓一定部位发炎，其后迅速向前或向后蔓延，向前蔓延，即上行性脊髓炎，向后蔓延，即下行性脊髓炎。临床上，多数炎症发生在脊髓的后段并迅速向前蔓延，因而病畜的后肢、臀部及尾的运动与感觉麻痹，反射机能消失，还常表现直肠括约肌麻痹，以致排粪、排尿失常，如直肠蓄粪和膀胱积尿等现象。随着病情发展，则腹部、胸部，以及前肢的肌肉，逐渐麻痹，因而病畜卧地，不能起立。如果蔓延至延脑，即发生咽下障碍，心律不齐，呼吸机能紊乱。侵害到呼吸中枢时，即引起突然窒息死亡。

局灶性脊髓炎　一般只表现炎症脊髓节段所支配的相应部位的皮肤感觉减退及局部肌肉发生营养性萎缩，对感觉刺激的反应消失。

分散性脊髓炎　炎症主要发生在脊髓的灰质或白质。临床上见到的是个别脊髓传导受损伤，因此呈现相应部位的感觉消失，相应肌群的运动性麻痹。

横断性脊髓炎　病初出现不完全麻痹，并逐渐呈现完全麻痹，麻痹部肌肉随之萎缩。病畜站立困难，双侧性轻瘫，皮肤和腱反射亢进，臀部拖曳，尚能勉强运动。因炎症发生部位及范围不同，临床表现也有差异。

颈部脊髓发炎　引起前、后肢麻痹，后肢皮肤和腱反射亢进，膀胱与直肠括约肌障碍，瞳孔大小不等，多伴发呼吸困难，发生喘息。

胸部脊髓发炎　引起后肢麻痹，膀胱与直肠括约肌麻痹，直肠蓄粪，膀胱积尿，腱反射亢进。

腰部脊髓发炎　引起坐骨神经麻痹，膀胱与直肠括约肌障碍，病畜常呈排尿姿势。

【诊断】　根据病畜感觉和运动机能障碍，肌肉萎缩，以及排粪排尿障碍等临床特征，结合病因分析，可作出诊断。但须与下列疾病进行鉴别。

1. 脑膜脑炎　具有明显的兴奋、沉郁、意识障碍等一般脑症状和眼球震颤、瞳孔大小不等等局灶性脑症状，但排粪排尿障碍不明显。

2. 脑脊髓丝虫病　多发生于盛夏至深秋季节，其特征是腰痿，后肢运动障碍，时好时坏。脊髓液检查，可检出微丝蚴。

3. 脊髓受压迫　主要特征是不全麻痹和痉挛性麻痹，四肢或部分肢体感觉减退和麻痹。

4. 多发性神经炎　病畜的敏感性虽然增高，但无痉挛现象。

【治疗】

1. 治疗原则 加强护理，防止褥疮，控制感染。

2. 治疗措施 防止褥疮，畜舍多铺褥草，使病畜保持安静，定时导尿、掏粪，经常翻转病畜；注意皮肤清洁卫生；改善饲养，给予易消化、富有营养饲料，增强体质。

消炎止痛，兴奋中枢，促进反射，缓和病情，利于康复。可肌肉注射安乃近（牛、马，一次用量 3 ~ 10g，猪、羊 1 ~ 3g，犬、猫 0.3 ~ 0.6g），配合巴比妥钠，镇痛效果更好。同时静脉注射地塞米松（牛、马 2.5 ~ 20mg/d，猪、羊 4 ~ 12mg/d，犬、猫 0.125 ~ 1mg/d），40% 乌洛托品溶液 20 ~ 40ml，具有抑制炎症，减少渗出，缓解疼痛作用。为了预防感染，应及时使用青霉素和磺胺类药物。根据病情发展，可以皮下注射 0.2% 硝酸士的宁溶液，牛、马 10 ~ 20ml，猪、羊 1 ~ 2ml，兴奋中枢神经系统，增强脊髓反射机能。

麻痹部位，可进行按摩、针灸，或用感应电针穴位刺激治疗，并可用樟脑酒精涂擦皮肤，必要时交替肌肉注射士的宁与藜芦碱液，促进局部血液循环，恢复神经机能。

对慢性脊髓及脊髓膜炎，可用碘化钾或碘化钠，牛、马 10 ~ 15g，猪、羊 1 ~ 2g，犬、猫 0.2 ~ 1g，内服，每日一次，5 ~ 6d 为一疗程，有利于病变组织溶解，促进炎性渗出物吸收。为了改善神经营养，恢复神经机能，宜用维生素 B_1，牛、马 0.25 ~ 0.5g，肌肉注射；也可以用 10% 葡萄糖酸钙溶液 300 ~ 500ml，静脉注射。

二、脊髓挫伤及震荡

脊髓挫伤及震荡是因脊柱骨折，或脊髓组织受到外伤所引起的脊髓损伤。临床上以呈现损伤脊髓节段支配运动的相应部位及感觉障碍和排粪排尿障碍为特征。一般把脊髓具有明显病理组织变化的损伤称为脊髓挫伤，病变不明显的损伤称为脊髓震荡。临床上多见的是腰脊髓损伤，使后躯瘫痪，所以称为截瘫。本病多发于役用家畜和幼畜。

【病因】

1. 外部因素 多为跌倒、打击受伤，跳跃闪伤，被车撞击，用绳索套马使力过猛，折伤马颈部；山区及丘陵区，家畜放牧时突然打滑跌倒，或驱赶跨越沟渠时跳跃闪伤，急转弯腰部扭伤，或因直接暴力作用，如配种时公牛个体过大或笨重，被物体击伤，家畜之间相互踢蹴引起椎骨脱臼、碎裂或骨析等。

2. 内在因素 家畜软骨病、骨质疏松症、骨营养不良、布氏杆菌性脊椎炎、椎间内软骨瘤以及氟骨病时易发生椎骨骨折，因而在正常情况也可导致脊髓损伤及震荡。

【症状】 本病的临床症状由于脊髓受损害的部位与严重程度不同，所表现的症状也不一样。

脊髓锥体束受到损害时，由中枢神经系统（大脑皮层运动区）发出的运动性和抑制性冲动被中断，所以，受损害部位以下的脊髓所支配的效应区运动麻痹，腱反射亢进，肌肉紧张性增强，发生痉挛性收缩。

脊髓腹角受到损害时，其中有运动神经细胞核，发生运动障碍、弛缓性麻痹及其所支配的肌肉萎缩。若传导径受到破坏，感觉机能消失，肌肉反射性收缩障碍，协调作用丧失。

脊髓背角受到损害时，则相应的肌群感觉机能完全消失。如果仅背角受损害，初期感觉过敏，相应的效应区，发生反射性痉挛收缩；其后因传导机能被中断，则感觉和运动完全麻痹，反射机能消失。

脊髓背根传导障碍，其损害部位以下的部分运动机能紊乱，发生脊髓性失调。即使一侧背根受损害，亦能出现失调，但感觉仍然存在。脊髓小脑径受损害时，后肢呈开张姿势，躯干呈矢状摆动。

脊髓节全半侧受到损害时，则对侧的知觉麻痹，同侧的运动性及血管运动神经麻痹，皮肤感觉过敏。

颈部脊髓全横径受到损害时，四肢麻痹，呈现瘫痪，膈神经与呼吸中枢联系中断，呼吸停止，立即死亡。如果部分受损害，前肢反射机能消失，全身肌肉抽搐或痉挛，大小便失禁或便秘和尿闭。有时可能出现延脑麻痹，咽下障碍，脉搏徐缓，呼吸困难以及体温升高现象。

胸部脊髓全横径受到损害时，则引起损害部位的后方麻痹和感觉消失，腱反射亢进，有时后肢发生痉挛性收缩。

腰部脊髓全横径受到损害时，如在前部，则臀、后肢、尾的感觉和运动麻痹。在中部，股神经运动核受到损害，膝与腱反射消失，股四头肌麻痹，后肢关节不能保持站立。若在后部，则坐骨神经所支配的区域（尾和后肢）感觉和运动麻痹，大小便失禁。

【诊断】 本病应根据病史、病因、脊柱损伤情况及相应的临床症状进行确诊。有的病例初期特征不明显，是否脊髓损害或脊髓膜出血，必须进行认真观察，方能获得诊断印象。同时还须注意与下列疾病进行鉴别。

1. 麻痹性肌红蛋白尿 是糖代谢紊乱的一种疾病，多发生于休闲的马在剧烈使役中突然发病。其特征是后躯运动障碍，尿中含有褐红色肌红蛋白。

2. 骨盆骨折 病畜皮肤感觉机能无变化，直肠与膀胱括约肌机能也无异常，通过直肠检查或 X 射线透视可诊断受损害部位。

3. 马脑脊髓丝状虫病 绵羊与山羊亦发生，多于每年夏季感染和流行，通过 X 射线透视其临床特征，呈后躯运动麻痹（腰麻痹）和脑症状，与本病很相似。但只要注意流行病学调查和病原体检查，进行分析，也易与本病鉴别。

4. 肌肉风湿 病畜皮肤感觉机能无变化，运动之后症状有所缓和。

【治疗】

1. 治疗原则 加强护理，防止椎骨及其碎片脱位或移位，防止褥疮，消炎止痛，兴奋脊髓。

2. 治疗措施 搞好护理，应多铺褥草，经常翻转。若已发生褥疮，应防止感染。注意定时导尿、掏粪。病情好转时，仍须按摩、牵遛，加强饲养，补充矿物质饲料，促进康复。病畜疼痛明显时可应用镇静剂和止痛药，如水合氯醛、安溴合剂等。

对脊柱损伤部位，初期可冷敷，其后热敷。可用松节油、樟脑酒精等涂擦，促进消炎。麻痹部位可施行按摩、直流电或感应电针疗法，或者碘离子透入疗法，也可皮下注射硝酸士的宁，牛、马 15~30mg，猪、羊 2~4mg，犬、猫 0.5~0.8mg（一次量）。及时应用抗生素或磺胺类药物，以防止感染。

当心脏衰弱时，可以用安钠咖，肌肉注射。脊髓受到损伤时，由于肌肉痉挛，四肢疼痛，运动失调，头颈僵硬，神经症状明显，可以用维生素 B_1，牛、马 0.1~0.5g，猪、羊 0.025~0.05g，肌肉或皮下注射。脊柱损伤部位，必要时可以施行外科手术。

实践表明，10% 戊四氮，按 0.3ml/kg 体重，配合安乃近、青霉素治疗脊髓挫伤，效果好。

3. 中药治疗　中兽医称脊髓挫伤为"腰伤"，淤血阻络，治疗宜活血去淤、强筋骨、补肝肾，可用"疗伤散"加减：泽兰叶 100g、白芷 35g、防风 30g、自然铜（醋淬）50g、当归 80g、续断 50g、牛膝 50g、乳香 30g、没药 30g、血竭 30g、红花 30g，白酒 100ml、水 250ml 为引。如体虚加党参、黄芪、熟地。食欲不振加山楂、神曲、麦芽、白术、陈皮等。

4. 针灸　可电针百会、肾俞、腰中、大胯、小胯等穴。

第三节　机能性神经病

一、癫痫

癫痫是一种暂时性大脑皮层机能异常的神经机能性疾病。临床上以短暂反复发作，暂时性意识丧失，感觉障碍，肢体抽搐，意识丧失，行为障碍或植物性神经机能异常等为特征，俗称"羊癫风"。各种动物均有本病发生，但多见于猪、羊、犬和犊牛。在临床诊断中，该病主要以先天性癫痫为主。

【病因】

1. 原发性癫痫　又称真性癫痫或称自发性癫痫。是由先天或遗传因素造成，其发生原因，一般认为是因病畜脑组织代谢障碍，大脑皮层及皮层下中枢受到过度的刺激，以致兴奋与抑制相互关系紊乱，加之体内外的环境改变而诱发。已证实，瑞典红牛和瑞士褐牛的癫痫由常染色体控制，呈隐性或显性遗传；德国牧羊犬、英国史宾格猎犬和荷兰卷尾狮毛狗的癫痫由常染色体隐性遗传决定的；此外，易患该病犬的品种有爱尔兰雪达犬、比利时特武伦牧羊犬、柯利牧羊犬、圣伯纳犬、猎兔犬、卷毛比雄犬、英国史宾格猎犬、荷兰卷尾狮毛狗、香肠犬、哈巴犬、拳师犬、贵妇犬、长须牧羊犬、威尔斯犬、爱斯基摩犬等。

2. 继发性癫痫　又称症候性癫痫。多见于脑部疾病和引起脑组织代谢障碍的一些全身性疾病。常继发于以下疾病。

（1）*颅脑疾病：*如脑膜脑炎、颅脑损伤、脑血管疾病、脑水肿、脑肿瘤或结核性赘生物。

（2）*传染性和寄生虫疾病：*如传染性牛鼻气管炎、伪狂犬病、犬瘟热、狂犬病、猫传染性腹膜炎、脑囊虫病及脑包虫病等。

（3）*某些营养缺乏病：*如维生素 A 缺乏、维生素 B 缺乏、低血钙、低血糖、缺磷和缺硒等。据报道，土壤硒含量低于 0.1056mg/kg，饲料硒低于 0.057mg/kg，动物易患腹泻，影响维生素 A 的吸收，导致癫痫的发生。

（4）*中毒：*如铅、汞等重金属中毒及有机磷、有机氯等农药中毒。

此外，惊吓、过劳、超强刺激、恐惧、甲状腺机能减退、应激和肝肾衰竭等都是癫痫发作的诱因。

【症状】　癫痫按病程可分为四个时期，即癫痫先兆期、前驱症状期、发作期和发作后期。癫痫先兆期即行为和情绪异常期，可见于癫痫发作前数天或数小时，患畜不安，焦虑，表情或行为改变，畜主可能注意或忽略；前驱症状期，患畜开始出现癫痫，表现神经症状异常，知觉丧失，肌肉震颤，流涎，精神恍惚，烦躁不安；发作期即癫痫期，患畜表现癫痫特有的症状，出现严重的行为异常，一般可持续45s到3min，可见全身肌肉紧张度增加，突然倒地，角弓反张，全身阵挛性惊厥，四肢乱蹬，呈游泳状，粪尿失禁，多涎，瞳孔散大，眼球外突，呼吸急促等；发作后期：知觉恢复，但由于神经系统功能不健全，患畜出现共济失调，步态不稳，意识模糊，失明，耳聋，过度采食和饮水，极度疲劳，抑郁或其他症状。此期可持续数分钟、数小时甚至数天。

癫痫的发作常见以下几种类型。

全身性发作 可能是癫痫大发作或轻度发作。癫痫大发作，可见患畜突然倒地，意识丧失，四肢伸展僵硬，呼吸暂停，这一阶段一般持续10~30s，随后患畜转为阵挛期，患犬四肢乱动，瞳孔散大，流涎，牙关紧咬，粪尿失禁。如果癫痫发作超过30min，容易导致患畜大脑永久性损伤，患畜性情发生变化，记忆力消退。轻度发作患畜有时出现四肢僵直，胡乱划动，但意识一般不丧失。全身性癫痫一般是由原发性的癫痫引起。

癫痫小发作 其特征为频繁短暂的意识丧失，临床上少见患畜痉挛或跌倒，如出现则多表现在面部。患畜目光呆滞，眼睛上翻，呆立不动，反应迟钝。

局限性发作 可表现为头部或局部肌肉群震颤，面部抽搐，头部盲目转动，躯干弯曲，局限性发作可发展到全身性发作，一般是由继发性因素引起的，如犬瘟热后遗症。患畜每次发作时可见行为改变，富有攻击性，狂奔，畏缩，呕吐，腹泻，流涎，失明，烦渴，患畜行为异常一般会持续数分钟或数小时。

簇状癫痫发作 患畜出现持续阵发性癫痫，每次发作的短暂间隙患犬恢复意识，但稍纵即逝。

持续性癫痫 癫痫会持续30min或更长时间。有的患畜也会出现一系列阵发性癫痫，发作间隙患畜无意识或短暂恢复意识。临床上很难区分持续性癫痫和簇状癫痫。原发性和继发性癫痫都可以导致持续性癫痫。

【诊断】 应向畜主详细询问患畜癫痫发作的时间、特征、饮食和运动等情况，有助于确定癫痫的类型。全身检查应特别注意心肺功能和齿龈颜色，初步判定患畜癫痫是否是继发因素引起的。神经检查包括评估患畜行为，全身运动的协调性，反射以及神经功能，判定是否神经系统功能异常。实验室检查包括全血细胞计数，血清肝肾功能检查以及尿液分析，排出代谢性因素引起的癫痫。另外，还应进行粪便寄生虫检查，甲状腺机能测试以及血钙、血铅含量和空腹血糖测定。计算机X线断层摄影术和核磁共振成像可快速诊断脑肿瘤或脑积水。如需进一步确诊，则需要进行脑脊液和脑电图分析。

有的动物在深睡时会出现抽搐和四肢乱蹬，甚至会在睡梦中尖叫，以幼年动物多见，但有的老年动物也有类似症状，多为正常表现，表明动物在深睡状态。癫痫发作最常见于其全身放松和安静状态下。如果只在运动和兴奋时发作，一般提示患畜有心肺问题或低血糖。另外，严重中耳炎以及前庭神经或前庭神经核异常患畜可见头部姿势异常，平衡感丧失，容易出现头晕等症状，防止与癫痫混淆。

【治疗】

1. 治疗原则 查清病因，纠正和处理原发病，此外可对症治疗，减少癫痫发作的次数，缩短发作时间，降低发作的严重性。

2. 治疗措施 苯巴比妥，除轻度发作以外，该药对所有其他类型的癫痫都有防治作用，可按30~50mg/kg体重，每天3次。也可单独或联合用扑癫酮和苯妥因钠治疗，效果较好。多数患畜可以使用苯巴比妥或苯巴比妥和溴化钾结合控制病情，只有在癫痫难以控制的情况下使用溴化钾。由于长期服用苯巴比妥可损伤患犬肝脏，可单独使用溴化钾。因此，服用苯巴比妥的患畜每隔数月应检测肝功能指标。朴痫酮可在肝脏中代谢为苯巴比妥，长期使用也可造成肝损伤，按 55mg/kg 体重口服，每天一次。安定无论是注射还是口服给药对治疗持续癫痫和簇状癫痫效果良好，可按 2.5～10mg 口服，每天 2～3 次，癫痫发作时按 0.5～1mg/kg 体重静脉注射，一次无效可重复注射。口服丙戊酸钠片，每天 2 次，每次 1～2 片，维持服药 2～3d，对犊牛癫痫或局限性发作的控制有效。苯妥因钠 2～6mg/kg 体重，谷维素每只 10～30mg，维生素 B₁，每只 10～20mg，混合灌服，治疗犬癫痫，疗效令人满意。

长期使用抗癫痫药物，患畜容易形成药物依赖性，如果突然停药，会出现严重的癫痫复发，应逐渐降低药物剂量。另外，抗癫痫药物的副作用是食欲增加，烦渴，尿频。应严格控制饮食，防止体重增加，增加心肺负担。

3. 中药治疗　中兽医采用开窍熄风，宁心安神，理气化痰，定惊止痛，镇癫定痉为治则，方用"定癫散"，全蝎、胆南星、白僵蚕、天麻、朱砂、川芎、当归、钩藤，水煎候温灌服。

4. 验方　生明矾 60g，鸡蛋清 5 个，温水调灌，隔日一次，连灌 3～4 次，有控制癫痫的作用。

二、膈痉挛

膈痉挛是膈神经受到刺激，兴奋性增高，致使膈肌发生痉挛性收缩的一种疾病。中兽医称为"跳胂"。临床上以腹部及躯干呈现有节律的振动，腹胁部一起一伏有节律的跳动，俯身于鼻孔附近可听到一种呃逆音为特征。

根据膈痉挛与心脏活动的关系，可分为同步性膈痉挛和非同步性膈痉挛，前者与心脏活动一致，而后者与心脏活动不一致。临床上马、骡多见，也常发生于犬和猫。

【病因】本病的原因，通常是由于胃肠疾病、食道扩张、肿瘤、主动脉瘤，急性呼吸器官疾病，如纤维素性肺炎、胸膜炎等。脑和脊髓的疾病，尤其是膈神经起始处的脊髓病，以及靠近胸腔入口部的神经，特别是上颈部脊髓神经（脊髓膈神经中枢）受到刺激和压迫，或通过迷走神经反射性地刺激膈神经，引起膈痉挛的发生。

某些炎性产物、肠道内腐解产物，以及植物性毒素（蓖麻子素等）的中毒，或因过劳，异常代谢产物被吸收，通过血液，膈神经受到刺激，兴奋性增高，引起膈有节律性痉挛性收缩。

其他方面，如运输、电解质紊乱、过劳等代谢性疾病，也都可引起膈痉挛的发生。此外，膈神经与心脏位置的关系存在先天性异常，也是发生膈痉挛的一个原因。膈神经及其髓鞘病变，可引起慢性继发性膈痉挛。低血容量和低氯血症的病马，大量服用碳酸氢钠，可发生同步性膈痉挛。

【症状】本病的主要特征是病畜腹部及躯干发生独特的节律性震动，尤其是腹胁部一起一伏有节律地跳动，所以俗称"跳胂"。与此同时，伴发急促的吸气，俯身鼻孔附近，可听到呃逆音。同步膈痉挛，腹部振动次数与心跳动一致。非同步性膈痉挛，腹部振动次数少于心跳动。

有的病例，膈收缩力较弱，只有用手掌贴于肋骨弓上，方能感到膈的痉挛性收缩。有的病例，由于植物性毒素中毒引起，膈的收缩力很强，在数步外，即能看到肷部跳动。

在膈痉挛时，病畜不食不饮，神情不安，头颈伸张，流涎。膈痉挛典型的电解质紊乱和酸碱平衡失调是低氯性代谢性碱中毒，并伴有低血钙、低血钾和低镁血症。

【诊断】　本病常为阵发性，可根据病畜腹部与躯干有节律的振动，同时伴发短促的吸气与呃逆音，一般可作出诊断。但应注意与阵发性心悸相区别。

【治疗】

1. 治疗原则　消除病因，镇静解痉。

2. 治疗措施　查明病原，实施病因治疗。对低血钙或低血钾病畜，可用10%葡萄糖酸钙200～400ml（牛、马），或者用10%氯化钾溶液30～50ml（牛、马），或者用0.25%普鲁卡因溶液100～200ml，缓慢静脉注射。

镇静解痉。可采用25%硫酸镁溶液50～100ml（牛、马），犬10ml，缓慢静脉注射。溴化钠30g，水300ml，一次灌服；也可用水合氯醛20～30g，淀粉50g，水500～1 000ml（牛、马），混合灌服或灌肠。

3. 中药治疗　中兽医将"跳肷"分为肺气壅塞型、寒中胃腑型和淤血内阻型。

肺气壅塞型　主症为口色微红，脉象沉实。治法为理气散滞，方用"桔皮散"加减：桔皮、桔梗、当归、枳壳、紫苏、前胡、厚朴、黄芪各30g，茯苓、甘草、半夏各25g，共研末，开水冲服。

寒中胃腑型　主症为口色淡白，脉象迟缓。治法为温中降逆，方用"丁香柿蒂汤"和"理中汤"加减：丁香、柿蒂、桔皮、干姜、党参各60g，甘草、白术各30g，共研末，开水冲服。

淤血内阻型　主症为口色紫红，脉象紧数。治法为活血散淤，理气消滞，方用"血竭散"加减：血竭、制没药、当归、骨碎补、刘寄奴各30g，川芎、乌药、木香、香附、白芷、陈皮各20g，甘草10g，共研末，开水冲服。

病例分析

病例一：2004年，北京官园伴侣动物医院接诊一只10月龄雌性博美犬。主诉：该犬过去一切正常，平时活泼多动，但最近频繁出现双眼凝视、咬肌反复有节律地颤动、四肢剧烈抽动、口吐白沫，小便失禁，意识模糊，发作时持续时间有时可达20min左右。临床检查：初期检查体温38.9℃，脉搏96次/min，呼吸34次/min，未发现异常现象。约3min后该犬重复出现上述症状。

病例二：2004年10月14日，丰南乡王某1头4岁奶牛发病就诊。主诉：该牛出现精神狂燥不安，眼珠震颤，磨牙切齿，食欲废绝，呼吸急速，倒地后四肢乱划，呈游泳状，受惊后猛然起立，攀登饲槽，跳跃逃窜，甚至挣断缰绳，不避障碍，向前猛进，步态蹒跚，常碰在墙壁或其他物体上，既而复睡，如此反复发作。同在一群的奶牛没有发病。临床检查：瞳孔反射机能消失，体温41℃，呼吸紧迫，71次/min，心跳急骤，116次/min，胃肠蠕动消失，食欲废绝，大便干燥，尿液浓稠，呈黄褐色。

病例三：2005年8月，福清市龙田镇共有8头耕牛就诊。主诉：最近天气炎热，阳光强烈。病牛在使役中突然发病，黏膜充血，狂躁不安、躯体摇晃、痉挛、牙关紧闭。其中一个病例发病后卧地不起，口吐白沫，肌肉震颤，结膜发绀，痉挛而死。临床检查：体温高达42℃以上，体表烫手。呼吸困难，张口伸舌，结膜潮红，口干舌燥。

要求：
1. 对以上病例症状及资料进行综合分析，提出初步诊断。
2. 拟定治疗方案。
3. 开出正规处方（包括中、西药物处方）。

第六章

营养代谢性疾病

知识目标:

✧ 掌握常见营养代谢性疾病如奶牛酮病、佝偻病、维生素 A 缺乏症等疾病的诊疗方法。

✧ 理解常见营养代谢性疾病的概念和治疗原则。

✧ 了解常见营养代谢性疾病的发病机制。

技能目标:

✧ 能应用所学知识诊治动物常见的营养代谢性疾病。

✧ 能测定血液和饲料中主要营养物质的含量。

✧ 能使用常用诊疗仪器和器械,对营养代谢性疾病进行诊断和治疗。

第一节 糖、脂肪及蛋白质代谢障碍疾病

一、奶牛酮病

奶牛酮病又称为醋酮血病、母牛热、产后消化不良及低糖血性酮病等,是因奶牛体内碳水化合物和挥发性脂肪酸代谢紊乱,从而引起的一种全身性功能失调的代谢病。临床上以消化功能障碍、血酮、尿酮及乳酮含量增高,体重减轻、产奶量下降为主要特征。主要发生于经产后而营养良好的高产乳牛,尤以 3～6 胎母牛发病为甚,通常发生在母牛产犊 20d 以内,最迟不超过 6 周。一年四季均可发生,但冬、春发病较多。

根据发病原因,奶牛酮病可分为原发性酮病和继发性酮病两种类型;依据有无临床症状又将其分为临床型酮病和亚临床型酮病。一般将母牛血清中酮体含量在 17.2～34.4mmol/L(100～200mg/L),而无明显临床症状的发病病例归为亚临床酮病;将母牛血清中酮体含量在 34.4mmol/L(200mg/L)以上,有明显临床症状的发病病例归为临床型酮病。

本病由 Lander 于 1849 年首次报道。从此以后,该病在世界许多国家乳牛生产中广泛发生,造成了相当大的经济损失。近年来,我国奶牛业发展迅猛,奶牛酮病尤其是亚临床酮病的发病率也呈现出明显的上升趋势。据报道,我国高产乳牛群中,临床酮病的发病率占产后母牛的 2%～20%,亚临床酮病的发病率占产后母牛的 10%～30%,给我国乳牛的健康发展带来了严重的负面影响。

【病因】

1. 由高产引起 临床观察发现,母牛产后泌乳高峰期(产后 4～6 周出现)往往早于

其食欲恢复和采食高峰期（产后 8～10 周出现），造成母牛在产后较长时间内（10 周）体内能量和葡萄糖来源不能满足泌乳消耗的需要，如母牛产乳量高，这种泌乳代谢平衡会受到严重破坏，进而发生酮病。研究资料证实，要使母牛通过摄取碳水化合物合成的糖类与泌乳排出的糖类保持平衡，母牛每天适合的产奶量为 22kg，如果母牛产奶量过高，则极易发生该病。

2. 饲料不足或营养不平衡　母牛产后饲料不足或缺乏、品种单一、饲料霉败或品质低劣，或者精料补充过多，钴、磷等矿物质缺乏，多汁的饲料、青草及谷物等碳水化合物供给不足，使机体的生糖物质缺乏，引起脂肪代谢紊乱，造成大量酮体在体内蓄积而发生酮病。

3. 乳牛分娩前过度肥胖　由于牛场饲养管理制度不健全，干乳牛和泌乳牛混群饲养，使干乳牛采食较多的精料，引起乳牛分娩前过度肥胖。肥胖乳牛分娩后，食欲较差，采食量恢复期延长，同样会使机体的生糖物质缺乏，引起脂肪代谢紊乱，发生酮病。

4. 应激因素　寒冷、饥饿和过度的挤奶等因素均会引起奶牛发病。

5. 继发因素　皱胃变位、创伤性网胃炎、子宫内膜炎、乳房炎及其他围产期疾病，常导致母牛食欲减退，最后继发酮病。母牛难产、肝脏疾病及脑下垂体－肾上腺皮质系统功能障碍等也可继发酮病。

【发病机理】目前，奶牛酮病的发病机制公认为糖缺乏理论。该理论认为奶牛吃入各类碳水化合物饲料后，作为葡萄糖而被吸收的较少，能量来源主要取自瘤胃微生物发酵所产生的乙酸、丙酸和丁酸。其中丙酸用于生糖，乙酸和丁酸在转变到乙酰辅酶 A 后进入三羧酸循环供能，少部分转变为乙酰乙酸和 β-羟丁酸，即为酮体。奶牛瘤胃中乙酸、丙酸和丁酸的产生比例与草料的精粗比例有关。一般情况下，奶牛瘤胃中产生的乙酸、丙酸和丁酸的比例为 70：20：10。若奶牛使用精料过多时，则精料在瘤胃中产生 3 种酸的比例为59.6：16.6：23.8，使用于生糖的丙酸含量减少；若为多汁饲料，则瘤胃中 3 种酸的产生比例可为 58.9：24.9：16.2；而饲喂干草，则三种酸比例为 66.6：28：5.4。

当奶牛产后饲料中生糖的物质不足或缺乏、各种疾病引起母牛消化障碍或奶牛产乳量过高时，均造成糖供应与消耗的不平衡，使血糖浓度下降。当血糖浓度下降时，脂肪组织中脂肪的分解作用大于合成作用。脂肪分解后生成甘油和脂肪酸，甘油通过糖异生途径生成葡萄糖以补充血糖不足，脂肪酸通过血液循环到达肝脏，脂肪酸经 β-氧化生成乙酰辅酶A，而此时如果机体草酰乙酸不足，生成的乙酰辅酶 A 只能沿着合成乙酰乙酰辅酶 A 的途径，最终形成大量的酮体而蓄积于体内。与此同时，病牛体蛋白也加速分解，生成的生糖氨基酸通过三羧酸循环供能或经糖异生途径形成葡萄糖补充血糖，生成的生酮氨基酸因没有足量的草酰乙酸，只能经丙酮酸脱羧作用，生成大量的乙酰辅酶 A 和乙酰乙酰辅酶 A，最终生成乙酰乙酸、β-羟丁酸和丙酮，使酮体增多。若病牛发病日久或病情急剧，可使其体内蓄积高浓度的酮体。高浓度的酮体可抑制中枢神经系统，加上脑组织缺糖而使病牛呈现嗜睡，甚至昏迷。当丙酮还原或 β-羟丁酸脱羧后，可生成异丙醇，使病牛兴奋不安。过量的酮体可显现利尿作用，引起病牛机体脱水，粪便干燥，迅速消瘦。

此外，激素调节在这一过程中也发挥了重要作用。酮病发生过程中，一方面病牛体内胰高血糖素、肾上腺素分泌增加，使机体糖原分解、脂肪水解、肌蛋白分解活动加强，最终可使酮体生成增多；另一方面在催乳激素的作用下，乳腺把外源和内源性产生的糖源源不断地转换为乳糖经乳腺排出体外。由此可见，激素调节的结果，加速了体内脂肪、蛋白质的分解作用，酮体生成的速度增加，加重了病情。

【症状】

临床型酮病 常在产后几天至几周内出现，以消化紊乱和神经症状为主。患畜突然不愿吃精料和青贮，喜食垫草或污物，最终拒食。粪便初期干硬，表面被覆黏液，后多转为腹泻、腹围收缩、明显消瘦。在左肋部听诊，多数情况下可听到与心音音调一致的血管音，叩诊肝脏浊音区扩大。精神沉郁，凝视，步态不稳，伴有轻瘫。有的病牛嗜睡，常处于半昏迷状态，但也有少数病牛狂躁，无目的地吼叫、咬牙、狂躁、兴奋、空口虚嚼、步态蹒跚、眼球震颤，颈背部肌肉痉挛。呼出气、乳汁、尿液有酮味，加热后更明显。泌乳量下降，乳脂含量升高，乳汁易形成泡沫，类似初乳状。尿呈浅黄色，易形成泡沫。

亚临床型酮病 病牛无明显上述症状，但呼出气体有酮味，且临床中多见，应予以注意。

【诊断】酮病诊断主要是根据饲养条件、发病时间（多发生在产后 4 ~ 6 周）、减食、产奶量低、神经过敏症状和呼吸气体有丙酮气味等，并结合发病史可以做出初步诊断。血酮、乳酮及尿酮含量变化有可靠诊断意义。当血清中酮体含量在 17.2 ~ 34.4mmol/L 时为亚临床酮病的指标，在 34.4mmol/L 以上时为临床型酮病指标。乳酮超过 0.516mmol/L，应注意酮血征的可能，血酮超过 34.4mmol/L，即为临床酮病的指标。

酮病诊断需要和前胃弛缓及生产瘫痪相区别。前胃弛缓没有神经症状，无酮味，尿、乳检查无大量酮体；生产瘫痪多发生于产后 1 ~ 3d，体温下降，病初多呈现抑制状态，乳及尿中无酮体，通过对补钙治疗有效，而酮病对补钙疗效不显著。

【治疗】

1. 治疗原则 补糖抗酮，解除酸中毒，调整瘤胃机能。对于继发性酮病应以治疗原发病为主。

2. 治疗措施

(1) 替代疗法：静脉滴注 50% 的葡萄糖 500ml，每天 1 ~ 2 次，须重复注射，3 ~ 5d 为一个疗程。也可用腹腔注射 20% 的葡萄糖、静脉注射果糖溶液（每千克体重 0.5g，配成 50% 的溶液）等办法来补糖，并延长作用时间。但要注意果糖制剂会引起呼吸急促、肌肉震颤、衰弱和虚脱等特异性反应。饲料中拌喂丙二醇或甘油，2 次/d，每日 225g，连用 2d，随后每天饲喂 110g，连用 2d，效果很好。乳酸钠或乳酸钙口服，首日 1kg/d，随后为 0.5kg/d，连用 7d，乳酸铵每天 200g，连用 5d，也有显著疗效。

(2) 激素疗法：体质较好的病牛，可用促肾上腺皮质激素 200 ~ 600IU 肌肉注射，并配合使用胰岛素，有较好的疗效。糖皮质激素可促进三羧酸循环，刺激糖异生，提高血糖浓度，抑制泌乳作用，减少糖消耗，改善体内糖平衡点。但激素却有增加体脂分解、加速酮体生成等负面作用。

(3) 其他疗法：水合氯醛具有抑制中枢兴奋、破坏瘤胃中淀粉及刺激葡萄糖的产生和吸收，提高瘤胃丙酸的生产量等作用。可用加水口服方式投喂水合氯醛，首次 30g/d，随后 7g/d，连用数天。生产中不少人用 12% 的氯酸钾水溶液 500ml/d 口服治疗酮病，认为疗效可靠，但应注意由此所引起的腹泻现象。有资料报道，用 0.15% 的半胱氨酸 500ml 静脉注射，1 次/3d，效果较好。5% 的碳酸氢钠静脉注射，可用于该病的辅助治疗。健胃剂等药物可作为对症治疗药物选用。

3. 验方

25% 葡萄糖 250ml×6 瓶，林格尔 500ml×1 瓶，5% 维生素 B₁ 2ml×4 支，10% 维生素 C 10ml×4 支，氟美松（5mg）1ml×10 支。氟美松肌肉注射，其余混合静脉注射。每日一次，一般连注 2～3d 即可痊愈。也可以用 50% 葡萄糖注射液 500ml、1% 地塞米松注射液 4ml、5% 碳酸氢钠注射 500ml、辅酶 A 500U，混合一次静脉注射，连用 3d。

【预防】

1. 加强饲养管理，保证充足的能量摄入 奶牛产犊前，应保证草料中能量水平中等，增加碎玉米、大麦片等的使用量，保持日粮中蛋白质水平为 16%。饲草中优质青干草用量应达到 1/3 以上。产犊后，在保证不减少能量、蛋白质供应的前提下，尽量多提供给母牛优质的青干草、草粉，精料的补加应为易于消化的碳水化合物，同时适当补充维生素、钴及磷等矿物质。尽可能避免突然更换日粮类型，减少 pH 值 <3.8 的青饲料、青贮料的饲喂量。

2. 搞好酮病的监测工作 在酮病高发牛群，尤其是泌乳早期奶量增速过快或产奶量过高的母牛，应尽早检测产奶量变化，检测尿液、乳汁中酮体的含量，做到早发现、早治疗，减少生产损失。

3. 药物预防 对于易感牛可在产犊后每日口服丙二醇 350ml，连续 10d；或口服丙酸钠 120g，每日 2 次，连服 10d，可有效预防酮病的发生。同时还应积极防治奶牛前胃疾病、子宫疾病等。

二、仔猪低糖血症

仔猪低糖血症是初生仔猪因饥饿导致体内贮备的糖原耗竭，引起血糖急剧降低的一种代谢性疾病。生产中又称为"乳猪病"或"憔悴病"。临床以身体虚弱、体温下降、明显的神经症状为特征。主要发生于出生后 1 周内的仔猪，以 3 日龄内仔猪多见。从发病季节看，以冬、春等气候寒冷季节发病较多。

本病最早发现于美国和英国，中国广东、江苏、湖南、四川等省均有报道，在有些猪场本病的发病率可高达 30%～70%，甚至 100%，死亡率高达 50%～100%，是 1 周龄以内仔猪死亡的主要原因之一。

【病因】 吃乳不足是本病发生的主要原因，而导致吃乳不足的常见原因有以下几个方面。

1. 母猪方面 因妊娠后期饲养管理较差，饲料配合不当，日粮中蛋白质不足，或母猪发生乳房炎、子宫内膜炎、母猪子宫炎—乳房炎—无乳综合征、麦角毒素中毒等，引起母猪少乳或无乳，母猪母性较差，带仔无经验，不能很好地进行哺乳，致使仔猪长时间处于饥饿状态，导致血糖降低而发病。

2. 仔猪方面 若仔猪本身患有大肠杆菌、链球菌病、传染性胃肠炎、仔猪溶血病及仔猪先天性震颤综合征等疾病而吮乳不足，或患有严重舌周炎而不能吮乳，或仔猪消化乳汁所需的乳酸杆菌缺乏而导致糖吸收障碍，都可引起本病的发生。

3. 外界气温 气候异常寒冷，猪舍温度过低，又无保温措施，为维持体温，仔猪代谢加快，耗糖量增多，血糖急剧下降，最终引发本病。

4. 遗传性能 母猪妊娠期过长，胎儿过大，仔猪肾上腺发育不良等可引起遗传性低糖血症。

仔猪出生后 1 周内，肝脏中缺乏糖异生所需要的酶，机体不能进行糖的异生作用。因此，仔猪耐饥饿的能力较差，一旦饥饿时间延长即容易发生低糖血症。这也是仔猪容易发生低糖血症的原因。

【症状】仔猪多在出生后第二天开始发病。病初精神沉郁，吮乳或采食停止，四肢无力，步态不稳，运动失调，很快卧地不起。个别呈犬坐姿势，皮肤冷湿，苍白，呈虚弱状。呼吸加快，心跳次数减少至 80 次/min，体温降到 37℃ 左右，严重者降到 36℃ 以下，可视黏膜苍白或变暗。后期，病猪嘶叫，肌肉震颤，痉挛抽搐，严重时出现强直性痉挛，角弓反张，空口咀嚼，流涎，眼球震颤，对外界刺激反应迟钝或消失。最后昏迷、瞳孔散大，多在 2h 内死亡，也有拖到 24~36h 才死亡的。

病猪血糖水平由正常的 4.995~7.215mmol/L 下降到 0.278~0.883mmol/L。血液中非蛋白氮、尿素浓度升高。病死猪颈下、胸腹下等皮下有不同程度水肿，切开后流出透明无色的液体。血液凝固不良。少数仔猪胃内缺乏凝乳块。有人报道，病死猪肝脏呈土黄或橘黄色，质地脆弱，胆囊膨大、充盈，肾呈淡土黄色，有散在出血点，膀胱黏膜及心外膜也有少量出血点。

【诊断】一般情况下，依据出生后吮乳不足的发病史，结合发病仔猪的日龄（1 周内）、临床表现（体温降低、虚弱、神经症状）及临床葡萄糖治疗的确实疗效，可以作出诊断。若能结合血糖水平测定，则可做出确诊。

在诊断本病时，还应与新生仔猪细菌性败血症、细菌性脑炎、病毒性脑炎等引起明显的惊厥等疾病相区别。

【治疗】

1. 治疗原则 补充糖源，防寒保暖。

2. 治疗措施 5%~10% 葡萄糖液 20~40ml，腹腔或分点皮下注射，每 3~4h 1 次，连用 2~3d；若同时配合补充维生素 B₁、维生素 B₂、维生素 B₁₂ 和维生素 C，效果更好。也可口服 20%~25% 葡萄糖溶液 5~10ml，1 次/2h，连用数天。喂饮白糖水也有一定效果。

同时，对于发病仔猪应进行保温处理。可采用红外线电灯照射、电暖器及暖水瓶等提高病猪窝舍温度，并维持在 27~32℃，提高疗效。

【预防】预防本病主要在于加强妊娠母猪的饲养管理，合理调配饲料，注意提供给富含蛋白质的饲料，以保证母猪产后乳汁充足。母猪产前 15~30d 及哺乳期期间，每日每头可在饲料中添加维生素 A 400IU、维生素 D 300~1 500IU、维生素 E 100~120IU、维生素 C 100~200mg 和适量的葡萄糖、蛋氨酸及铁剂等，能有效减少本病的发生。母猪分娩后，应做好仔猪定乳头、保育舍的防寒和保暖等工作，同时要积极防治母猪围产期的各种疾病、仔猪的大肠杆菌病等。

三、黄脂病

黄脂病是动物机体内脂肪组织发生炎症并有蜡样物质沉积，脂肪组织外观呈黄色的一种代谢病。本病主要发生于猪，俗称为"黄膘猪"。此外山羊、猫、鸡、食鱼鸟及人工饲养的水貂、狐狸和鼬鼠等也可发生此病。

中国是较早记载"黄膘猪"的国家，100多年前的中兽医古籍《猪经大全》中就对该病有详细的描述和记载，世界许多国家如欧美、日本等均有所报道。据资料介绍中国猪黄脂病的发病率为0.3%～0.6%，人工饲养的水貂发生黄脂病也较为普遍，尤其是8～11月间发病最多，急性病例常取死亡转归，应引起高度重视。

【病因】

1. 动物采食含有过量不饱和脂肪酸的饲料或饲料中生育酚含量不足 若动物日粮中油渣、蚕蛹、鱼粉及比目鱼和鲑鱼的附产品含量超过20%，就会引起黄脂病的发生。猪饲喂鱼脂、鱼的零头碎块、鱼罐头的废弃品也会发生本病。日本编著的《养猪大全》中明确指出，猪饲料中添加50%的蚕蛹，3个月后饲养猪可以出现典型的黄脂病；而饲料中加入10%的鱼油，40d即可使饲养猪发生黄脂病。鸡、鼠及人工饲养的水貂饲料中不饱和脂肪酸含量过高、维生素E缺乏常引起明显的黄脂病。猫常吃人类的剩鱼，加上维生素E缺乏，导致猫的黄脂病。

2. 动物饲喂含天然黄色素饲料过多 有资料记载，动物长时间采食黄玉米、南瓜、紫云英、棉籽饼、胡萝卜等含有黄色素的饲料可发生本病。研究发现黄脂中的色素同黄玉米、棉籽饼、胡萝卜中的色素相似，二者的红外光谱特征也极为类似，证实黄脂中的色素即为胡萝卜素。

3. 遗传因素及中毒 有人经过调查，发现父本或母本在屠宰时发生黄脂的猪、水貂，其后代中黄脂病发生也多，因而认为本病的发生与遗传也有关。有报道说，我国广西发生的"猪黄脂病"与黄曲霉毒素中毒有关。

【症状】黄脂病病猪通常有被毛粗乱、精神倦怠、机体衰弱和黏膜苍白症状，多数病猪食欲不振，生长缓慢，眼分泌物较多，有时发生跛行。严重病例血红蛋白含量降低，出现低色素贫血倾向。但临床一般较难确诊。

发病水貂精神委顿，不爱活动，食欲降低，有时便秘或腹泻，排白色、黄色或褐色粪便。严重时发生共济失调，后肢瘫痪。急性病例，在症状表现不明显的情况下，前一天发病，第二天即死亡。

【诊断】临床中依据剖检皮下和腹腔脂肪呈典型的黄色、黄褐色，肝脏呈土黄色，个别发生脂肪坏死等可以作出诊断。

诊断本病时应与黄脂、黄疸相区别。黄脂仅皮下、网膜、肠系膜、腹部脂肪呈黄色，遇冷后褪色，水煮后恢复为淡黄色，一般无异味。黄疸不仅脂肪显黄色，而且可视黏膜、多种组织、关节液等均呈黄色，加热后颜色减退，由橙褐色变为淡黄色，接触空气后变色。如取脂肪少许用50%的酒精震荡抽提后，在滤液中加0.5～1ml浓硫酸，显绿色者为黄疸，继续加酸并加热还可显蓝色。

【防治】防治本病的原则是增加日粮中维生素E的供给量，减少饲料中不饱和脂肪酸甘油酯和其他高油脂性的成分。有条件的猪场建议在饲料中添加维生素E 11 000IU/t饲料；水貂的饲料中按每只每天15mg的剂量补加维生素E，连续补饲3个月，可有效预防黄脂病的发生，提高繁殖率。发病猫可按每只每天30mg剂量补饲维生素E。

第二节　维生素缺乏症

一、维生素 A 缺乏症

维生素 A 缺乏症是由于畜禽机体内维生素 A 或胡萝卜素缺乏或不足所引起的一种营养代谢性疾病。临床上以上皮角化障碍、视觉异常、生长迟缓、骨形成缺陷、繁殖机能障碍以及机体免疫力低下为特征。本病各种畜禽均可发生，以幼畜和雏禽最为常见，极少发生于马。

维生素 A 仅存在于动物源性饲料中，动物肝脏，尤其是鱼肝和鱼油是其丰富来源。植物性饲料中维生素 A 则主要以维生素 A 原（胡萝卜素）的形式存在，如青绿饲草、胡萝卜、黄玉米、南瓜等都是其丰富来源，胡萝卜素在体内吸收后可转化成维生素 A。

【病因】

1. 原发性维生素 A 缺乏　畜禽机体本身不能够合成维生素 A，完全依靠从外源供给，即从饲料中摄取。饲料日粮中维生素 A 或胡萝卜素的长期缺乏或吸收不足是原发性病因。

畜禽长期饲喂胡萝卜素或维生素 A 含量较低的饲（草）料，又不补加青绿饲料或维生素 A 时，极易引起发病。如一般劣质干草、棉籽、甜菜根、谷类（黄玉米除外）及其加工副产品（麦麸、米糠、粕饼等）中胡萝卜素含量较少；某些豆科牧草，如苜蓿和大豆，含有的活性脂肪氧化酶会破坏牧草中大部分的胡萝卜素。

饲料收割、加工、贮存不当以及存放过久，会造成胡萝卜素受到破坏，长期饲用可致病。如青草长时间日光照晒，高温高湿的存放环境，粒料加工的湿热度等都可以影响胡萝卜素的含量与活性。

畜禽生理需要增加时，如妊娠、哺乳期的母畜及生长发育快的幼畜，对维生素 A 的需要量都有增加，可引起维生素 A 缺乏症。

2. 继发性维生素 A 缺乏　饲料中维生素 A 或胡萝卜素充足，但畜禽限饲或消化、吸收、贮存、代谢受到干扰，也可引起维生素 A 不足或缺乏。

畜禽在限制饲养时，不能接触草地，或通过食粪获取维生素，容易发生包括维生素 A 在内的多种维生素缺乏症。

患胃肠道或肝脏疾病，会使胡萝卜素的转化受阻，维生素 A 吸收障碍，肝脏丧失其贮存能力。

饲料中磷酸盐、硝酸盐、亚硝酸盐及其他脂溶性维生素含量过高，中性脂肪、蛋白质、无机磷、微量元素（钴、锰）等不足，都能影响体内维生素 A 的吸收与贮存，从而发生维生素 A 缺乏。

此外，饲养管理条件不良，畜舍寒冷、潮湿、通风不良、污秽不洁，过度拥挤，缺乏运动以及阳光照射不足等因素亦可促进本病的发生。

【发病机理】维生素 A 对于维持上皮细胞的完整性，维持正常视觉、骨骼生长、蛋白质合成、动物繁殖和免疫功能都是必不可少的。因此，维生素 A 的缺乏可引起上述机能的紊乱，出现一系列病理损害。

视网膜中的维生素 A 是合成视觉细胞内感光物质——视色素（牛是视紫红质，禽是视紫蓝质)的必需物质。视紫红质经光照射以后,分解为视黄醛和视蛋白,在黑暗时,呈逆反应,再合成视色素。如维生素 A 缺乏或不足,则视黄醛生成减少,视紫红质合成受阻,畜禽对暗光适应能力减弱,即形成夜盲症,严重时可完全丧失视力。

维生素 A 是维持呼吸道、消化道、泌尿生殖道、皮肤、泪腺、汗腺、皮脂腺等上皮组织完整性的重要物质,它通过促进体内的氧化还原过程和结缔组织中黏多糖的合成,维持细胞膜和细胞器(线粒体、溶酶体)膜结构的完整性和正常通透性。当其缺乏时,上皮变得干燥和角化,机体的防御机能降低,易通过黏膜(主要是呼吸道黏膜)途径感染疾病。同时,还可引起泪腺受损,泪腺分泌减少,发生干眼病;损伤性器官,发生生殖机能障碍,公畜还出现尿结石症。

维生素 A 维持成骨细胞和破骨细胞的正常功能,是保障骨细胞正常代谢的必需物质。当维生素 A 缺乏时,成骨细胞活性增高,成骨细胞及破骨细胞正常位置发生改变,软骨的生成和骨骼的精细造型受到影响,最终可导致骨的钙化不全和畸形,骨骼变形,骨管腔和孔隙变得狭小。进而引发颅内压增高,脑受挤压,引起中枢及外周神经障碍。

此外,维生素 A 缺乏还可造成蛋白质合成减少,矿物质利用受阻,内分泌功能紊乱,肝合成代谢机能降低,维生素 C 及叶酸的合成障碍等,导致动物生长发育障碍,生产性能下降。

【症状】各种畜禽发病,均有生长发育缓慢、视力障碍、皮肤干燥脱屑、幼畜骨骼成形不全、繁殖力下降、神经症状、免疫功能下降等共同的临床表现。但因动物种类不同,在表现程度上各有其独特之处。

1. 牛和羊 早期眼病突出,特别是犊牛。病初呈夜盲症,以后继发干眼病,角膜炎、结膜炎,严重的甚至失明。发育不良,脑脊液压力增高,出现共济失调、惊厥或痉挛。皮肤脱屑,蹄、角质生长不良。母牛受胎率下降,产后多发生胎衣不下,所产犊牛体质衰弱,生长迟滞,且有各种缺陷(脑水肿、眼损害)或畸形,生活力低下,有的出现死亡。

2. 猪 早期主要以共济失调、麻痹和惊厥等神经症状为主,尤其共济失调比其他家畜出现早而明显。往往头偏向一侧,步态不稳,多有异食癖。骨骼肌麻痹,四肢衰弱无力甚至瘫痪。皮肤角化脱落,常发皮炎、皮疹,鬃毛缺乏光泽,被毛脱落。免疫能力下降,易继发肺炎、胃肠炎、佝偻病。妊娠母猪,早产、胚胎被吸收或木乃伊化,所产仔猪多有先天性缺陷,易死亡。即使存活的仔猪,其生活力也较弱。很少发生干眼病。

3. 犬 早期性机能障碍,母犬胎盘变性,公犬睾丸萎缩,精子活力下降。最早出现明显的神经症状为抽搐、头后仰,倒地。幼畜生长慢,换牙延迟,水样腹泻,粪便中混有黏液和血液。

4. 禽 发病多与种蛋维生素 A 缺乏有关。表现生长停滞,消瘦衰弱,毛羽蓬乱,冠髯苍白。流水样或黏液状鼻液,有时被黄色黏稠分泌物阻塞至呼吸困难。羞明流泪,严重时角膜软化甚至穿孔。运动障碍,有时出现痉挛。母鸡产蛋量下降,蛋黄中维生素 A 含量低下,血液中尿酸增加。低维生素 A 种蛋孵出的雏鸡一般经 5~7d 开始发病,多出现神经症状,如头颈扭转、转圈运动,严重时出现共济失调。小腿及喙部黄色消退,颜色苍白。流眼泪,发生干眼病或眼炎。

【诊断】通常根据长期缺乏青绿饲料及未补充维生素 A 的病史,结合夜盲、眼睛干燥、皮肤角化和鳞屑、共济失调、繁殖受损等临床表现可初步作出诊断。确诊需要进一步参考病理变化特征、结膜涂片检查、眼底检查、血浆和肝脏中的维生素 A 及胡萝卜素含量。

结膜涂片检查，采取黏膜上皮作涂片，检查脱落的角化上皮细胞数。健康牛每个视眼只有 2~3 个，而缺乏症牛多达 11~16 个。

眼底检查，检眼镜观察犊牛视网膜绿毯部由正常的绿色或橙黄色变为苍白色。

测定血浆和肝脏中维生素 A 和胡萝卜素的含量。血浆中维生素 A 的含量，一般正常动物含量为 100µg/L 以上，如低于 50µg/L 则可能出现症状。胡萝卜素含量随日粮种类不同而有较大差异。牛以 1 500µg/L 为最佳水平，降至 90µg/L 时，则出现症状。羊含量极微。

肝脏中维生素 A 和胡萝卜素的正常含量，分别为 60µg/g 和 4µg/g，当降至 2µg/g 和 0.5µg/g 时，则出现缺乏症状。

在临床上，维生素 A 缺乏症应注意与其他疾病进行鉴别。鸡应与白喉型鸡痘、传染性支气管炎、传染性鼻炎等进行鉴别；猪主要与伪狂犬病、病毒性脑脊髓炎、食盐中毒、有机砷和有机汞中毒相鉴别。

【治疗】

1. 治疗原则　补充维生素 A，改善饲养管理条件。

2. 治疗措施　可用维生素 A 制剂和鱼肝油。维生素 A 的治疗剂量一般为 440IU/kg 体重，可以根据动物品种和病情适当增加或减少。鸡的治疗量可达 1 200IU/kg 体重。对于急性病例，疗效迅速，对于慢性病例，视病情而定；不可能完全恢复者，建议尽早淘汰。维生素 A 用量过大或应用时间过长会引起中毒，应引起注意。

【预防】预防维生素 A 缺乏的有效途径是供给青绿饲料或胡萝卜。配合日粮应满足畜禽最低需要量，维生素 A 和胡萝卜素一般最低需求量每日 30~75IU/kg 体重，最适摄入量 65~155IU/kg 体重。在家畜妊娠、泌乳和生长发育期间，日粮中维生素 A 含量一般比最低需要量高 50%。此外，要减少饲料加工损耗，放置时间不宜过长，尽量减少维生素 A 与矿物质接触的时间。

二、维生素 B₁ 缺乏症

维生素 B₁（即硫胺素）缺乏症是由于畜禽体内硫胺素缺乏或不足，所引起的大量丙酮酸蓄积，以神经机能障碍为主要特征的一种营养代谢病，也称多发性神经炎或硫胺素缺乏症。本病多见于犊牛、羔羊以及雏禽等幼畜禽，偶尔见于牛、羊、猪、马和兔等。

维生素 B₁ 广泛存在于各种植物性饲料中，米糠、麸皮中含量较高，饲料酵母中含量最高。反刍动物瘤胃及马属动物盲肠内微生物可合成维生素 B₁；因此晒干的牛粪、马粪中维生素 B₁ 含量丰富。动物性饲料如乳、肉类、肝、肾中维生素 B₁ 含量也很高。通常情况下不会出现维生素 B₁ 缺乏症，但禽类及其他非草食动物或幼年动物饲料中缺乏维生素 B₁ 或因维生素 B₁ 拮抗成分太多，可引起缺乏症。

【病因】

1. 原发性维生素 B₁ 缺乏　主要是由于长期饲喂缺乏维生素 B₁ 的饲料。

饲料中青绿饲料、酵母、麸皮、米糠及发芽的种子缺乏，也未添加维生素 B₁，或单一地饲喂大米等谷类精料易引起发病。

维生素 B₁ 属水溶性维生素，且不耐高温，因此饲料用水浸泡、高温蒸煮、碱化处理，均会造成维生素 B₁ 被破坏或丢失。

畜禽妊娠后期、泌乳期间和发病高热时，对维生素 B_1 的需要量增多，也易引发本病。此外，幼畜尤其是犊牛于 16 周龄前，瘤胃还不具备合成维生素 B_1 的能力，仍需从母乳或饲料中摄取，因此维生素 B_1 缺乏主要是由于母乳以及代乳品中维生素 B_1 含量不足所致。

2. 继发性维生素 B_1 缺乏　有以下三种原因。

第一，畜禽采食了含有吡啶硫胺素、羟基硫胺、硫胺素酶等硫胺素拮抗因子的动、植物源性饲料、药物。在新鲜鱼、虾、蚌肉、软体动物的内脏、蕨类植物以及硫胺分解杆菌中含有硫胺素酶。如果动物大量食入上述物质，则会造成维生素 B_1 缺乏症。

第二，发酵饲料，其中蛋白质含量不足，糖类过剩时，可使大肠内微生物菌群紊乱，硫胺素合成障碍，易引起维生素 B_1 缺乏。

第三，动物胃肠机能紊乱，微生物菌系破坏，长期慢性腹泻，长期大量使用抗生素使共生菌生长受到抑制等均可产生维生素 B_1 缺乏症。

【症状】 维生素 B_1 缺乏的主要症状为食欲降低，发育不良，多发性神经炎等。

草食动物： 通常病畜以神经症状为主，病初表现兴奋，转圈，无目的地奔跑，惊厥，四肢抽搐，卧地，共济失调，严重的呈角弓反张姿势，倒地抽搐，昏迷死亡。个别发病犊牛还出现脑灰质软化，腹泻、厌食及脱水等症状。

猪： 表现为采食减少，呕吐，腹泻，生长不良。严重病例出现呼吸困难、心力衰竭、黏膜发绀，后肢跛行，四肢肌肉萎缩，步态不稳。最终出现痉挛、抽搐甚至瘫痪，陷于麻痹状态直至死亡。

犬： 犬的维生素 B_1 缺乏可引起对称性脑灰质软化症，小脑桥和大脑皮质损伤。出现厌食，平衡失调，头向腹侧弯，惊厥，知觉过敏，瞳孔扩大，运动神经麻痹，四肢呈进行性瘫痪，最后呈半昏迷，四肢强直死亡。

禽类： 常发于 3 周龄左右的鸡，特征是外周神经麻痹、肌肉痉挛。开始为趾的屈肌发生麻痹，以后向上蔓延到翅、腿、颈的伸肌出现明显的麻痹，呈现典型的"观星姿势"，头向背后极度弯曲呈角弓反张状，最后倒地不起。有些病鸡出现贫血和下痢。体温下降至 $35.5℃$，呼吸频率呈进行性减少，衰竭死亡。

【诊断】 根据饲料成分分析，多发性神经炎及角弓反张等主要临床症状可作出诊断。应用诊断性的治疗，即给予足够量的维生素 B_1 后，可见到明显的疗效；测定血液中丙酮酸、乳酸和硫胺素的浓度、脑脊液中细胞数等也有助于确诊。动物血液丙酮酸浓度从 $20\sim30\mu g/L$，升高至 $60\sim80\mu g/L$；血浆硫胺素浓度从正常时 $80\sim100\mu g/L$ 降至 $25\sim30\mu g/L$；脑脊液中细胞数量由正常时 $0\sim3$ 个/ml 增加到 $25\sim100$ 个/ml 时，临床可表现典型的缺乏症状。

另外，应注意与雏鸡传染性脑脊髓炎相区别。鸡传染性脑脊髓炎有头颈、晶状体震颤，仅发生于雏鸡，成年鸡不发生等特点。

【治疗】

1. 治疗原则　补充维生素 B_1，改善饲养管理。

2. 治疗措施　一般常采用维生素 B_1 制剂，进行口服或静脉注射，症状可以较快好转。维生素 B_1 注射液的用量与动物种类、大小及年龄有关，犊牛为 50mg/d，成年牛、马为 $200\sim500mg/d$，猪、羊 $25\sim50mg/d$，犬 $10\sim25mg/d$，鸡 $2\sim5mg/d$，$5\sim7d$ 为一个疗程。

【预防】 为预防本病的发生，应注意保持日粮组成的全价性，供给富含维生素 B_1 的饲料。牛、羊增加富含维生素 B_1 的优质青草、麸皮、米糠和饲料酵母;犬应增加肝、肉、乳的供给,幼畜和雏鸡应补充维生素 B_1,按 $5 \sim 10mg/kg$ 饲料计算,或按 $30 \sim 60\mu g/kg$ 体重计算。当饲料中含有磺胺或抗球虫药时,应多供给维生素 B_1 以防止拮抗作用。目前,普遍采用复合维生素 B 防治本病。

三、维生素 B_2 缺乏症

维生素 B_2(即核黄素)缺乏症是由于畜禽体内维生素 B_2 缺乏或不足所引起的黄素酶形成减少,生物氧化功能障碍,临床上以生长缓慢、皮炎、胃肠道及眼损伤,禽类趾爪蜷缩、飞节着地等为主要特征的一种营养代谢病。本病多发于禽类和猪,犊牛、羔羊偶尔也可以发病,且常与其他 B 族维生素缺乏相伴发生。

【病因】 维生素 B_2 又称核黄素,广泛存在于青绿植物和动物蛋白之中,许多动物消化道内微生物也能合成。因此,自然条件下,维生素 B_2 缺乏并不多见。但当长期饲喂缺乏维生素 B_2 或被热、碱、紫外线作用破坏了维生素 B_2 的日粮;或因胃肠、肝胰疾病,使维生素 B_2 消化吸收障碍,长期大量使用抗生素或其他抑菌药物,致使体内微生物平衡被破坏;应激、妊娠或哺乳母畜,生长发育过快的幼龄动物,均会增加核黄素的需要量,若未及时补充,容易造成缺乏。禽类由于几乎不能合成维生素 B_2,如仅以禾谷类饲料饲喂时,更易引起维生素 B_2 缺乏。

【症状】

鸡:多发于育雏期和产蛋高峰期。雏鸡表现腹泻,生长缓慢,消瘦衰弱,特征为趾爪向内蜷缩,以飞节着地或卧地不起,两腿软弱瘫痪;机体极度消瘦,胃肠道空虚。成年鸡特征性病变为坐骨神经和臂神经显著肿大、变软,尤其是坐骨神经的变化更为显著,其直径比正常粗 $4 \sim 5$ 倍,质地软、无弹性,神经髓鞘退化。母鸡会有肝肿大、柔软和脂肪变性,产蛋量下降,蛋白稀薄,孵化率低。即使幼雏孵出,多数都带有先天性麻痹症状,体小,浮肿,出现"结节状绒毛"。

猪:生长缓慢,腹泻,皮肤粗糙脱屑或脂溢性皮炎,被毛粗乱无光,鬃毛脱落;眼结膜损伤,角膜混浊,甚至失明;步态不稳或强拘,多卧地不起,严重者四肢轻瘫;妊娠母猪流产、早产或不孕,所产仔猪孱弱,出生后易死亡。

犬:生长期犬发育受阻或生长停滞,贫血,腹泻,虚脱;口炎,皮肤红肿,皮屑增多,有鳞屑性皮炎,脱毛;结膜炎以及角膜浑浊,眼有脓性分泌物;后肢肌肉萎缩无力,有的发生痉挛和严重者导致死亡。如母犬妊娠期维生素 B_2 缺乏,所产胎儿易出现先天性畸形。

犊牛、羔羊:厌食,生长迟缓,腹泻,口唇、口角炎症,流涎,流泪,并伴有脱毛。

马:表现急性卡他性结膜炎,畏光,流泪,视网膜和晶状体混浊,视力障碍。

【诊断】 根据饲养管理情况及特征性临床症状可作出初步诊断,结合血、尿指标检查有助于本病的确诊,也可采用治疗性试验进行验证诊断。动物维生素 B_2 缺乏时,红细胞内维生素 B_2 含量下降,全血中维生素 B_2 含量低于 $0.0399\mu mol/L$。

本病的诊断应与狂犬病、禽类神经型马立克氏病相区别,同时还应与畜禽的其他维生素缺乏症相区别。

【治疗】 查明并消除病因,调整日粮配方,增加富含维生素 B_2 的饲料,必要时可补充复合维生素 B 制剂。严重的病例，肌肉注射维生素 B_2 注射液，0.1~0.2mg/kg 体重，连用 1 周。核黄素拌料或内服，犊牛 30~50mg/d，猪 50~70mg/d，仔猪 5~6mg/d，犬 10~20mg/d，雏禽 1~2mg/d，连用8~15d。亦可给予饲喂酵母和复合维生素 B 制剂。

【预防】 健康草食动物一般不会缺乏维生素 B_2，为预防维生素 B_2 缺乏主要应保持饲喂富含维生素 B_2 的全价性饲料，对妊娠、泌乳的母畜和生长较快的幼畜应根据需要及时增加需要量，控制抗生素的大剂量长期使用。

四、泛酸缺乏症

泛酸缺乏症是由于动物体内泛酸缺乏或不足所致的以生长缓慢、皮肤损伤、神经功能紊乱、消化机能障碍和肾上腺功能减退为特征的疾病。各种动物均可发生，主要见于猪和家禽。

泛酸主要分布于动植物体内，苜蓿干草、花生饼、酵母、米糠、绿叶植物、麦麸等是动物良好的泛酸来源。正常情况下，反刍动物瘤胃可以合成足够的泛酸，但瘤胃的生物合成作用受日粮组成的影响，日粮中纤维素含量高时合成减少，可溶性碳水化合物含量高时合成增加。

【病因】 长期饲喂缺乏泛酸的饲料，如饲喂纯玉米日粮，缺乏青绿饲料时可引起泛酸缺乏；猪发生该病则多见于长期以甜菜渣作饲料的情况下。泛酸对酸、碱、热不稳定，在饲料加工不合理时易被破坏，另外，动物体内微生物可以合成泛酸，但是水杨酸等与泛酸是拮抗的，当饲料中含拮抗物过多时可引起继发性泛酸缺乏症。

【症状】

猪： 食欲降低，生长缓慢，眼周围有黄色分泌物，咳嗽，流鼻液，被毛粗乱，脱毛，皮肤干燥有鳞屑，呈暗红色的皮炎；运动失调，后腿踏步动作或成正步走，高抬腿，出现所谓的"鹅步"；腹泻，直肠出血，有的发生溃疡性结肠炎。母猪卵巢萎缩，子宫发育不良，妊娠后胎儿发育异常。病理学变化为脂肪肝，肾上腺及心脏肿大并伴有心肌松弛和肌内出血，神经节脱髓鞘。

家禽： 病鸡头部羽毛脱落，头部、趾间和脚底皮肤发炎，表层皮肤有脱落现象，并发生裂隙，以致行走困难，有时可见脚部皮肤增生角化。幼鸡生长受阻，消瘦，眼睑常被黏液渗出物粘着，口角、泄殖腔周围有痂皮，口腔内有浓样物质。母鸡喂以泛酸含量低的饲料时，所产蛋多数在孵化第 12~14d 死亡，死亡鸡胚短小，皮下出血或严重水肿，肝脏有脂肪变性。

反刍动物： 犊牛表现食欲降低，生长缓慢，皮肤粗糙，皮炎，腹泻。成年牛的典型症状为眼睛和口鼻周围发生鳞状皮炎。

【诊断】 根据病史及临床症状，结合饲料分析可对本病作出诊断。但在诊断中应与烟酸缺乏，生物素缺乏及维生素 B_2 缺乏相区别。维生素 B_2 缺乏也可引起皮炎，但维生素 B_2 缺乏有脚趾挛缩现象。

【治疗】 病畜可用泛酸钙注射液进行治疗，剂量为鸡 20mg/只，其他动物每千克体重 0.1mg，肌肉注射，每天 1 次。病猪还可用辅酶 A 4~6U/kg 体重肌肉注射，1~2 次/d，连用 5~7d。饲料中添加酵母片，30~60g/d，连喂 2~3 周。饲料中按每日 10~20mg/kg 体重添加泛酸钙，连用 10~15d 也有很好疗效。

【预防】 预防本病的关键是日粮中保证足够的泛酸，以满足动物不同生理阶段的需要，需要量为：1～6日龄雏鸡6～10mg/kg体重，产蛋鸡15 mg/kg体重，生长猪11～13.2 mg/kg体重，繁殖及泌乳阶段13.2～16.5 mg/kg体重。可在饲料中按上述剂量直接添加泛酸来预防本病，也可在饲料中添加富含泛酸的物质，如酵母、甘草粉、贻糖浆、花生粉等积极预防本病。

五、生物素缺乏症

生物素缺乏症又称为维生素 H 缺乏症，是由于动物体内生物素缺乏或不足而引起的以皮炎、脱毛和蹄壳开裂等为特征的疾病。临床上生物素缺乏主要发生于家禽、猪、犊牛、羔羊、犬和猫。成年反刍动物的瘤胃、马和家兔的盲肠均可合成大量生物素，满足机体的需要，因此成年牛、羊、马及兔几乎不会发病。

【病因】

1. 饲料中生物素的利用率低　一般来说，饲料中均含有一定量的生物素，但这些生物素利用率差异较大，如鱼粉、油饼粕、豆粉、玉米等饲料中的生物素利用率较高，大麦、麸皮、燕麦等饲料中的生物素利用率很低，仅 10%～30%，有的甚至完全不能利用。如果动物长期以大麦、麸皮等植物性饲料为主进行饲养，则较易发生生物素缺乏病。

2. 某些拮抗剂的影响　据记载，生蛋清中含有抗生物素蛋白——卵白素，如育雏过程中采用过多的生鸡蛋清拌料，猪饲料中生鸡蛋清含量达到20%时，极易引起生物素缺乏病的发生。磺胺及抗生素等也有拮抗生物素的作用。有资料报道，畜禽长期饲喂磺胺或抗生素类药物，可引起生物素缺乏。

【症状】

禽：嘴和眼周围皮肤发炎，生长缓慢，食欲下降，羽毛干燥变脆。跗骨歪斜，长骨粗而短。产蛋鸡生物素缺乏所产蛋的孵化率下降，胚胎发育缺陷，呈先天性骨粗短，共济失调和骨变形。

猪：表现为生长缓慢，耳、颈、肩部、尾部皮肤炎症，脱毛，蹄底壳出现裂缝，口腔黏膜炎症、溃疡。母猪繁殖能力和仔猪成活能力均降低。

犬：长期用生鸡蛋饲喂犬时可引起生物素缺乏症，表现神情紧张，无目的的行走。后肢痉挛和进行性瘫痪，皮肤炎症和骨骼变化与其他动物类似。

反刍动物：主要表现溢脂性皮炎，皮肤出血，脱毛，后肢麻痹。

毛皮动物：出现皮肤湿疹，脱毛，貂类和狐表现明显的瘙痒症。严重缺乏时，毛皮质量降低，皮肤增厚，产生鳞屑并脱落。颜面部发生炎症和渗出，眼周围皮肤和被毛颜色变淡，产生"眼镜眼"现象。雄性毛皮动物可表现"湿腹"症状。雌性动物生殖力降低和不孕，出生的仔兽脚爪水肿，毛色淡呈灰色。

【诊断】 目前尚缺乏早期诊断方法。根据病史、临床症状，并结合测定血液中和饲料中的生物素含量可作出准确的诊断。必要时还可做治疗性诊断。

【治疗】 病畜可口服或肌肉注射生物素，剂量为鸡 3～5mg/只，犬为 0.5～1mg/kg体重，母猪为 1.5～2.5mg/kg体重，断奶仔猪为 2～4mg/kg体重。

【预防】 为预防本病，应注意保持日粮组成的全价性，保证日粮中含足量的与可利用性较高的生物素，如黄豆、玉米粉、鱼粉、酵母等。家禽和猪，尤其是畜禽和仔猪，禁用生蛋清饲喂，可经加热后拌料喂给。饲料中添加适当的生物素有较好的预防作用，其添加剂量为鸡150μg/kg饲料，母猪160~200μg/kg饲料，仔猪250μg/kg饲料，水貂2~6μg/kg饲料。

六、叶酸缺乏症

叶酸缺乏症是由于动物体内叶酸缺乏或不足而引起的以生长缓慢、皮肤病变、造血机能障碍和繁殖性能降低为主要特征的疾病。多发于猪、禽，其他家畜少见。

叶酸又称维生素 M，属于抗贫血因子，广泛存在于植物叶片、豆类及动物产品中，反刍动物的瘤胃和马属动物的肠道微生物可合成足够的叶酸。猪和禽类的胃肠中也能够合成一部分叶酸，一般情况下，动物不易发生叶酸缺乏。

【病因】

1. 饲料中叶酸缺乏　玉米和其他谷物类饲料中叶酸含量较低，青绿饲料在强烈的阳光下暴晒过久、过度煮熟及饲料经高温处理（如仔猪膨化料）等可使其中所富含的叶酸破坏殆尽，若畜禽长期采食上述饲料，又不进行叶酸的添加，极易发生叶酸缺乏病。

2. 畜禽机体叶酸吸收或合成障碍　长期使用磺胺类药物或广谱抗生素，可影响叶酸的体内生物合成；长期饲喂低蛋白性的饲料（蛋氨酸、赖氨酸缺乏），长期患有消化道疾病，均影响叶酸的吸收和利用，最终引起缺乏症的发生。

此外，妊娠、哺乳母畜及处于产蛋高峰期的家禽，机体对叶酸的需求量往往增加，若生产中不注意补加叶酸，也可导致缺乏症。

【症状】患病动物主要表现食欲不振，消化不良，腹泻，贫血，生长缓慢和繁殖力下降。

猪：食欲减退，生长迟滞，衰弱乏力，腹泻，皮肤粗糙，可视黏膜苍白，巨幼红细胞性贫血，并伴有白细胞和血小板减少，易患肺炎和胃肠炎。母猪受胎率和泌乳量下降。

禽：雏鸡食欲不振，生长缓慢，羽毛生长不良，易折断，有色羽毛褪色，出现典型巨幼红细胞性贫血和白细胞减少症，腿衰弱无力，胫骨短粗。雏火鸡有头颈直伸，双翅下垂，不断抖动等特征性麻痹症状。母鸡产蛋下降，孵化率低下，胚胎畸形，死亡率高。

【诊断】一般可根据饲养状况的分析，结合畜禽临床症状，参考病理剖解变化（可视黏膜苍白、贫血、皮肤发疹，胃肠炎）进行诊断。

【治疗】本病以准确诊断，及时补充叶酸为治疗原则。临床上多使用叶酸制剂，猪每千克体重0.1~0.2mg，每日2次口服或1次肌肉注射，连用5~10d；禽每只10~150μg，内服或肌肉注射，每日1次。还可给予维生素 B_{12} 制剂，以减少叶酸消耗，提高疗效。

【预防】预防本病的关键在于保证畜禽日粮中含有足够的叶酸，保持全价饲养。生产中，畜禽使用磺胺药或抗生素药物期间，或日粮中蛋白质不足时，或发生胃肠疾病时，适当增加叶酸或复合维生素 B 的给予量。也可以增加富含叶酸的饲料，如酵母、青绿饲料、豆类、苜蓿等的使用量。对于妊娠及哺乳母畜，还可以采取在饲料中添加动物肝脏等方法来确保叶酸的供应。

七、维生素 B_{12} 缺乏症

维生素 B_{12}（即钴胺素）缺乏症是指由于畜禽体内维生素 B_{12} 缺乏或不足所引起的机体

代谢紊乱、生长发育受阻、造血功能、繁殖功能障碍和巨幼红细胞性贫血为主要特征的一种营养代谢性疾病。本病多呈地区流行性，缺钴地区发病率较高，猪、禽和犊牛较多发，其他家畜极为少见。

维生素 B_{12} 是促红细胞生成因子，具有抗贫血作用。广泛存在于动物性饲料中，其中肝脏含量最丰富，其次是肾脏、心脏和鱼粉中，但植物性饲料中除豆科植物的根外，几乎不含有维生素 B_{12}。牛羊的瘤胃、马属动物的盲肠和其他动物大肠内的微生物都可利用钴合成维生素 B_{12}。家禽体内合成维生素 B_{12} 的能力很弱。

【病因】畜禽维生素 B_{12} 缺乏的病因通常可以分为外源性因素和内源性因素两种。

1. 外源性因素 主要见于畜禽长期采食植物性饲料，而动物性饲料缺乏，或幼畜长期饲喂维生素 B_{12} 含量低下的代用乳。此外，地方性缺钴或饲料中钴拮抗物过多以及蛋氨酸、可消化蛋白质缺乏时，也可产生维生素 B_{12} 缺乏症。

2. 内源性因素 ①长期大量使用广谱抗生素类药物，引起胃肠道中微生物区系紊乱或破坏，必然影响维生素 B_{12} 合成。②胰腺机能不全，慢性胃肠炎等会造成胃黏蛋白分泌减少，影响机体对维生素 B_{12} 的吸收和利用。③当肝脏损伤，肝功能障碍时，维生素 B_{12} 不能转化为甲基钴胺，影响氨基酸、胆碱、核酸的生物合成，亦可产生类似维生素 B_{12} 缺乏症状。

【症状】患病畜禽可出现食欲减退或异嗜，生长缓慢，发育不良，可视黏膜苍白，皮肤湿疹，神经兴奋性增高，共济失调，脂肪肝等共同症状。但畜禽种类不同，临床表现常有一定差异。

牛： 异嗜，贫血，衰弱乏力，母牛产奶量明显下降。犊牛生长缓慢或停滞，皮肤粗糙，肌肉弛缓无力，共济失调。

猪： 厌食，神经性障碍，应激增加，皮肤粗糙，背部皮炎；运动障碍，后躯麻痹，卧地不起；胸腺、脾脏以及肾上腺萎缩，肝脏和舌头常呈现肉芽瘤组织的增殖和肿大，逐渐出现消瘦、黏膜苍白等贫血症状，红细胞数及血红蛋白含量降低。成年猪繁殖机能障碍，易发生流产，死胎，畸形胎，产仔数减少，仔猪存活率低，幼猪中偶有腹泻和呕吐。

犬： 厌食，生长停滞，贫血，在外周血液中可同时看到红细胞母细胞和髓母细胞。幼犬易发生脑水肿。

禽： 一般以笼养鸡发病较多。雏鸡生长发育缓慢，饲料利用率降低，贫血，脂肪肝，死亡率增加。生长中的小鸡和成年鸡单纯性缺维生素 B_{12} 时，不表现特征症状。若饲料中同时缺少胆碱、蛋氨酸则可出现脱腱症。成年鸡肌胃糜烂，肾上腺增大，产蛋量下降，孵化率降低。鸡胚发育不良，体小且畸形，皮肤水肿，肌肉萎缩，心脏和肺脏等胚胎内脏均有广泛出血，多在孵化后期（17d）出现胚胎死亡。

【诊断】根据病史、饲料分析结果、临床症状与病理解剖变化及生化检测（血液与肝脏中钴、维生素 B_{12} 含量降低，尿中甲基丙二酸浓度升高，巨细胞性贫血）结果，可作出诊断。本病应与钴、泛酸、叶酸缺乏及幼畜营养不良相区别。

【治疗】发病后在查明原因的基础上，调整日粮组成，给予富含维生素 B_{12} 的饲料，如全乳、鱼粉、肉粉、大豆副产品，必要时添加药物。药物治疗通常用维生素 B_{12} 肌肉注射，猪、羊 0.3~0.4mg/kg 体重，犬 100mg/kg 体重，鸡 2~4mg/kg 体重，反刍动物不需补加维生素 B_{12}，只要口服硫酸钴即可。实践证明硫酸钴经口服效果优于注射。

【预防】加强饲养管理，合理搭配饲料，保证日粮中含有充足的维生素 B_{12} 和钴。同时，根据机体不同阶段的需要及时补充或增加。土壤缺钴地区，可通过土壤改良，给土壤施钴肥（硫酸钴，$1 \sim 5kg/hm^2$）或在饲料中添加维生素 B_{12}（如种鸡，日粮中添加维生素 B_{12} 4 mg/t）等方法以预防疾病的发生。此外，还应积极治疗畜禽胃肠疾病。

八、胆碱缺乏症

胆碱缺乏症是由于体内胆碱缺乏或含量不足所引起的一种脂类代谢障碍性疾病。临床以生长发育受阻，肝、肾脂肪变性，消化不良，运动障碍，禽类骨骼粗短为特征。主要发生于仔猪和雏禽，其他动物发病比较少见。

胆碱，又称为维生素 B_4，抗脂肪肝因子，广泛存在于动物性饲料（蛋黄、鱼粉、肉粉、骨粉等）和青绿植物以及饼粕等中。多数动物体内能够合成足够数量的胆碱，所以一般情况不会引起胆碱缺乏症。

【病因】

1. 日粮中胆碱缺乏或含量不足 畜禽饲料中动物性饲料不足，植物性饲料霉败变质，长期缺乏青绿饲料等均可引起畜禽发生胆碱缺乏症。

2. 其他因素的影响 日粮中烟酸含量过多，使机体合成胆碱所必需的甲基族缺少，导致胆碱缺乏。日粮中锰参与胆碱运送脂肪的过程，起着类似胆碱的生物学作用，锰缺乏可导致与胆碱缺乏同样的症状。日粮中蛋白质过量，叶酸或维生素 B_{12} 缺乏时，胆碱的需要量明显增加，如未及时补充可导致胆碱缺乏。幼龄动物体内合成胆碱的速度不能满足机体的需要，必须从日粮中摄取胆碱，若不及时补充胆碱，则易造成缺乏症。

【症状】共同症状：胆碱缺乏时，病畜精神不振，食欲减退，生长发育缓慢，衰弱无力，关节肿胀，屈伸不全，共济失调，可视黏膜苍白，消化不良。

猪： 消化不良，衰弱无力，共济失调，跗关节肿胀并有压痛感，肩部轮廓异常。死亡率较高。仔猪生长发育缓慢，衰弱，被毛粗乱，跗关节屈伸不全，运动不协调，个别出现八字腿。母猪采食量减少，受胎率和产仔率降低，仔猪生长发育不良。

禽： 生长受阻，胫骨粗短，膝关节点状出血，胫跗关节肿胀，跗骨扭曲、弯曲，关节软骨移位，行走困难。发生皮炎，骨变短粗，生长停滞，脂肪肝。一般认为，8 周龄以上的鸡不可能发生胆碱缺乏。

犊牛： 实验性胆碱缺乏主要表现食欲降低，生长发育不良，衰弱无力，呼吸急促，不能站立，消化不良。

【诊断】通常根据饲养管理情况调查，日粮胆碱含量检测，结合临床症状及病理解剖变化（脂肪肝、胫骨、跖骨发育不全等）进行确诊。

【治疗】查出病因，改善饲养管理，并调整日粮组成，给予丰富的全价饲料，如全乳、脱脂乳、骨粉、肉粉、鱼粉、麦麸、油料饼粕、豆类以及酵母等。

药物治疗通常应用氯化胆碱拌饲料混饲，添加量一般为 $1 \sim 1.5kg/t$ 饲料。

【预防】为预防本病，应注意保持日粮组成的全价性，保证日粮中含足量的胆碱。为防止鸡发生脂肪肝，可向每千克饲料中添加氯化胆碱 1g，肌醇 1g，维生素 E 10IU，预防效果良好。

九、维生素 C 缺乏症

维生素 C 缺乏症是由于动物体内维生素 C（抗坏血酸）缺乏或不足导致的胶原蛋白合成障碍、毛细血管的通透性和脆性增加，引起皮肤、内脏器官出血、贫血、齿龈溃疡、坏死和关节肿胀为特征的一种营养代谢性疾病，也称为坏血病。可发于家禽、猪、犬和毛皮动物狐、貉等。雌性毛皮动物维生素 C 缺乏引起新生仔兽患病者，又称为新生仔兽"红爪病"。

本病是人类认识最早的维生素缺乏症之一，早在 13 世纪就有记载，1753 年 Lind 还出版了关于坏血病的专著。由于维生素 C 广泛存在于青饲料、胡萝卜和新鲜乳汁中，并且大多数动物可以自己体内合成，因此兽医临床畜禽较少发生维生素 C 缺乏症。但猪内源性合成的维生素 C 并不能满足机体需要，幼年的畜禽因生长快速对维生素 C 的需求也很高，如果饲料中维生素 C 含量不足，则可能发生维生素 C 缺乏症，影响畜禽健康。

【病因】

1. 饲料中维生素 C 缺乏　一般情况下，阳光过度暴晒的干草，高温蒸煮加工的饲料，贮存过久发霉变质的饲料等，其中维生素 C 含量较低或者遭受破坏，若动物长期采食，即可发病。动物性饲料中维生素 C 含量较少，对于食肉动物如不注意补充维生素 C 则更容易发生缺乏症。

2. 幼畜母乳中维生素 C 含量不足或缺乏　由于幼畜一方面对维生素 C 的需求量较大，母乳又为其营养物质的主要来源，加上幼畜出生后一段时间内不能合成维生素 C，因此一旦母乳中维生素 C 含量不足或缺乏，则较易引起发病。尤其是仔猪、犊牛。

3. 机体对维生素 C 的吸收障碍或过度消耗　动物发生腹泻、胃酸缺乏、肝脏疾病时，可使机体发生维生素 C 的吸收、合成和利用障碍；发生肺炎、慢性传染病或中毒病及动物处于气温过高的环境时，又会造成体内维生素 C 的大量消耗，最终引起缺乏症的发生。

【症状】

共同症状：发病畜禽精神不振，食欲减退，颈、背部毛囊周围逐渐出现点状出血，口腔、齿龈出血，齿龈黏膜肿胀、疼痛、出血，后期出现溃疡。严重病例的颊、舌可发生溃疡和坏死，牙齿松动或脱落。大量流涎且口腔有异味。排血便、血尿，鼻液带血。贫血，白细胞减少。关节肿胀、疼痛，运动困难，喜躺卧恶站立。幼畜生长发育缓慢，成畜生产性能降低。多有继发病，如继发肺炎、胃肠炎及一些传染病等。

猪：表现重剧性出血素质，皮肤黏膜出血、坏死，口腔、齿龈及舌尤为明显。皮肤出血部位被毛软化、易于脱落。严重时，有关节肿胀、骨端渗出、胸部变形和运动障碍。病猪极度衰弱。不治或误治，可因失血和继发感染而死亡。妊娠母猪维生素 C 缺乏，可引起仔猪先天性维生素 C 缺乏症，仔猪脐部出血，关节肿胀、疼痛。发病仔猪血液维生素 C 低于 1ml/L。

犬：表现贫血，有吃食、咀嚼、吞咽困难及拒吃热食等口炎症状。多数出现齿龈损伤。有的发生鼻出血、胃肠出血和血尿。关节疼痛，运动受阻。严重病例，病犬侧卧，四肢伸展，个别可发生后肢麻痹。

狐：母狐妊娠时维生素 C 缺乏，则所产幼崽四肢关节、爪垫肿胀，皮肤发红，俗称为"红爪病"。严重病例，爪垫可形成溃疡和裂纹，多于生后第二天就发生于跗关节，生后

2～3d 死亡。

家禽：表现生长缓慢，产蛋量下降，蛋壳极薄。但因家禽嗉囊能合成维生素C，生产中较少发生缺乏症。

牛：表现皮炎或结痂性皮肤病，齿龈发生化脓-腐败性炎症，泌乳量下降，犊牛还出现毛囊角化过度，表皮脱落形成结痂，被毛脱落，四肢关节肿胀、疼痛，运动困难。

【诊断】根据病史，饲养管理状况，结合临床表现的出血素质，病理剖检变化（皮肤、黏膜、器官出血，齿龈肿胀、溃烂、坏死等），血、尿、乳中维生素C含量的测定等可以做出准确诊断。

【治疗】对发病畜禽应加强饲养管理，补充富含维生素C的新鲜青绿饲料，犬、狐等肉食动物应提供鲜肉、肝脏或牛奶。也可以用维生素C注射液，猪0.2～0.5g，犬0.1～0.2g，狐0.04g，牛1～3g，皮下或静脉注射，每日1次，连用3～5d。维生素C片，猪0.5～1g，仔猪0.1～0.2g，犬0.5～0.8g，口服或混饲，持续一周。

对口腔溃疡或坏死病畜，可用0.1%高锰酸钾液或抗生素药液冲洗口腔，如同时涂抹碘甘油或抗生素药膏，效果更好。

【预防】一是要加强饲养管理，保证日粮全价营养，供给富含维生素C的饲料；二是饲料加工的方法要合理，加工调制时间不宜过久或用碱处理饲料，避免青绿饲料储存过久；三是搞好妊娠母猪饲养管理，防止维生素C缺乏症的发生，仔猪要适时断奶；四是要积极防止对维生素C有消耗影响的应激、热性疾病等的发生。

第三节 矿物质代谢障碍疾病

一、佝偻病

佝偻病是生长期的幼畜或幼禽由于维生素D缺乏及饲料中钙、磷缺乏或饲料中钙磷比例失调所导致的骨营养不良性代谢病。临床上以消化紊乱、异嗜癖、跛行及骨骼变形等为特征。病理学特征是生长骨的钙化作用不足，并伴有持久性软骨肥大与骨骺增大。本病常见于犊牛、羔羊、仔猪和幼犬。

【病因】引起幼龄动物佝偻病发生的病因常见于以下几种情况，但维生素D缺乏是其主要病因。

日粮中维生素D供给不足。

光照不足。动物皮肤中的7-脱氢胆固醇可在日光中紫外线的作用下转化成维生素D_3，如母畜和幼畜长期在太阳光照不足的圈舍内饲养，皮肤中的7-脱氢胆固醇不能转变成维生素D_3，造成内源性维生素D不足，母畜乳汁中维生素D缺乏，而导致被哺乳的幼畜发病。

动物患有慢性肝脏疾病和肾脏疾病，可影响维生素D的活化，从而使钙磷的吸收、成骨作用发生障碍而导致本病，此种情况奶牛多见。

日粮中钙磷缺乏或钙磷比例不当。幼畜日粮中的钙磷比例应为1:1～2:1，如日粮中磷绝对缺乏或钙磷比例不当，可发生本病。快速生长的犊牛，发病原因主要是原发性磷缺乏。

维生素A、C缺乏。维生素A参与骨骼里黏多糖的合成，尤其是对胚胎和幼畜骨骼的生长发育所必需；维生素 C 是羟化酶的辅助因子，促进有机母质的合成，因此缺乏维生素 A、维生素 C 时动物会发生骨骼畸形。

另外佝偻病的发生，还与微量元素铁、铜、锌、锰、硒等缺乏有关。

【发病机理】佝偻病是以骨组织钙化不全为病理学基础的，骨骼中的钙含量明显降低（牛由 66.3% 降到 18.2%）和骨样组织占优势（由 30% 升高到 70%），这是钙代谢障碍的结果。在钙代谢过程中，必需有维生素 D 的参与，无论是经小肠吸收还是经皮肤合成的维生素 D，本身并无生物活性，必须在肝细胞线粒体内的羟化酶的作用下，生成 1, 25-$(OH)_2$-D_3，再到肾脏中经肾脏线粒体羟化酶的作用，生成 1, 25-$(OH)_2$-D_3，才具有活性，才能发挥生理功能。1, 25-$(OH)_2$-D_3 是目前已知的维生素 D 及其衍生物中活性最强的一种，在正常情况下，1, 25-$(OH)_2$-D_3、甲状旁腺激素、降钙素三者相互配合，通过对骨组织、肾脏和小肠的作用来调节血钙浓度，使其保持相对恒定。1, 25-$(OH)_2$-D_3 主要通过以下几个方面调节钙磷代谢。

促进小肠对钙、磷的吸收。1, 25-$(OH)_2$-D_3 在肾脏生成后，经过血液循环到达小肠黏膜，促进小肠黏膜细胞合成钙结合蛋白，它是一种载体蛋白，可与钙离子结合而起到转运钙的作用，促进钙的吸收。同时还能促进小肠对磷的吸收，从而提高血钙、血磷的含量，在血钙较高时，可促进骨骼、牙齿的钙化作用。

增强肾小管对磷的重吸收，减少尿磷的排出，提高血磷含量。

当血钙降低时，可协助甲状旁腺素增强破骨细胞对骨盐的溶解作用，使骨组织释放出骨盐，维持血钙的相对稳定，保证机体生理功能的正常进行。

由此可见维生素 D 可促进钙、磷的吸收，有利于骨骼的钙化，促进成骨作用，其溶骨作用可使骨质不断更新，但总的趋势是促进钙磷吸收和成骨作用。

饲料中钙、磷和维生素 D 缺乏，可引起发育骨中的骨样组织钙化不全，成骨细胞钙化延迟，骨骺软骨增生，骨骺板增宽，骨干和骨骺软骨钙化不全。在正常负重情况下长骨弯曲，骨骺膨大，关节明显增大，同时反射性的引起甲状旁腺分泌增强，大量动员骨钙，导致骨基质不能完全钙化，骨样组织增多。

【症状】各种动物佝偻病的临床症状基本相似，早期主要表现为精神轻度沉郁、食欲减退、消化不良、异嗜、消瘦、生长发育缓慢。中期动物经常卧地，不愿站立，被毛粗糙，无光泽，换毛延迟，出牙期延长，牙齿形状不规则，齿质钙化不足，排列不规则，容易磨损。后期动物关节肿胀易变形，快速生长骨的骨端增大，弓背，负重的长骨出现畸形而表现跛行。

严重的步态僵硬，甚至卧地不起，四肢骨骼发生变形呈现 O 和 X 型，骨质松软、易发生骨折、肋骨与肋软骨结合处有串珠状凸起。生长猪有后肢麻痹，由于牙齿病变，出现采食、咀嚼障碍，有的病例有贫血和腹泻，病程较长的易发生呼吸道和消化道感染。当血钙降低到一定程度时则出现神经过敏，痉挛和抽搐等神经症状。

X 线检查呈普遍性骨质疏松，骨质密度降低，骨皮质变薄，骨小梁稀疏粗糙，甚至消失，长骨末端呈现出"羊毛状"或"蛾蚀状"外观；负重骨骼弯曲变形，骨干骺端膨大，外形上可见骨的末端凹而扁，即呈"喇叭状"。

实验室检查，血清钙和磷水平因病因的不同而有差异。患维生素 D 缺乏的佝偻病动物，血钙或血磷含量减少或两者同时减少；饲喂低钙饲料时，虽然骨骼中钙含量减少且出现临床症状，但血钙含量多在正常范围内；饲喂低磷饲料时，血磷明显降低，小于30ml/L。血清碱性磷酸酶活性明显升高。

【诊断】根据发病动物的年龄、饲养管理条件和骨骼变形、异嗜、生长发育障碍等特征性临床症状，再结合血清钙磷含量测定结果、碱性磷酸酶活性变化以及 X 线检查等综合分析，可作出诊断。

【治疗】

1. 治疗原则 加强饲养管理，补充维生素 D 和应用钙磷制剂。

2. 治疗措施 补充维生素 D 常用鱼肝油、维生素 AD 注射液，内服或注射。犊牛、羔羊、仔猪、幼犬、猫、驹等可注射，禽类主要是通过拌料饲喂。同时，每天应保证有充足的阳光或紫外线的照射。补充钙磷可选用维丁胶钙、葡萄糖酸钙、磷酸二氢钠等，或在饲料中添加乳酸钙、磷酸钙、氧化钙、磷酸钠、骨粉、鱼粉等。

【预防】预防本病的关键是供给全价营养；饲料中钙磷比例要适宜；补充维生素 D 和增加光照。

二、骨软症

骨软症是成年动物软骨内骨化完成后由于钙磷代谢紊乱而发生的以骨质脱钙，骨质疏松和骨骼变形为特征的一种骨营养不良性疾病。病理学特征是骨质进行性脱钙，呈现骨质软化及形成过量未钙化的骨基质。临床上以消化紊乱、异嗜癖、跛行，骨软化及骨变形为特征。本病各种动物都可发生，最常见的是妊娠期或处于泌乳期的高产奶牛，其次是绵羊、猪等动物。

【病因】饲料和饮水中的钙、磷和维生素 D 缺乏，或者钙磷比例不当是引起本病的主要原因，但不同种类的动物，致病因素也有一定的差异。

猪的骨软症主要是由于钙缺乏引起，多见于长期哺乳而断奶不久的母猪。

牛的骨软病通常是由于饲料、饮水中磷含量不足或钙含量过多，导致钙、磷比例不当而发病。磷含量不足或钙含量过多和以下因素有关：发病地区土壤严重缺磷；日粮中补充过量的钙，泌乳和妊娠后期的母牛发病率最高；干旱季节使植物根部能从土壤中吸收的磷很低；乳牛骨粉或含磷饲料补充不足，特别在大量应用石粉（含碳酸钙99.05%）或贝壳粉代替骨粉时，高产母牛的骨软病发病率显著增高。绵羊在与牛相同的缺磷区，发病不严重，但有记载，绵羊骨软病与低磷酸盐血症有关。

日粮中钙磷缺乏、比例失调或维生素 D 缺乏等均可导致钙磷吸收不良。在成年动物，骨骼灰分中的钙占38%，磷占17%，其钙磷比例为2：1。根据骨骼组织中钙磷比例和饲料中钙磷比例基本上相适应的理论，要求饲料中的钙磷比例也应为1.5：1~2：1，但不同动物对日粮中钙磷比例要求不完全一致，如黄牛饲料中的钙磷比例以2.5：1最为适合，乳牛为1.3：1，猪约为1：1。

动物患有慢性肝胆疾病和肾脏疾病，可影响维生素 D 的活化，引起钙磷的吸收和成骨作用障碍而发生骨骼钙化不全，此种病因在奶牛多见。日粮中锌、铜、锰等不足也影响骨的形成和代谢。另外饲料和饮水中含有钙的拮抗因子可影响钙的吸收和骨骼的代谢。

犬猫是由于长期饲喂动物肝脏或肉（肝脏和肉中含钙少而磷多），且在室内饲养，缺乏阳光照射而发生骨软症。

【症状】骨软症在临床上呈慢性经过，各种动物骨软症的症状基本相似。首先表现为消化机能紊乱，异嗜，以后出现运动障碍和骨骼变形、牙齿磨损较快等特征，大体上与佝偻病相似。

1. 消化紊乱 呈现明显的异嗜癖 病牛舔食泥土、墙壁、铁器，在野外啃嚼石块，在牛舍吃食污秽的垫草。病猪除啃骨头，嚼瓦砾外，有时还吃食胎衣。

2. 跛行 异嗜癖出现一段时间后，动物表现运步不灵活，出现跛行。主要表现为四肢僵直，走路后躯摇摆，或呈现四肢轮跛。拱背站立，常卧地不愿起立，乳牛腿颤抖，后肢伸展，呈拉弓姿势。母猪喜欢躺卧，做匍匐姿势，跛行，产后跛行往往加剧，后肢瘫痪，严重者发生骨折。

3. 骨骼外形异常 由于负重的骨骼都伴有严重脱钙，因而脊柱、肋弓和四肢关节疼痛，外形异常。牛尾椎骨排列移位、变形，重者尾椎骨变软，椎体萎缩，最后几节椎体消失。人工可使尾椎卷曲，而病牛不感觉痛苦。盆骨变形，严重者可发生难产。长骨 X 射线检查，骨影像显示骨质密度降低，皮质变薄，最后 1~2 尾椎骨愈合或椎体被吸收而消失。

【诊断】本病在后期临床症状明显很容易诊断，所以关键是早期诊断。一般根据饲料分析结果，动物表现困乏无力，四肢负重能力降低，无外科原因的跛行，骨骼变形，牙齿磨损，X 光检查结果，血液碱性磷酸酶活性升高等可作出诊断。血清中游离羟脯氨酸浓度升高，可作为敏感性高、特异性强、操作简便的早期诊断指标。

【治疗】

1. 治疗原则 改善饲养管理，在全价饲养的基础上，补充钙、磷和维生素 D，可根据病因灵活选用适当的治疗方法。

2. 治疗措施 由高钙低磷饲料引起，可给予磷酸二氢钠，如果由低钙高磷饲料引起，则在补给骨粉的同时适当静脉注射氯化钙或葡萄糖酸钙。为促进钙、磷的吸收和成骨作用，可肌肉注射维生素 D 或维生素 A、D，也可内服鱼肝油。

【预防】定期检测动物血液中钙磷和羟脯氨酸的含量，因为这些变化均出现在临床症状出现之前。平时按照饲养标准及所在地区的情况合理配置日粮，满足动物对钙磷的需求，特别是特殊生理时期，要应用维生素 D 制剂，并让动物增加户外运动。

三、纤维性骨营养不良

纤维性骨营养不良是由于日粮中磷过剩而继发钙缺乏或原发性钙缺乏而发生的一种以马属动物为主的骨骼疾病。特征性病变是骨组织呈现进行性脱钙及软骨组织纤维性增生，进而骨体积增大而重量减轻，尤以面骨和长骨骨端显著。临床特征是消化紊乱，异嗜癖，跛行，拱背，面骨和四肢关节增大，尿澄清、透明等。

原发性甲状旁腺机能亢进引起的纤维性骨营养不良常见于犬，而继发性甲状旁腺机能亢进（如营养性、肾性）引起的纤维性骨营养不良在马、牛、猪、犬、猫等动物极为常见。

【病因】马属动物和猪常见于日粮中磷过剩而继发钙缺乏。

用钙、磷比例为 1 : 2.9 或磷更多的饲料，不管摄入钙的总量如何，均可引起马发病。试验表明，如果马日粮主要是稻草、麸皮和米糠，虽然稻草是一种钙、磷比例较为适当的粗饲料（钙磷之比为 0.37 : 0.17），但麸皮（钙磷之比为 0.22 : 1.09）和米糠（钙磷之比为 0.08：1.42）都是含磷特别高的精饲料。这种以麸皮或以米糠为主，或以两者混合为主引起的马纤维性骨营养不良，一旦补充石粉，则症状减轻直至消失。这种情况进一步证明马的纤维性骨营养不良是由于日粮中磷过剩而继发钙缺乏所致。理想的钙、磷比例，马维持在 1：0.9～1：1.4 以内，猪维持在 0.62：1.2 以内，即有防治本病的作用。

磷的饲喂量并不多，但钙喂量不足或钙、磷喂量均不足也是纤维性骨营养不良的一种原因。

对钙的吸收受到干扰。许多因素可干扰马对钙的吸收，例如植物中含有过多的草酸、植酸或饲料中存在过量的脂肪，在机体内均可与钙结合成不溶性钙而影响钙的吸收。

长期过劳或长期休闲过饲也可促进本病的发生。

【症状】马首先表现消化功能紊乱，异嗜（如舔墙吃土、咬啃饲槽、木桩），粪便干稀交替，常因牙齿磨灭不整、咀嚼不佳、吐草团等求医。随后出现不明原因的跛行，喜卧，站立时四肢频频交替踏地，或集于腹下，小心着地。常见跗关节、腕关节、肩关节、蹄部关节肿痛。随病程进展，出现典型的骨骼病变。典型的是头骨变形，如下颌骨肿胀增厚，下颌间隙变窄，上颌骨、鼻骨隆起，严重的引起呼吸困难。骨质脱钙软化，严重病例卧地不能站立，久之造成病理性肋骨骨折或肋骨弓变小，胸部变扁。

猪纤维性骨营养不良症状与马相似，重症的呈现跛行、骨折、关节肿大、面部隆起等。

【诊断】根据摄入饲料中磷过多、钙磷比例不当或钙磷缺乏，再结合临床特征，通常不难诊断。

【治疗】

1. 治疗原则　加强饲养管理，调整日粮中的钙磷比例。

2. 治疗措施　对病马应采用钙剂治疗，减少日粮中的麸皮和米糠，补充石粉（约占精饲料的 10%），静脉注射 10% 水杨酸钠溶液和 5% 氯化钙溶液（两者交替进行，即第一天为水杨酸钠，第二天为氯化钙，每日一次，每次 100ml）。也可两药各半，疗程为 7～10d。同时也可配合补充维生素 D_2 400 万 IU 肌注。当发现马尿液由原来的透明茶黄色转变成浑浊的黄白色，表明药物（包括补充石粉）治疗有效。对猪，通常用钙剂而不用无机磷酸盐。

【预防】调整马日粮中钙、磷比例，使其接近 1：1，而以 1.2：1 最理想，总之须在 1：1～2：1 范围内。石粉用于预防有很显著的效果，在本病的流行区，可在全年按 5% 的比例与精饲料混合，始终保持马尿液为浑浊的黄白色。贝壳粉、蛋壳粉也有效，但不应补充骨粉。

四、牛血红蛋白尿病

牛血红蛋白尿病是发生于牛的一种营养代谢病，通常包括母牛产后血红蛋白尿病和水牛血红蛋白尿病，临床上以磷酸盐血症、急性溶血性贫血和血红蛋白尿为特征。母牛产后血红蛋白尿病通常发生于产后 4d 至 4 周的 3～6 胎的高产母牛。

【病因】研究表明，母牛产后血红蛋白尿病的发生与以下三种因素有密切关系。①饲料中磷缺乏。②某些植物引起红细胞溶血。如甜菜块根和叶，青绿燕麦，多年生的黑麦草，埃及三叶草，苜蓿以及十字花科植物等。③铜缺乏促进本病的发生。母牛产后大量泌乳，体内铜大量丢失，当肝脏铜贮备不足时，即发生巨细胞性低色素性贫血。水牛血红蛋白尿病主要是由于饲料中磷缺乏造成低磷酸盐血症，寒冷是发病的诱因。秋季长期干旱导致饲用植物磷的吸收减少，在冬季常引起发病。

【症状】红尿是本病的突出特征，甚至是初期阶段的唯一症状。病牛尿液在最初 1~3d 内颜色逐渐加深，由淡红、红色、暗红色，直至变为紫红色和棕褐色，然后随症状减轻至病畜痊愈，又逐渐地由深而变淡，直至无色。由于血红蛋白对肾脏和膀胱产生刺激作用，使排尿次数增加，但每次排尿量相对减少。随着疾病的发展，贫血症状加剧，可视黏膜及皮肤（乳房、乳头、股内侧和腋间下）变为淡红色或苍白色，血液稀薄，凝固性降低，血清呈樱红色。呼吸加快。

临床病理学主要表现贫血、血红蛋白尿症、低磷酸盐血症。红细胞压积、红细胞数、血红蛋白等红细胞参数值下降，黄疸指数升高。血红蛋白值由正常的 50%~70% 降至 20%~40%，红细胞数由正常的 5×10^{12} 个/L~6×10^{12} 个/L 降低至 10^{12}~2×10^{12} 个/L。血清无机磷水平降低至 4~15mg/L。病牛的红细胞中能发现 Heinz-Ehrlich 小体。尿呈深棕红色，中度混浊。尿的潜血试验呈阳性反应，而尿沉渣中通常没有红细胞。

【诊断】红尿是本病的重要特征之一，在尿中无血凝块且尿沉渣中不存在红细胞，应注意与其他红尿性疾病的区别。牛的血红蛋白尿还可由其他溶血性疾病所致，例如细菌性血红蛋白尿、巴贝斯焦虫病、钩端螺旋体病、慢性铜中毒、某些药物性红尿（酚噻嗪、大黄等）、洋葱中毒等，应注意鉴别诊断。补磷后病情好转也可作为辅助诊断方法。

【治疗】

1. 治疗原则 及时补磷。

2. 治疗措施 应用磷制剂具有良好效果，同时应补充含磷丰富的饲料，如豆饼、花生饼、麸皮、米糠和骨粉。磷制剂主要有 20% 磷酸二氢钠溶液，每头牛 300~500ml，静脉注射，12h 后重复使用一次。一般注射 1~2 次后红尿消失。重症者可连续治疗 2~3 次。也可静脉输入全血，口服骨粉（产后血红蛋白尿用 120g/次，每日 2 次，水牛血红蛋白尿用 250g/次，每日 1~2 次）。也可静脉注射 3% 次磷酸钙溶液 1 000ml，效果良好。但切勿用磷酸氢二钠、磷酸二氢钾和磷酸氢二钾等。

【预防】限制过多饲喂十字花科植物如甜菜、油菜、甘蓝等含磷少的饲料。有条件的可将这些饲料青贮以减少其中皂甙的含量，同时补给含磷高的饲料，如麸皮、米糠、骨粉等，特别是在泌乳和产犊前后。

五、异食癖

异食癖是指由于环境、营养、内分泌和遗传等多种因素引起的以舔食、啃咬通常认为无营养价值而不应该采食的异物为特征的一种复杂的多种疾病综合征。

各种家畜（禽）都可发生，常发生在冬季和早春，且舍饲的动物多发。广义地说，像羔羊的食毛癖、猪的咬尾症、禽的啄羽癖和啄肛癖、毛皮动物的自咬症等都属于异食癖的范畴。

【病因】本病发生的原因是多种多样的，可因地区和动物的种类而异。一般认为有以下因素。

1. 环境 饲养密度过大，动物之间相互接触和冲突频繁，为争夺饲料和饮水，互相攻击撕咬，常诱发恶癖。光照过强，光色不适，易导致禽的啄癖。高温、高湿，通风不良，再加上空气中氨、硫化氢和二氧化硫等有害气体的刺激易使动物烦躁不安而引起啄癖。

2. 营养 许多营养因素已被认为是引起异食癖的重要原因。硫、钠、铜、钴、锰、钙、铁、磷、镁等矿物质不足,特别是钠盐的不足是常见病因。绵羊和鸡的食毛癖、猪吃胎衣和胎儿、鸡的啄肛癖与硫及某些蛋白质与氨基酸的缺乏有关。某些维生素的缺乏,特别是 B 族维生素的缺乏,可导致体内代谢紊乱而诱发异食癖。另外,当日粮中能量太高和粗纤维太少,可造成鸡过度的活动和好斗。

3. 疾病 一些临床和亚临床疾病已被证明常发生异食癖。体内、外寄生虫可通过直接刺激或产生毒素引起异食癖。有些疾病本身不引起异食癖,但可产生应激作用,如猪尾尖的坏死已被证明可引起咬尾症。

【症状】异食癖一般多以消化不良开始,接着出现味觉异常和异食症状。患畜舔食、啃咬、吞咽被粪便污染的饲草或垫草,舔食墙壁、食槽,啃吃墙土、砖、瓦块、煤渣、破布等。患畜易惊恐,对外界刺激的敏感性增高,以后则迟钝。皮肤干燥,弹力减退,被毛松乱无光泽。拱腰、磨牙,天冷时畏寒战栗。口腔干燥,开始多便秘,其后下痢,或便秘与下痢交替出现。贫血,发生渐进性消瘦,食欲进一步恶化,甚至发生衰竭而死亡。

母猪有食胎衣,仔猪间有互相啃咬尾巴、耳朵和腹侧的恶癖。断奶后仔猪、架子猪相互啃咬对方耳朵、尾巴和鬃毛时,常可引起相互攻击和外伤。

鸡有食毛(羽)癖(可能是由于缺硫),啄趾癖、食卵癖(缺钙和蛋白质),啄肛癖等。一旦发生,在鸡群中传播很快,可互相攻击和啄食,甚至对某只鸡群起而攻之,造成伤亡。

幼驹特别是初生驹有采食母马粪的恶癖,特别是母马刚拉下的有热气的新鲜粪便。采食马粪的幼驹,常引起肠阻塞,若不及时治疗,多数死亡。

异食癖多呈慢性经过,对早期和轻症的患畜,若能及时改善饲养管理,采取适当的治疗措施很快就会好转;否则病程延长,可达数月,甚至 1~2 年,最后衰竭而死亡;也有因破布、毛发、马粪等阻塞消化道,或尖锐异物使胃肠道穿孔而引起死亡的。

【诊断】将异食作为症状诊断不困难,但要作出病原学诊断,则须从病史、临床特征等方面分析,综合诊断。

【防治】

1. 在查明病因的基础上,改善饲养管理 应根据动物不同生长阶段的营养需要,喂给全价配合饲料,当发现有异食癖时,可适当增加矿物质和复合维生素的添加量。此外,喂料要做到定时、定量,不喂发霉变质的饲料。有条件时,可根据饲料和土壤情况,缺什么补什么,对土壤中缺乏某种矿物质的牧场,要增施含该物质的肥料,并采取轮换放牧。在青草茂盛的季节多喂青草;无青草的季节要喂质量好的青干草或青贮料,补饲麦芽、酵母等富含维生素的饲料。

2. 合理组群 应把来源、体重、体质、性情和采食习惯等方面相近的动物组群饲养,每一动物群的多少,应以圈舍设备、饲养密度以及饲养方式等因素而定。

3. 饲养密度要适宜 饲养密度要以不影响动物的正常生长、发育、繁殖,又能合理利用栏舍面积为原则。猪一般 3~4 月龄每头需要栏舍面积以 $0.5~0.6m^2$ 为宜,4~6 月龄以 $0.6~0.8m^2$ 为宜,7~8 月龄和 9~10 月龄则分别为 $1m^2$ 和 $1.2m^2$。

4. 圈舍应有良好的通风、温度调控及粪尿处理系统 圈舍良好的通风、温度调控及粪尿处理系统有利于防暑降温、防寒保温、防雨防潮,从而保证栏舍干燥卫生,通风良好。

此外，要避免强光照射。鸡可适当利用红光，有利于抑制过度兴奋的中枢神经系统。

5. 防止寄生虫等疾病的发生　根据各地的气温、湿度、寄生虫种类及发病规律，进行定期驱虫，以防止寄生虫诱发恶癖的发生。

六、"母牛卧倒不起" 综合征

"母牛卧倒不起"综合征又称"爬行母牛综合征"，它不是一种独立的疾病，而是某些疾病的一种临床综合征。广义地认为，凡是经一次或两次钙剂治疗无反应或反应不完全的倒地不起母牛，都可归属在这一综合征范畴内。

【病因】矿物质代谢紊乱，尤其是低磷酸盐血症、低钾血症和低镁血症等代谢紊乱与该综合征有密切的关系。有些母牛作为生产瘫痪治疗，看起来对精神抑制和昏迷状态有所改善，但依然爬不起来，这样的病例有人怀疑为低磷酸盐血症，否则就是钙疗的剂量和浓度不足。有些母牛经钙疗以后，精神抑制和昏迷状态不仅消失，而且变得比较机敏，甚至开始有食欲，但依然爬不起来，这种爬不起来似乎由于肌肉无力，因此怀疑为伴有低钾血症。若爬不起来还伴有搐搦、感觉过敏、心搏动过速和冲击性心音，则可能伴有低镁血症，在钙疗中加入镁剂，可以证实诊断。

肾脏血浆流动率和灌注率降低而同时存在心脏扩张和低血压，是分娩时出现的一种循环危象，会促使瘫痪发生。高产乳牛的乳房血流大增，会给循环系统带来威胁。有些卧倒爬不起来的母牛，伴有肾脏疾病并呈现蛋白尿或尿毒症。除上述原因外，酮病、脓毒性子宫炎、乳房炎、胎盘滞留、闭孔神经麻痹都可能与本病的发生有关。

此外，压力损伤与创伤性损伤也是引起该综合征的主要原因之一。如本来并无并发症的低钙血性生产瘫痪，由于未及时治疗，长时间躺卧（一般超过4h），尤其是体重大的母牛长时间压迫一条腿时，可因局部血液循环障碍引起坏死。母牛在分娩前后由于站立不稳和起卧很容易引起创伤性损伤，如骨盆、脊椎、四肢等的骨折，最后引起发病。

【症状】病牛在发病前，往往无症状。卧倒不起常发生于产犊过程或产犊后48h内。病牛表现机敏。饮食基本正常，食量有时有所减少，体温正常或稍有升高，心率增加到80~100次/min，脉搏细弱，但呼吸一般无变化。排粪和排尿正常。以上是典型病例的临床病征。

在其他病例，病征可能更加明显，特别是头弯向后方，呈侧卧姿势，如果将其头部抬起并给予扶持，则与正常牛无异。更为严重的病例，则呈现感觉过敏，并且在卧倒不起时呈现四肢搐搦，食欲消失。"母牛卧倒不起"综合征既可单独发生，也可发生于生产瘫痪治疗明显恢复之后而仍然继续卧地不起，这种情况一旦出现，就表明属于综合征。亚急性的病程约1~2周，常常不能痊愈。更急性的病例，在48~72h内死亡。

由于大多数是生产瘫痪综合征，或是非生产瘫痪，故血浆钙水平不正常；血浆磷和血浆镁水平有时在正常范围以内，但有时出现低磷酸盐血症、高镁或低镁血症、高糖血症及低钾血症。有时有中度的酮尿症。许多病例有明显的蛋白尿，也可在尿中出现一些透明圆柱和颗粒圆柱。有些病牛有低血压和心电图异常。

【诊断】根据钙疗无效，或治疗后精神状态好转，但依然爬不起来，以及病牛机敏，没有精神沉郁与昏迷的症状，可以作出初步诊断。对这一综合征的诊断关键是要从病因上分析，但在临床上确诊比较困难。

【治疗】治疗应根据诊断分析的结果作为依据来定，否则任意用药不仅无效，且可导致不良后果（如对心率高达 80~100 次/min 的病例应用过量钙剂，显然会产生不良后果；钾的过量应用且注射速度过快时，可导致心跳停止）。

当怀疑伴有低磷酸盐血症时，可用 20% 磷酸二氢钠溶液 300~500ml 静脉或皮下注射，即使在病性未定的情况下，用之也不致产生不良影响。应注意只给予磷酸钠盐，而不应给予磷酸钾盐。对疑为因低钾血症而引起的本综合征（母牛机敏、爬行和挣扎，但又不能站立起来），即称为"爬行的母牛"，应用含钾 5~10g 的溶液（氯化钾）治疗而有明显效果。在应用钾剂时，尤其是静脉注射时要注意控制剂量和速度。镁盐的应用要慎重，除非临床上确认伴有搐搦及感觉过敏。

由于母牛体大过重，对卧地不起者，应防止肌肉损伤和褥疮形成，可适当给予垫草及定期翻身，或在可能情况下人工辅助站起，经常投予饲料和饮水，静脉补液并对症治疗，有助病牛的康复。

第四节　微量元素缺乏症

一、硒和维生素 E 缺乏症

硒和维生素 E 缺乏症是由于体内微量元素硒和维生素 E 缺乏或不足，使机体的抗氧化机能障碍，从而引起的以骨骼肌、心肌和肝脏等组织变性、坏死为特征的营养障碍性疾病。临床常见于各种畜禽的营养性肌营养不良、仔猪营养性肝病、雏鸡渗出性素质、脑软化等，其中营养性肌营养不良也称白肌病。本病属于多种动物共患病。羔羊、仔猪、雏禽较为多发，犊牛次之，幼驹较少。

维生素 E 和硒缺乏，通常合并发生，不仅在临床症状、病理变化上有许多共同之处，而且在病因、发病机理、防治效果以及生产实践中难以区分，因而统称为硒和维生素 E 缺乏症。

【病因】本病的发生与动物体的硒和维生素 E 缺乏有直接关系，主要与以下因素有关：

1. 饲料（草）中硒和维生素 E 含量不足　当饲料硒含量低于 0.05mg/kg 以下，或因饲料加工贮存不当，氧化酶破坏了维生素 E，则出现硒和维生素 E 缺乏症。饲料中的硒来源于土壤硒，所以土壤缺硒是硒缺乏症的根本原因，当土壤硒低于 0.5mg/kg 时即认为是贫硒土壤。

2. 饲料中含有大量不饱和脂肪酸，可促进维生素 E 的氧化　鱼粉、猪油、亚麻油、豆油等含有不饱和脂肪酸，当这些不饱和脂肪酸酸败时，可产生过氧化物，促进饲料中维生素 E 的氧化。

3. 生长动物和妊娠母畜对维生素 E 的需要量增加　可导致维生素 E 相对不足而发生本病。

【发病机理】现代研究表明，硒具有以下主要生理功能：硒具有抗氧化作用；硒具有抗衰老作用；硒具有防癌症作用；硒能增强机体的免疫功能；硒具有促生长作用。当缺乏时，则相应的生理功能不能完成而引起发病。目前，认为本病的发病机理主要在于硒和维生素 E 缺乏时，机体的抗氧化作用遭到破坏。

1. 硒和维生素 E 协同发挥抗氧化作用 正常生理情况下，动物机体在代谢过程中能产生一些使细胞和亚细胞结构（线粒体、溶酶体等）脂质膜破坏的过氧化物和自由基，主要包括超氧阴离子、羟自由基、有机过氧化物和无机过氧化物。这些物质可通过硒和维生素E抗氧化作用及时将它们在体内清除。

（1）维生素 E 抑制"脂质过氧化"反应：维生素 E 的抗氧化作用是抑制多价不饱和脂肪酸产生的过氧化物对细胞膜的脂质过氧化，从而保护了细胞膜的完整性不受过氧化物的破坏。

（2）硒能催化过氧化物的分解：硒的抗氧化作用是通过谷胱甘肽过氧化物酶和清除不饱和脂肪酸来实现的，谷胱甘肽过氧化物酶能清除体内产生的过氧化物和自由基，保护细胞膜免受损害。

硒和维生素在抗氧化作用方面具有协同作用。硒能催化过氧化物的分解，维生素E 可抑制过氧化脂质的生成。两者相互协调，使组织细胞免受过氧化物的损害，保护细胞的完整性。但两者相比，硒的抗氧化效应更强。

2. 硒和维生素 E 缺乏 细胞的完整性遭到破坏，组织器官发生病理性损害。机体硒缺乏而且维生素 E 不足时，过氧化物在体内大量积聚，对细胞膜产生毒性作用，使细胞完整性遭到破坏，引起组织细胞变质。常发的器官有骨骼肌、肝脏、心脏等。骨骼肌营养不良、变性，即发生白肌病，导致姿势异常和运动障碍；心肌变性、坏死及出血，也会发生白肌病，导致心率加快、节律不齐、心功能不全，猪则表现桑葚心；胃肠道平滑肌变性，引起消化机能障碍；毛细血管变性、坏死，血管损伤，通透性增强，引起雏鸡渗出性素质，体腔积液；胰腺发育受阻、变性、纤维化，引起消化障碍；肝实质营养不良，影响胆汁分泌，引起消化不良；肝功能不全，解毒机能下降，造成机体中毒，肝、胰、胃肠病变共同引起消化障碍和顽固性腹泻；淋巴器官受损引起免疫机能降低，动物抗病力下降，易发生继发感染，使病情复杂化，最后导致死亡。

【症状】硒缺乏症病型的不同，临床症状也不完全一致，但患病畜禽一般均呈现程度不同的基本症候群（共同症状）。

（1）运动机能障碍：骨骼肌疾病引起姿势异常及运动功能障碍。

（2）消化机能障碍：以顽固性腹泻或下痢为主的消化功能紊乱。

（3）心脏功能障碍：心肌病造成心率加快、心律不齐及心功能不全。

（4）神经机能紊乱：雏禽多见，尤其当伴发维生素 E 缺乏时，由于脑软化所致的兴奋、痉挛、抽搐、抑郁、昏迷等神经症状明显。

（5）繁殖机能障碍：公畜精液品质不佳，母畜受胎率低下甚至不孕，妊畜流产、早产、死胎，产后胎衣不下，泌乳母畜产乳量减少，禽类产蛋量下降，蛋的孵化率低下。

（6）全身状态变化：全身虚弱，发育不良，可视黏膜苍白、黄染，雏鸡见有出血性素质。

另外不同的动物也有不同的临床症状。

反刍动物： 犊牛、羔羊表现为典型的白肌病症状群。发育受阻，步态强拘，喜卧，站立困难，臀背部肌肉僵硬。消化紊乱，伴有顽固性腹泻，心率加快，心律不齐。成年母牛胎衣不下，泌乳量下降。母羊妊娠率降低或不孕。

猪： 仔猪表现为消化紊乱，伴有顽固性腹泻，喜卧，站立困难，步态强拘，后躯摇摆，甚至轻瘫或常呈犬坐姿势；心率加快，心律不齐，肝组织严重变性、坏死，常因心力衰竭而死亡。成年猪在运动、兴奋、追逐过程中突然猝死；慢性病例呈明显的繁殖功能障碍，母猪屡配不孕，妊娠母猪早产、流产、死胎、产仔多孱弱。

家禽：主要表现为渗出性素质（毛细血管壁变性、坏死、血管通透性增强，血浆蛋白渗出并积聚于皮下），肌肉营养不良，胰腺纤维化，肌胃变性以及脑软化等。蛋鸡营养不良，产蛋量下降，蛋孵化率低下。

【病理变化】畜禽硒缺乏症的病理解剖变化，表现为骨骼肌、心肌、肝脏等变性、坏死；胰腺变性、纤维化及渗出性素质等。

1. 骨骼肌　苍白、色淡，呈煮肉或鱼肉样外观，并有灰白或黄白色条纹或斑块状变性、坏死区，即典型白肌病表现。一般以背腰、臀、腿、膈肌变化最明显，且呈双侧对称性，病变肌肉水肿、脆弱。肌纤维肿胀、断裂或溶解，横纹消失。

2. 心肌　心脏变形，心腔扩张，体积增大。心肌弛缓、出血或见有灰白色变性、坏死灶。心内、外膜出血，心包积液。猪则心脏肿大，外观桑葚状，称桑葚心。心肌纤维膨胀，肌纹消失呈均质化，核固缩或溶解消失，肌纤维钙化、间质轻度增生。

3. 肝脏　急性型肝脏肿大，质地脆弱，表面及切面见有红黄相间、大小不一的坏死灶，病变小叶与健康小叶界限分明，呈彩色交错的槟榔样花纹，称槟榔肝。慢性型肝脏萎缩且表面粗糙、凸凹不平。肝细胞索排列紊乱、泡浆浓染、核固缩或崩解，部分小叶坏死，小叶间结缔组织增生。

4. 渗出性素质　雏鸡在体躯特别是胸腹部皮下有紫红色或蓝绿色的水肿液。切开皮肤，皮下组织呈浆液性乃至胶胨样浸润。其他病畜见有胸腔、腹腔和心包积液。

【诊断】根据基本症状群（幼龄，群发性），结合临床症状（运动障碍、心脏衰竭、渗出性素质、神经机能紊乱），特征性病理变化（骨骼肌、心肌、肝脏、胃肠道、生殖器官见有典型的营养不良病变，雏禽脑膜水肿、脑软化），参考病史及流行病学特点可以作出诊断。

对幼龄畜禽不明原因的群发性、顽固性、反复发作的腹泻，应进行补硒治疗性诊断。当临床诊断不明确时，可通过测定病畜血液及组织含硒量、谷胱甘肽过氧化物酶活性、血液和肝脏维生素 E 含量，同时测定土壤、饲料硒含量等，进行综合诊断。

目前，酶活力检测广泛应用于实验室诊断。

谷草转氨酶：肌营养不良、肝坏死时，该酶活性增高。

肌酸磷酸激酶：适用于肌营养不良的诊断。健康幼畜肌酸磷酸激酶通常在 $100\mu g/L$ 以内，而患病动物此酶活性明显增高：牛、羊可达 $1\,000\mu g/L$；猪高达 $13\,000\mu g/L$。

乳酸脱氢酶：骨骼肌、心肌、肝脏受损时，该酶及其同工酶活性均明显增高。

谷胱甘肽过氧化物酶：动物缺硒时，血硒水平与谷胱甘肽过氧化物酶活力呈正相关，临床多用该酶活力评价动物硒营养状况。机体硒营养缺乏时，该酶活力明显下降，是诊断动物硒缺乏症的一项敏感指标。

组织硒含量检测：动物组织、血液和乳汁中硒含量水平是机体硒营养状况的有效标志。患病动物器官组织硒水平均低于健康畜禽。一般认为，肝、肾硒含量（湿重）在 $0.1mg/kg$ 以上是硒适量的标志；$0.05mg/kg$ 为临界水平；低于 $0.02mg/kg$，则硒缺乏。临床上均以血硒水平作为衡量机体硒营养状态的可信指标。血硒浓度低于 $0.05mg/kg$ 时，可诊断为硒缺乏症。饲料含量低于 0.05mg/kg；土壤含量低于 0.05mg/kg 也可作为缺硒诊断的辅助指标。

【治疗】

1. 治疗原则 加强饲养管理和及时补充硒和维生素 E。

2. 治疗措施 0.1% 亚硒酸钠溶液肌肉注射，配合醋酸生育酚，效果确实。成年牛亚硒酸钠 15～20ml，羊 5ml，醋酸生育酚成年牛羊 5～20mg/kg 体重；犊牛亚硒酸钠 5ml，羔羊 2～3ml，醋酸生育酚犊牛 0.5～1.5g/头，羔羊 0.1～0.5g/头，肌肉注射。成年猪亚硒酸钠 10～20ml，醋酸生育酚 1.0g/头，仔猪亚硒酸钠 1～2ml，醋酸生育酚 0.1～0.5g/头。成年鸡、鸭亚硒酸钠 1ml，雏鸡、鸭 0.3～0.5ml，隔日一次，连用 10d。禽类主张用亚硒酸钠、维生素 E 拌料。

【预防】 在低硒地带饲养的畜禽或饲用由低硒地区运入的饲草、饲料时，必须补硒。补硒简便易行的方法是应用饲料硒添加剂，硒的添加剂量为 0.1～0.3mg/kg。在牧区，可应用硒金属颗粒（由铁粉 9g 与元素硒 1g 压制而成），投入瘤胃中缓释而补硒。试验证明，牛投给 1 粒，可保证 6～12 个月的硒营养需要。对羊，可将硒颗粒植入皮下。用亚硒酸钠 20mg 与硬脂酸或硅胶结合制成的小颗粒，给妊娠中后期母羊植入耳根后皮下，对预防羔羊硒缺乏病效果很好。

二、铜缺乏症

铜缺乏症主要是由于体内微量元素铜缺乏或不足，引起的以贫血、腹泻、被毛褪色、皮肤角化不全、共济失调、骨关节异常、生长受阻和繁殖障碍为特征的营养代谢病。铜缺乏症各种动物均可发生，临床上，牛、羊、鹿、骆驼等动物多见，且放牧多发。

【病因】 铜缺乏症的原因包括原发性和继发性两种。

原发性缺铜是因长期饲喂低铜土壤上生长的饲草。一般土壤中含铜 18～22mg/kg，植物中含铜 11mg/kg。但在高度风化的沙土地、贫瘠的土壤中铜含量仅 0.1～2mg/kg，植物中含铜仅 3～5mg/kg。土壤铜含量低引起饲料铜含量太少，导致动物铜摄入不足，称为单纯性缺铜症，一般认为，饲料（干物质）含铜量低于 5mg/kg 可引起发病。

继发性缺铜症是由于动物对铜的吸收受到干扰，主要是由于饲料中含有过多的钼、硫等而干扰铜的吸收和利用。土壤和日粮中虽含有充足的铜，但是如果动物采食高钼土壤上生长的植物（或牧草），或采食钼污染的饲草，或饲喂硫酸钠、硫酸铵、蛋氨酸、胱氨酸等含硫过多的物质，可在瘤胃微生物的作用下形成一种难溶解的铜硫钼酸盐复合物，降低铜的利用，钼浓度在 10～100mg/kg（干物质计）以上，铜：钼＜5：1 时，易产生继发性缺铜。无机硫含量大于 0.4%，即使钼含量正常，也可产生继发性低铜症。

本病除冬天发生较少（因所饲精料中补充了铜）外，其他季节都可发生。春季，尤其是多雨、潮湿、施氮肥或掺入一定量钼肥的草场，发病率最高。

【症状】 原发性缺铜症：患畜表现精神不振，产奶量下降，贫血，被毛无光泽、粗乱，红毛变为淡锈红色，以至黄色，黑毛变为淡灰色。犊牛生长缓慢，腹泻，易骨折，特别是骨盆骨与四肢骨。驱赶运动时步态不稳，甚至呈犬坐姿势。稍作休息后，则恢复"正常"，有些牛有痒感和舔毛，间歇性腹泻，部分犊牛表现关节肿大，步态强拘，屈肌腱挛缩，行走时趾尖着地。

继发性缺铜症：其主要症状与原发性缺铜类似，但贫血少见，腹泻明显，腹泻严重程度与钼摄入量成正比。

不同动物铜缺乏症还有各自特点：

牛的摔倒症以突然伸颈、吼叫、跌倒并迅速死亡为特征。病程多为24h。死因是心肌贫血、缺氧和传导阻滞所致。泥炭样拉稀是在含高钼的泥炭地草场放牧数天后，粪便呈水样，无臭味，常不自主外排，久之出现后躯污秽，被毛粗乱，褪色，铜制剂治疗效果明显。

牛的消瘦病呈慢性经过，开始表现步态强拘，关节硬性肿大，屈腱挛缩、消瘦、虚弱，多于4~5个月后死亡。被毛粗乱，褪色，仅少数病例表现拉稀。

原发性缺铜羊的被毛干燥、无弹性、绒化，卷曲消失，形成直毛或钢丝毛，毛纤维易断。但各品种羊对缺铜的敏感性不一样，如羔羊摇背症，见于3、4周龄，属先天性营养性缺铜症，患羔表现为出生后即死或不能站立，不能吮乳，运动不协调，运动时后躯摇晃，故称为摇背症。

羊继发性缺铜的特征性表现是运动失调，呈地方性，仅影响未断乳的羔羊，多发于1~2月龄，主要是行走不稳，尤其是驱赶时，后躯倒地。持续了3~4d后，多数患羔可以存活，但易骨折，少数病例可表现腹泻，如波及前肢，则动物卧地不起。食欲往往正常。

【诊断】根据临床上出现的贫血、腹泻、消瘦、关节肿大、关节滑液囊增厚等特征，补铜后疗效显著等，可作出初步诊断。确诊需对饲料、血液、肝脏等铜含量和某些含铜酶活性的测定。如怀疑为继发性缺铜症，应测定钼和硫含量。

【治疗】

1. 治疗原则 加强饲养管理和及时补铜。

2. 治疗措施 犊牛从2~6月龄开始，每周补铜4g，成年牛每周补8g硫酸铜，连续3~5周，间隔3个月后再重复一次。动物饲料中应补充铜，或者加到矿物质补充剂中。牛、羊对铜的最小需要量是15~20mg/kg（干物质）；猪4~8mg/kg；鸡5mg/kg，食用全植物性饲料时为10~20mg/kg。矿物质补充剂中应含3%~5%的硫酸铜。

【预防】在低铜的酸性草地上，可施用含铜肥料，对低铜牧草喷洒硫酸铜，可提高牛、羊血清肝脏中的铜浓度。碱性土壤不宜用此法补铜。

直接给动物补充铜，可在精料中按牛、羊对铜的需要量补给，或者投放含铜盐砖，让牛自由舔食。口服硫酸铜溶液，按1%浓度，牛400ml，羊150ml，每周一次。妊娠母羊妊娠期持续补给，可防止羔羊地方性运动失调和摇摆症。羔羊出生后每两周一次，每次3~5ml。预防性盐砖中含铜量，牛为2%，羊为0.25%~0.5%。另外，日粮添加蛋氨酸铜10mg/kg，亦可预防铜缺乏症。

三、锌缺乏症

锌缺乏症是由于饲料中锌含量绝对或相对不足所引起的一种营养缺乏病。其基本特征是生长缓慢、皮肤皲裂、皮屑增多、角化不全、蹄壳变形、繁殖机能紊乱和骨骼发育异常。各种动物均可发生，牛、猪、鸡、犊牛、羊较多见。

【病因】原发性锌缺乏：主要是饲料中锌含量不足。家畜对锌的需要量为40mg/kg，生长期幼畜、种公畜和繁殖母畜为60~80mg/kg，鸡对锌的需要量为45~55mg/kg。饲料锌水平和土壤锌水平密切相关，当土壤锌低于10mg/kg时，极易引起动物发病。

继发性锌缺乏：主要是饲料中存在干扰锌吸收利用的因素。已发现钙、磷、铜、铁、铬、碘、镉、钼等元素过多，可干扰锌的吸收。高钙日粮可降低锌的吸收，增加粪尿中锌的排泄量，减少锌在体内的沉积。饲料中植酸、维生素、矿物质、微量元素含量过高时，易和锌形成难溶的复盐或络合物，干扰锌的吸收。

另外，消化系统机能障碍，慢性腹泻，可影响由胰腺分泌的"锌结合因子"在肠腔内停留，也会继发引起锌缺乏症。

【症状】 锌缺乏可出现食欲降低，生长发育缓慢，生产性能降低，生殖机能下降，骨骼发育障碍，骨短、粗，长骨弯曲，关节僵硬，皮肤角化不全，皮肤增厚，皮屑增多、掉毛、擦痒，被毛、羽毛异常，免疫功能缺陷及胚胎畸形等。

猪： 以皮肤角化、鳞屑状为典型特征。病初，腹部、大腿及背部等处皮肤出现红斑，然后转为丘疹，最后出现结痂、裂隙，形成薄片和鳞屑状。蹄壳变薄、甚至磨穿，裂隙处有黏稠分泌物。在行走过程中留下血印。

牛、羊： 皮肤粗糙、增厚、起皱，乃至出现裂隙。母牛健康不佳，生殖机能低下，产乳量减少，乳房皮肤角化不全，易发生感染性蹄真皮炎。绵羊羊毛弯曲度丧失、变细、乏色、易脱落。蹄变软，发生扭曲。羔羊生长缓慢，流泪，眼周皮肤起皱、皲裂。母羊生殖机能降低，公羊睾丸萎缩，精子生成障碍。

家禽： 鸡、火鸡最易缺锌。表现生长停滞，羽毛稀疏，脚爪软弱，关节肿胀；皮炎，皮肤鳞屑生成；皮肤角化，表皮增厚，以翅、腿、趾部最明显；长骨粗短，跗关节肿大；产蛋少，蛋壳薄，易碎，蛋孵化率下降，胚胎畸形（主要表现躯干和肢体发育不全，有的脊柱弯曲缩短，肋骨发育不全或易产生胚胎死亡）。

【诊断】 根据日粮低锌、高钙；临床症状如皮屑增多，掉毛、皮肤开裂，经久不愈，骨短粗等可作出初步诊断。也可进行诊断性治疗，补锌后经1~3周，病情迅速好转。测定血清、组织锌含量有助于确定诊断。必要时可分析饲料中锌、钙等相关元素的含量。

【治疗】

1. 治疗原则 及时补锌。

2. 治疗措施 一旦出现本病，应迅速调整饲料锌含量。如在饲料中增加0.02%的碳酸锌，肌肉注射剂量按2~4mg/kg体重，连续用10d，补锌后食欲迅速恢复，1~2周内体重增加，3~5周内皮肤症状消失。

【预防】 应保证日粮中含有足够的锌，并适当限制钙的水平，使钙：锌为100:1，各种动物对锌的需要量一般在35~45mg/kg，但因饲料中干扰因素的影响，常在此基础上再增加50%的量可预防锌缺乏症。如增加一倍量还可提高机体抵抗力，加快增重。

四、铁缺乏症

饲料中缺乏铁、铁摄入不足或铁从体内丢失过多，引起幼畜贫血、易疲劳、活力下降的现象，称为铁缺乏症。主要发生于单纯依靠吮乳或代乳品的幼畜，多见于仔猪，其次为犊牛、羔羊和幼犬。本病对仔猪又称缺铁性贫血。

【病因】 原发性铁缺乏：主要是因为铁源不足、幼畜对铁的需要量大、铁储存量低，导致供铁不足。犊牛、羔羊以及3~6周龄仔猪，常由于完全关禁饲养，仅依靠喂给牛乳和代乳品，因乳中铁含量很少，每天仅获得2~4mg铁。4月龄内的犊牛每天需铁约50mg，仔猪每天需铁约 7~11mg，如在乳中不加入可溶性铁强化，长期动用贮存铁，可发生铁缺乏症。

在出生后头几个星期内死亡的仔猪，有 30% 属于缺铁性贫血。初生仔猪并不贫血，但因体内贮存铁较少（约 50mg），仔猪每增重 1kg 需 21mg 铁，每天约需 7~11mg 铁，但仔猪每天从乳汁中仅能获得 1~2mg 铁。每天要动用 6~10mg 贮存铁，只需 1~2 周贮铁即耗尽。因此，长得越快，贮铁消耗越快，发病也越快。在水泥地面上饲养的仔猪更易患病。

继发性铁缺乏：吸血性寄生虫病和传染病引起失血而使铁损耗增加；铜、钴、蛋白质、叶酸及维生素 B_{12} 缺乏，使铁的利用受阻，可引起缺铁性贫血；用棉籽饼或尿素作蛋白质补充饲料，又未给动物补充铁；完全关禁式集约饲养，无法从食物以外的途径获得铁。

【症状】幼畜缺铁的共同症状是贫血。临床表现为：生长缓慢、昏睡、可视黏膜苍白、呼吸频率加快、抗病力弱，严重时死亡率高。最明显的症状有：

贫血：常表现为淡染性小红细胞性贫血，并伴有成红细胞性骨髓增生。血红蛋白降低，血清铁、血清铁蛋白浓度低于正常，血清铁结合力增加，铁饱和度降低。

血脂浓度升高：血清甘油三酯、脂质浓度升高，血清和组织中脂蛋白酶活性下降。

肌红蛋白浓度下降：实验性铁缺乏时，幼犬、小猪、鸡和大鼠可表现为肌红蛋白浓度下降，骨骼肌比心肌、膈肌更敏感。

含铁酶活性下降：过氧化物酶、细胞色素氧化酶活性下降。

仔猪铁缺乏症：多发生在 3~6 周龄，3 周龄为发病高峰期。表现为采食量下降，腹泻。生长缓慢，呼吸困难，可视黏膜苍白，心搏加剧。易感染大肠杆菌而发生白痢。血液检查单位容积内红细胞数和血红蛋白的含量低于正常。

犊牛、羔羊铁缺乏症：见于大量血吸虫感染，引起铁丢失过多，得不到及时补充时。血液检查单位容积内红细胞数和血红蛋白的含量降低。呈淡染性小红细胞性贫血。

【诊断】根据饲养条件、贫血症状可作出初步诊断。测定血液红细胞数、血红蛋白的含量、血细胞压积值等指标及用铁治疗有效可进行确诊。

【防治】

1. 治疗原则 改善饲养管理，补充铁制剂，对症治疗。

2. 治疗措施 口服或肌肉注射铁制剂。出生后 2~4d 补充一次，10~14d 再补充一次，用 1~2ml 葡聚糖铁，含 100~200mg 铁，或葡萄糖酸铁、山梨醇铁、柠檬酸复合物等每周一次。每日口服 1.8% 的硫酸亚铁 4ml，连用 7d 或于生后 12h 一次口服葡聚糖铁或乳糖铁，以后每周一次。每次 0.5~1.0g 可预防贫血。出生后 3 日，深部肌肉注射右旋糖苷铁 200mg，不仅可预防贫血，而且可促进生长。

五、锰缺乏症

锰缺乏症是由于日粮中锰供给不足引起的一种以生长停滞、骨骼畸形、繁殖机能障碍，以及新生幼畜运动失调为特征的营养代谢性疾病。家禽最为敏感，表现为骨骼短粗，称为骨短粗病、滑腱症。其次是猪、羊、牛等。

【病因】原发性锰缺乏症：呈地方流行性，多因饲料中锰含量不足。饲料锰与土壤锰水平密切相关，沙土和泥炭土含锰不足，当土壤锰含量低于 3mg/kg，活性锰低于 0.1mg/kg，可引起锰缺乏症。日粮含锰 10~15mg/kg，足以维持犊牛正常生长，但在繁殖和泌乳时，日粮中锰含量应在 30mg/kg 以上。小麦、燕麦、麸皮、米糠等锰含量能满足动物生长需要。而玉米、大麦、大豆含锰很低，分别为 5mg/kg、25mg/kg 和 29.8mg/kg，畜禽若以其作为基础日粮可引起锰缺乏或锰不足。另外饲料中胆碱、烟酸、生物素及维生素 B_{12}、维生素 D 等不足，机体对锰的需要量增多。

继发性锰缺乏：饲料中钙、磷、铁、钴等元素可影响锰的吸收利用，饲料磷酸钙含量过高，可影响肠道对锰的吸收，用含钙 3% ~6% 的日粮饲喂蛋鸡，可明显降低组织器官、蛋及雏鸡体内的锰含量。锰与铁、钴在肠道内有共同的吸收部位，饲料中铁和钴含量过高，可竞争性地抑制锰的吸收。

【症状】动物锰缺乏共同症状表现为生长受阻，骨骼短、粗，骨重量异常。腱容易滑脱，形成"滑腱症"；动物缺锰常引起繁殖机能障碍，母畜不发情，不排卵，公畜精子密度下降，精子活力减退。母鸡产蛋量减少，鸡胚易死亡等特征。

各种动物的临床表现有：

禽缺锰：主要特征为骨短粗症和滑腱症。可见单侧或双侧跗关节以下肢体扭转，向外屈曲，跗关节肿大、变形，胫骨变粗短和腓肠肌位脱出而偏斜。两肢同时患病者，站立时呈"O"形或"X"形，一肢患病者，病肢因变短而悬起，健肢着地，严重者附关节着地移动或麻痹卧地不起，最后因无法采食而饿死。刚出壳鸡还呈现神经症状，如共济失调，呈观星姿势等。成年母鸡缺锰时，产蛋减少，蛋受精率下降，鸡胚常于孵化至第 20d、第 21d 死亡，死胚呈现软骨发育不良。

反刍动物缺锰：新生犊牛表现为生长不良，腿部骨、关节先天性肿大和变形，运动障碍。成年牛则表现性周期紊乱，发情缓慢或不发情，不易受胎，早期发生原因不明的隐性流产、弱胎或死胎。

【诊断】可根据病史、临床症状和实验室检验进行确诊。如新生仔畜常有关节肿大、骨骼变形；母畜繁殖机能下降，骨骼变形、短粗，有滑腱表现。但骨骼灰分重量不变。饲料锰常低于 40mg/kg。血液、毛发的锰含量可作参考。

【防治】

1. 治疗原则 补锰。

2. 治疗措施 可把锰盐或锰的氧化物掺入到矿物质补充剂中，或掺入粉碎的日粮内。所补充的锰很容易进入鸡蛋内，改善鸡胚的发育，增加出壳率。同时添加适量的胆碱和多种维生素，效果更好。锰的氧化物、过氧化物、氯化物、碳酸盐、硫酸盐等有同样的补锰效果。日粮锰的浓度至少为 40 ~50mg/kg。试验表明浓度在 100 ~120mg/kg，饲料报酬高，腿病发病率最低（仅 2.5% ~10%）。雏鸡可用 110g 高锰酸钾溶于 20L 常水中，每天 2 次饮用，连用 2d，间隔 2d，再饮 1 ~2d，可防治雏鸡后天性缺锰。

牛羊在低锰草地放牧时，小母牛每天给 2g，大牛每天给 4g 硫酸锰，可防治牛的锰缺乏症。每公顷草地用 7.5kg 硫酸锰，与其他肥料混施，可有效地防治锰缺乏症。

病例分析

病例一 2011 年 4 月 19 日，重庆市某县一奶牛养殖户饲养的一头产犊后 35d 的发病奶牛，食欲减退，拒食精料，只采食少量的粗饲料，反刍停止。奶产量下降，从前几日的

32kg/d 下降到目前的 11kg/d，并且还在继续下降。请求医治。临床检查发现病牛精神沉郁，食欲差，不吃精饲料，只采食少量青干草等粗饲料。反刍次数减少，瘤胃蠕动 1 次/2min，饮水较少。病牛出现异嗜、消瘦，产奶量严重减少，眼窝下陷，呈弓背姿势站立，垂头、目半闭，有时眼睑发生痉挛，行走时步态不稳，运步跛行。尿少、发黄，排到地上形成多量泡沫，有烂苹果味。粪便干少，外附黏液。问诊发现，该病牛于 4 月 14 日开始发病，请当地兽医人员进行医治，但效果不明显。医疗中主要使用过 10% 的葡萄糖酸钙、维生素 C、维生素 B$_1$ 等药物。发病前畜主曾每天补饲精料 2 次，每次约 1.5kg。精料组成为玉米 48%、豆饼 20%、蚕蛹 17%、麸皮 12.5%，食盐 1%，石粉 1.5%。粗料主要为干稻草，但有些潮湿和霉败。

　　病例二　2011 年 12 月 7 日，大足县某猪场由三头母猪产下的 20 多头 3 日龄新生仔猪出现卧地不起，头向后仰，四肢作游泳状划动等症状，已死亡近 10 头，请求医治。临床检查发现病仔猪不吃乳，精神委顿，四肢软弱无力，怕冷，喜钻母猪腹下或相互挤占。口微张，口角流出少许泡沫。触诊检查病猪皮温低，听诊心音减弱，多数病猪均为 70～80 次/min，呼吸浅表而快速，体温多数为 37～38℃，个别严重者达到 36℃ 以下。对死亡猪进行剖检发现颈下、胸腹皮下有不同程度水肿，切开后流出透明无色的液体。血液凝固不良。肝脏呈土黄或橘黄色，质地脆弱，胆囊膨大、充盈，肾呈淡土黄色，有散在出血点，膀胱黏膜及心外膜也有少量出血点。问诊得知，这些发病仔猪均为三头母猪最近所产，而这三头母猪体况均不太好，乳汁较少，并且均发生了急性乳房炎，12 月 6 日猪场兽医给三头母猪打过针。猪场老板还告诉说，2d 前猪场变压器突然坏了，到现在还没有找到人修理，这几天场里一直没有电，保育舍保温装置也不能正常使用。

要求：
1. 对以上病例症状及资料进行综合分析，提出初步诊断。
2. 拟定治疗方案。
3. 开出正规处方（包括中、西药物处方）。

第七章

中毒性疾病

知识目标：
- ◇ 掌握动物常见中毒病的主要症状、一般诊断方法和救治方法。
- ◇ 理解预防中毒病的重要社会意义和现实意义。
- ◇ 了解重要中毒病的发生机理及中毒病的发展史。

技能目标：
- ◇ 能运用所学知识诊断动物常见中毒病，并采取相应措施进行救治。
- ◇ 能对各种常见毒物进行简易检验，能测定动物机体、饲料、粪尿及环境中常见毒物的含量。
- ◇ 能熟练使用特效解毒药及其他常规药物对中毒病进行防治。

第一节 概 论

一、毒物与中毒

1. 毒物 在一定条件下，一定量的某种物质进入机体后，由于其本身的固有特性，在组织器官内发生化学或物理化学的作用，从而破坏机体的正常生理功能，引起机体的机能性或器质性病理变化，表现出相应的临床症状，甚至导致机体死亡，这种物质称为毒物。

某种物质是否有毒主要取决于动物接受这种物质的剂量、途径、次数及动物的种类和敏感性等因素，因此，所谓的"毒物"是相对的，而不是绝对的。

2. 毒物的分类 根据毒物的来源，可分为内源性毒物和外源性毒物。前者主要是机体内的代谢产物，通过自体解毒和排泄作用，一般不引起明显病理变化。而后者，可能促进内源性毒物的形成，导致自体中毒的病理过程。在临床兽医实践中，外源性毒物对于家畜中毒的发生具有特别重要的意义，主要有饲料毒物、植物毒素、霉菌毒素、细菌毒素、农药、药物与饲料添加剂、环境污染毒物、动物毒素、有毒气体、辐射物质以及军用毒素等。

3. 中毒 由毒物引起的相应病理过程，称为中毒。由毒物引起的疾病叫中毒病。

二、中毒的常见病因

1. 自然因素 包括有毒矿物、有毒植物和有毒昆虫引起的动物中毒。

（1）有毒矿物（包括工业污染）：含氟的岩石和土壤以及工业氟污染的水草是家畜氟病的重要来源。井水含有过量的硝酸盐可引起动物致死性中毒。土壤中存在对家畜无法利用的矿物有时被植物吸收并蓄积，如"蓄硒植物"可引起多种类型的硒中毒；牛放牧在含钼高的草地发生钼中毒或"腹泻病"。这些中毒病有明显的地区性。

（2）有毒植物：植物中毒具有明显的地方性。多数有毒植物具有一种令人厌恶的臭味或含有刺激性液汁，正常家畜往往拒食这些植物，仅当其他牧草缺乏的时候，才被迫采食。许多动物对有毒植物可以产生嗜好，因此植物中毒的动物恢复健康后，必须限制它们回到有毒植物生长的土地上，以防再次中毒。

2. 人为因素　根据毒物的来源划分为工业污染、农药、房舍和农场使用的其他物质、不适当的使用药物或饲料添加剂以及劣质饲料和饮水等。

（1）工业污染：在工业生产发达的地区，其附近的水源和牧草最容易被工厂排出物所污染。如砷、铅、汞、氟、钼等工业污染物常引起人畜中毒。此外，由于放射性物质污染环境，来自煤气厂的酚类、制革厂的铬酸盐、啤酒厂的酒精和电镀作业的氰化物等废物也能使家畜发生中毒，甚至死亡。

（2）农药：农药的种类繁多，应用非常广泛，常因污染饮水或饲料而引起动物中毒。近年来，一些剧毒农药逐渐被安全的化合物所取代，如杀虫剂对硫磷被低毒性的马拉硫磷和乐果所取代，杀鼠剂磷化锌被灭鼠灵所取代。然而由于溶剂使用不当，容器的处理不当或污染饲草等，致使畜禽发生中毒性疾病。

（3）药物：大多数药物是选择性毒物，如果给予的剂量太大、太快或太频繁，就会发生毒性反应，如正常剂量的硼酸葡萄糖钙，如果注射速度太快，就能导致牛中毒死亡。

（4）饲料添加剂：饲料添加剂的种类迅速增加，若不按规定使用，用量过大或应用时间过长，或者混合不当等，对动物可能引起某些毒副作用，甚至导致动物大批死亡。

（5）家庭用品：含铅的涂料是引起家畜中毒最常见的原因。油灰、油毡、铅弹、高尔夫球和旧的蓄电池等都含有铅，而且容易与家畜接触，常常引起动物中毒。

（6）饲料和饮水：饲料中毒大多数是由于不适当的收获或贮藏引起，如腐败草木樨引起的双香豆素中毒，发芽马铃薯中毒，发霉干草和谷物中毒等；许多有毒植物在干燥或加工以后仍保留其毒性；杀鼠剂毒死的鼠类能引起食肉动物继发性中毒等。工矿排出的废物对水体的污染是家畜中毒的常见原因，某些地区井水中富含硝酸盐和氟，亦可引起家畜的中毒。

（7）霉菌毒素：有些霉菌在寄生过程中可产生毒性很强的代谢产物，引起人畜中毒。

（8）恶意投毒：恶意投毒引起家畜的中毒事件并不常见，但必须加强安全措施，防止事故发生。

三、中毒的诊断

动物中毒病的快速、准确诊断是研究畜禽中毒病的重要内容，一但作出诊断就能进行必要的治疗和预防；在未确诊之前，对病畜只能进行对症治疗。中毒的准确诊断主要依据病史、症状、病理变化、动物试验和毒物检验等进行综合分析。

1. 病史调查　调查中毒的有关环境条件，向有关人员详细询问病畜接触毒物的可能性，如灭鼠剂、杀虫剂、油漆、化肥、石油产品以及其他化学药剂等，接触该种毒物的可能数量和程度。饲料和饮水是否含有毒植物、霉菌、藻类或其他毒物。涉及大群畜禽时，则应注意发病数、死亡数（最后一头动物死亡的时间）、中毒过程、管理情况、饲喂程序和免疫记录等。对放牧家畜应注意牧场种类、有无垃圾堆和破旧农业机具以及牧场附近有无工厂和矿井等。与诊断有关的其他项目，如采食最后一批饲料的持续时间，用过的药物和效果以及驱除寄生虫的情况等。饲料中毒常发生在同一畜群或同一污染区内，其中采食量大，采食时间长的幼畜和母畜，成年体壮的家畜首先发生中毒，且临床症状表现严重。根据病程的发展速度又可把中毒分为急性型、亚急性型和慢性型。

2. 临床症状 观察临床症状要特别仔细，轻微的临床表现，可能就是中毒的特征。由于所有毒物都可能对机体各系统产生影响，但临床症状的观察和收集往往非常有限，临床医师看到中毒动物时，只能观察到某个阶段的症状，不可能看到全部发展过程的临床症状及其表现；同一毒物所引起的症状，在不同的个体有很大差别，每个场合不是各种症状都能表现出来，因而症状仅作诊断的参考依据。特殊症状出现顺序和症状的严重性，可能是诊断的关键，故症状对中毒的诊断，又是不容忽视的。

除急性中毒的初期，有狂躁不安和继发感染时有体温变化之外，一般体温不高。

有的中毒病可表现出特有的示病症状，常常作为鉴别诊断时的主要指标。如亚硝酸盐中毒时，表现可视黏膜发绀，血液颜色暗黑；氢氰酸中毒者则血液呈鲜红色，呼出气体及胃肠内容物有苦杏仁味；草木樨中毒病例具有血凝缓慢和出血特征；光敏因子中毒时，患畜的无色素皮肤在阳光的照射下发生过敏性疹块和搔痒；黑斑病甘薯中毒时，患畜表现喘气、发吭；有机磷农药中毒时表现大量流涎、腹泻、瞳孔缩小、肌肉颤抖等临床特征。

3. 病理变化 尸体剖检常能为中毒的诊断提供有价值的依据。一些毒物可产生广泛的损害，或仅仅产生轻微的组织学变化，但有的没有形态变化，这些在中毒诊断上常常同样重要。如皮肤、天然孔和可视黏膜，可能有一种特殊颜色变化，例如小动物磷中毒，出现黄疸是肝损害的常见症状，一氧化碳和氰化物中毒以呈现樱桃红色和淡粉红色为特征，亚硝酸盐或氯酸盐中毒引起高铁血红蛋白血症则可能显现棕褐色。

剖开腹腔时应注意特殊气味，如氰化物中毒的苦杏仁气味，当胃被打开时可能更为明显，又如有机磷中毒的大蒜气味和酚中毒的石炭酸味等。胃内容物的性质对中毒的诊断有重要意义，仔细检查有助于识别或查出有毒物的痕迹，如在胃中发现叶片或嫩枝等，可能是有毒植物中毒的诊断依据。老鼠的尸体，则容易联想到杀鼠剂（如有机氟化合物）的继发性中毒。三氧化二砷的灰白色微粒或油漆片等均可能成为诊断的依据。胃内容物的颜色可能是特殊的，铜盐显淡蓝绿色，铬酸盐化合物显黄色到橙黄或绿色；苦味酸和硝酸显黄色，而腐蚀性酸（如硫酸）能使胃内容物变成黑色等。

急性中毒，最常见的是胃肠道炎症，极重的病例可见胃肠道被腐蚀。砷中毒突然死亡常伴发胃肠炎。

肝、肾的损害常为毒物作用的结果，例如肝损害可在锑、砷、硼酸、铁、铝、磷、硒、铊、氯仿及同源的化合物、单宁酸、含氯萘（萘的氯化物）、煤焦油、沥青、棉籽中毒时见到。每当刺激毒物被吸收和从尿中排出时则发生肾脏损害，也见于食盐中毒及磺胺类药物疗法之后。草酸钙结晶在草酸和乙二醇中毒的病例中可以见到。

肌肉组织可能具有特殊的颜色（如黄疸）或出血症状（蕨中毒或草木樨中毒病）。

4. 动物试验 动物试验不仅可以缩小毒物范围，而且具有毒理学研究的价值。动物试验包括给敏感动物饲喂可疑物质和观察其作用，通常用原患病地方的同种正常动物饲喂可疑物质效果最好。

动物试验是一个很重要的手段，尤其当某种物质，如霉菌毒素、细菌毒素或植物毒素混入饲料时，为了证实在饲料中的特种化学物质是一种有毒物质，必须对可疑饲料进行各种成分的分离提取，用各组分进行动物试验，最后取得毒物的纯品，并在实验动物中得到复制。

5. 毒物分析 某些毒物分析方法简便、迅速、可靠，现场就可以进行，对中毒性疾病的治疗和预防具有现实的指导意义。毒物分析的价值有一定的限度，在进行诊断时，只有把毒物分析和临床表现，尸体剖检等结合起来综合分析才能做出准确的诊断。对毒物分析结果的解释必须考虑到与本病有关的其他证据。

6. 治疗性诊断 畜禽中毒性疾病往往发病急剧，发展迅速，在临床实践中不可能允许对上述各项方法全面采用，可根据临床经验和可疑毒物的特性进行试验性治疗，通过治疗效果进行诊断和验证诊断。

四、中毒性疾病的治疗

中毒的治疗一般分为阻止毒物进一步被吸收，应用特效解毒剂，进行支持和对症疗法三个步骤。

1. 阻止毒物的吸收 首先除去可疑含毒的饲料，以免畜禽继续摄入，同时采取有效措施排出已摄入的毒物。如用催吐法、洗胃法清除胃内食物；用吸附法把毒物分子自然地结合到一种不能被动物吸收的载体上，再用轻泻法或灌肠法清除肠道的毒物。

除去毒源：立即严格控制可疑的毒源，不使畜禽继续接触或摄入毒物。可疑毒饵、呕吐物、垃圾或饲料应及时收集销毁，防止畜禽再接触或采食。如果毒物难以确定，应考虑更换场所、饮水、饲料和用具，直到确诊为止。

排出毒物：清除病畜体表毒物，应根据毒物的性质，选用肥皂水、食醋水或3.5%醋酸、石灰水上清液，洗刷体表，再用清水冲洗；清除眼部酸性毒物应用2%碳酸氢钠溶液冲洗，然后滴入眼药水，再涂2.5%金霉素眼膏以防止感染。

清除消化道毒物通常采用催吐剂、洗胃、吸附沉淀剂、黏浆剂、收敛剂以及盐类泻剂等，防止吸收。

催吐法：一般只用于猪、狗、猫，兴奋呕吐中枢的药物最为有效。通常应用阿朴吗啡和吐根糖浆，阿朴吗啡0.05~0.1ml/kg，静脉注射或皮下注射，多用于狗，忌用于猫。吐根糖浆的催吐作用虽然比阿朴吗啡的效果差，呕吐作用发生较慢，但用10~20ml给狗有效。狗也可用藜芦碱0.01~0.03g，阿朴吗啡5~10mg皮下注射或1%硫酸铜溶液50~100ml内服。

部分病例禁用催吐剂，如摄入腐蚀性毒物，摄入挥发性碳氢化合物和石油蒸馏物，昏迷或半麻醉的病畜或者不具有呕吐反射机能的动物，以及惊厥病畜。

洗胃法：毒物进入消化道后，洗胃是一种有效排出毒物的方法。最常用的洗胃液体为清水，亦可根据毒物的种类和性质，选用不同的洗胃剂，通过吸附、沉淀、氧化、中和或化合等，使其失去毒性或阻止吸收，从而能够有效地被排出。

毒物进入消化道1~4h以内者，洗胃效果较好（过食豆谷中毒从发病开始计算）。首先抽出胃内容物（取样品作毒物鉴定），继而反复冲洗（洗胃液的用量根据家畜种类来确定），最后用胃管灌入解毒剂、泻剂或保护剂。

要想把大家畜的胃内容物冲洗干净是不可能的。反刍动物瘤胃切开术使胃排空是唯一的有效方法。瘤胃内容物排空后，必须灌服适合的液体。可用切碎的干草、麸皮和碾碎的燕麦混合，开水烫熟，并保持与体温相同温度，作为一种正常瘤胃内容物的代用品。最好把健康牛反刍出的食物导入病牛的瘤胃内，以便重新建立其微生物群落。

吸附法：吸附法是把毒物分子，自然地黏合到一种不被吸收的载体上，通过消化道排出，所有吸附剂以万能解毒剂（活性炭 10g，轻质氧化镁 5g，高岭石（白陶土）5g 和鞣酸 5g 的混合物）效果最好。活性炭是植物有机质分解蒸馏的残留物，它是多孔的，含灰量少并具有很大的表面积（100m^2/g）。它能吸附胃肠内各种有毒物质，如色素、有毒气体、细菌、发酵产物、细菌产物以及金属和生物碱等（但氰化物不能被吸附）。它的吸附功能因毒物的酸性或碱性而降低。被吸收的毒物一般都能经消化道排出。

活性炭可以降低药物的功效，同时减少本身的解毒作用，1g 活性炭能吸附各种药物 300～1 800mg，因此不能与药物同时灌服。

轻泻法：多数毒物可经小肠和大肠吸收或引起肠道的刺激性症状，故欲清除经口进入的毒物，除采用催吐和洗胃方法外，尚需应用轻泻剂，使已进入肠道的毒物迅速排出，以免或减少在肠内的吸收。盐类泻剂因其渗透压的作用，能阻止毒物吸收，排出毒物的效果较好，其中硫酸钠比硫酸镁为佳。某些抑制肠蠕动的药物也可增加镁的吸收。肾功能减退时，排泄障碍，更能增加镁的毒性，使中枢神经和呼吸抑制。油类泻剂有溶解某些毒物（如酚类、麝香草酚、磷、碘等）的作用，可促进毒物的吸收，故不宜采用。如毒物已引起严重的腹泻，即不必再用泻剂。

排出已吸收的毒物：毒物进入血液后，应及时放血并输入等量生理盐水，有条件者可以换血。此外，大多数毒物由肾脏排出，有些毒物经汗排出。利尿剂和发汗剂也可加速毒物的排出。对肾机能衰竭而且昂贵的患畜，进行腹膜透析，排出内源性毒物。

2. 特效解毒疗法　迅速准确地应用解毒剂是治疗毒物中毒的理想方法。针对具体病例，应根据毒物的结构、理化特性、毒理机制和病理变化，尽早施用特效解毒剂，从根本上解除毒物的毒性作用。解毒剂可以同毒物络合使之变为无毒。例如，重金属通过 EDTA 或其盐类生成络合物，砷同二巯基丙醇结合形成更稳定的化合物，从而成为无毒或低毒物质，从肾脏排出。

解毒剂能加速毒物代谢作用或使之转变为无毒物质。如亚硝酸盐离子和硫代硫酸盐离子与氰化物结合依次形成氰化甲基血红蛋白和硫代氰酸盐，随尿排出。

解毒剂能加速毒物的排出。如硫酸盐离子可使反刍动物体内过量的铜迅速排出。

解毒剂能与毒物竞争同一受体。如维生素 K 与双香豆素竞争，使后者变为无毒。

解毒剂改变毒物的化学结构，使之变为无毒。例如，丙烯吗啡分子结构中的 N-甲基被丙烯基取代后，吗啡的毒性作用降低。

解毒剂能恢复某些酶的活性而解除毒物的毒性。例如有机磷酸酯类的毒性作用主要是与体内的胆碱酯酶结合，形成磷酰化胆碱酯酶。解磷定、氯磷定等能与磷酰化胆碱酯酶中的磷酰基结合，将其中的胆碱酯酶游离，恢复其水解乙酰胆碱的活性，从而解除有机磷酸酯类的毒性作用。

解毒剂可以阻滞感受器接受毒物的毒性作用。如阿托品能阻滞胆碱酯酶抑制剂中毒时的毒蕈碱样作用。

解毒剂可以发挥其还原作用以恢复正常机能。例如，由于亚硝酸盐的氧化作用所生成的高铁血红蛋白，可以用亚甲蓝还原为正常血红蛋白，使动物恢复健康。

解毒剂能与有毒物质竞争某些酶，使不产生毒性作用。例如有机氟中毒时，使用乙酰胺（解氟灵），因其化学结构与氟乙酰胺相似，故能争夺某些酶（酰胺酶），使氟乙酰胺不能脱氨产生氟乙酸，从而消除氟乙酰胺对机体三羧酸循环的毒性作用。

另外，某些使有毒物质加速或减少代谢转变的因素，可能加强或减弱毒物的毒性。例如，某种代谢产物比同源的化合物（有机硫代磷酸盐转化为有机磷酸盐）更有毒性，于是这种代谢的抑制剂就能减轻这种毒物的毒性。但是，如果这种同源化合物（例如灭鼠灵）比它的代谢产物有更大的毒性，那么，代谢产物抑制剂就能增强其毒性。

3. 支持和对症疗法 目的在于维持机体生命活动和组织器官的机能，直到选用适当的解毒剂或机体发挥自身的解毒机能，同时针对治疗过程中出现的危症采取紧急措施。包括预防惊厥，维持呼吸机能，维持体温，抗休克，调整电解质和体液平衡，增强心脏机能，减轻疼痛等。

通过用极短作用的巴比妥酸盐，例如硫喷妥钠的轻度麻醉作用，可以很快控制惊厥症状。也可用戊巴比妥 10~30mg/kg 体重，静脉注射，继之以腹腔内注射，直至症状被控制为止。如果静脉注射有困难时，应当尽早采取腹腔内注射。应注意巴比妥酸盐能抑制呼吸，因而能加重由于毒物产生的呼吸困难。对制止惊厥，比较新的产品有吸入麻醉剂、骨骼肌弛缓剂等。肌肉松弛剂和麻醉剂结合应用比单用巴比妥酸盐安全。

体温过低或过高都可能因某种毒物而产生。大多数中毒病的体温都偏低，体温过低如氯醛糖中毒需要羊毛毯子和热水袋保温，而体温过高需要用冷水或冰降温。降温往往影响毒物的敏感度，降低患畜代谢和脱水的速率。亦可用药物降温，药物如非那根等加入 50% 葡萄糖或生理盐水中静脉注射。使用冬眠药物要注意观察呼吸、脉搏、体温和血压下降等情况。

五、中毒性疾病的预防

"预防为主"是减少或消灭畜禽中毒性疾病的发生的基本方针。

1. 开展经常性调查研究 中毒性疾病的种类繁多，随着生产的发展，外界条件不断的变化，中毒性疾病更趋于复杂。因此必须从调查入手，切实掌握中毒性疾病的发生、发展动态及其规律，以便制订切实有效的防治方案并贯彻执行。

2. 各有关部门的大力协作 中毒性疾病的发生及其防治，同动物饲养管理、农业生产、植物保护、医疗卫生、毒物检验、工矿企业以及粮食仓库和加工厂等都有广泛的直接联系，况且许多中毒也是人、畜共患疾病，为了进行彻底的防治，必须统筹兼顾，分工协作，全面地采取有效措施。

3. 饲料饲草的无毒处理 对某些已变质的饲料和饲草进行必要的无毒处理，是预防畜禽中毒性疾病的重要手段。事实上如霉变稻草、黑斑病甘薯以及霉烂谷物与糟粕类饲料、饲草等，如不利用，会造成经济上的浪费，必须设法研究切实可行的去毒处理方法。目前的方法有翻晒、拍打、切削、浸洗、漂洗、发酵、碱化、蒸煮、物理吸附以及添加氧化剂、硫酸镁、生石灰或与其他饲料搭配使用等。

在安排饲料生产时，要注意敏感动物的饲料以及某些饲料作物的产毒季节。在利用新产品饲料、饲草时，要经过饲喂试验，确证无害后才能喂给成群畜禽。防止反刍动物过食大量谷物。根据不同的动物品种、年龄、生产性能和生产季节，饲喂全价日粮并配合均匀。科学地种植、收获、运输、调制、加工和贮存饲料，做到既保证产品质量和数量，又不让其发霉变质。加强农业新技术的研究，培育低毒高产的农作物和饲料作物，如培育无棉酚的棉花新品种等。

4. 农药、杀鼠药和化肥的保管和使用 要加强对农药、杀鼠药和化肥的管理，健全保管、运输、领取和使用制度，克服麻痹大意思想。对喷洒过农药的作物应作明显的标志，在有效期间严防畜禽偷食。装过农药的瓶子，污染农药的器械以及盛过农药的其他容器应收回统一处理，不可乱堆乱放。运输过农药和化肥的车、船，堆放过农药和化肥的房舍，必须彻底清扫、洗刷，才能运输和贮存饲料。农药和化肥仓库应远离饲料仓库，避免污染。作为杀鼠的毒饵，应妥善放置，防止畜禽误食。

5. 宣传和普及有关中毒性疾病及其防治知识 发动群众进行检毒防毒活动是大牧场或地区性防治中毒性疾病的有效措施。加强公共环境卫生的研究，贯彻执行环境保护法规，及时处理工业"三废"；加强高效低毒农药新产品的研制，限制或停止使用高毒性、残效期长的农药；防止滥用农药造成对饲料的污染。

6. 提高警惕，加强安全措施 坚决杜绝任何事故的发生。

第二节 饲料毒物中毒

一、硝酸盐和亚硝酸盐中毒

硝酸盐和亚硝酸盐中毒是动物摄入过量含有硝酸盐或亚硝酸盐的植物或水，引起高铁血红蛋白血症；临床上表现为皮肤、黏膜发绀及其他缺氧症状。本病可发生于各种家畜，以猪多见，依次为牛、羊、马，鸡也可发病。

【病因】 在自然条件下，亚硝酸盐系硝酸盐在硝化细菌的作用下还原为氨过程的中间产物，故其发生和存在取决于硝酸盐的数量与硝化细菌的活跃程度。家畜饲料中，各种鲜嫩青草、作物秧苗，以及叶菜类等均富含硝酸盐。在重施氮肥或农药的情况下，如大量施用硝酸铵、硝酸钠等盐类，使用除莠剂或植物生长刺激剂后，可使菜叶中的硝酸盐含量增加。硝化细菌广泛分布于自然界，其活性受环境的湿度、温度等条件的直接影响。最适宜的生长温度为 20~40℃。在生产实践中，如将幼嫩青饲料堆放过久，特别是经过雨淋或烈日暴晒者，极易产生亚硝酸盐。猪饲料采用温火焖煮或用锅灶余热、余烬使饲料保温，或让煮熟饲料长久焖置锅中，给硝化细菌提供了适宜条件，致使硝酸盐转化为亚硝酸盐。反刍动物采食的硝酸盐，可在瘤胃微生物的作用下形成亚硝酸盐。动物可因误饮含硝酸盐过多的田水或割草沤肥的坑水而引起中毒。

【发病机理】 硝酸盐对消化道有强烈刺激作用。硝酸盐转化为亚硝酸盐后，对动物的毒性剧增。据测定，硝酸钠对牛的最低致死量为 650~750mg/kg 体重，而亚硝酸钠（$NaNO_2$）仅为 150~170mg/kg 体重。亚硝酸盐的毒性作用机理是：

1. 具有氧化作用 使血液中正常的氧合血红蛋白（二价铁血红蛋白）迅速地被氧化成高铁血红蛋白（变性血红蛋白），从而丧失了血红蛋白的正常携氧功能。

亚硝酸盐所引起的血红蛋白变化为可逆性反应，正常血液中的辅酶Ⅰ、抗坏血酸以及谷胱甘肽等，都可促使高铁血红蛋白还原成正常的低铁血红蛋白，恢复其携氧功能；当少量的亚硝酸盐导致的高铁血红蛋白不多时，机体可自行解毒。但这种解毒能力或对毒物的耐受性，在个体之间有着巨大的差异。如饥饿、消瘦以及日粮的品质低劣等，可使动物对亚硝酸盐毒性的敏感性升高。通常约有 30% 的血红蛋白被氧化成高铁血红蛋白时，即呈现临床症状。由于病畜体内多种组织缺氧和外周循环衰竭，而脑组织对此具有较高的敏感性，因而临床上表现出急剧的病理过程。

2. 具有血管扩张剂的作用 可使病畜末梢血管扩张，而导致外周循环衰竭。

3. 具有致癌性 亚硝酸盐与某些胺形成亚硝胺，长期接触可能诱发肝癌。

【症状】 中毒病猪常在采食后 15min 至数小时发病。最急性者可能仅稍显不安，站立不稳，即倒地而死，故有人称为"饱潲瘟"。多发生于精神良好，食欲旺盛者，发病急、病程短，救治困难。急性型病例除显示不安外，呈现严重的呼吸困难，脉搏疾速细弱，全身发绀，体温正常或偏低，躯体末梢部位厥冷。耳尖、尾端的血管中血液量少而凝滞，呈黑褐红色。肌肉战栗或衰竭倒地，末期出现强直性痉挛。牛自采食后约 1~5h 发病。除呈现如中毒病猪所表现的症状外，尚可能出现有流涎、腹痛、腹泻，甚至呕吐等症状。但仍以呼吸困难，肌肉震颤，步态摇晃，全身痉挛等为主要症状。

【诊断】 根据病史，结合饲料状况和血液缺氧为特征的临床症状，可作为诊断的重要依据。亦可在现场做变性血红蛋白检查和亚硝酸盐简易检验，以确定诊断。

【治疗】 特效解毒剂是美蓝（亚甲蓝）。用于猪的标准剂量是 1~2mg/kg 体重，反刍动物为 8mg/kg 体重，制成 1% 溶液静脉注射。

美蓝属氧化还原剂，低浓度小剂量时，经辅酶 I 的作用变成白色美蓝，把高铁血红蛋白还原为低铁血红蛋白。但高浓度大剂量时，辅酶 I 不足以使之变为白色美蓝，过多的美蓝则发挥氧化作用，使氧合血红蛋白变为变性血红蛋白，可使病情恶化。

甲苯胺蓝治疗高铁血红蛋白症较美蓝更好，还原变性血红蛋白的速度比美蓝快 37%。按 5mg/kg 体重制成 5% 的溶液，静脉注射，也可作肌肉或腹腔注射。大剂量维生素 C，猪 0.5~1g，牛 3~5g，静脉注射，疗效确实，但奏效速度不及美蓝。

【预防】 确实改善青绿饲料的堆放和蒸煮过程。实践证明，无论生、熟青绿饲料，采用摊开敞放是预防亚硝酸盐中毒的有效措施。

接近收割的青饲料不能再施用硝酸盐或 2，4 - D 等化肥农药，以避免增高其中硝酸盐或亚硝酸盐的含量。

对可疑饲料、饮水，实行临用前的简易化验，特别在某些规模化养猪场应列为常规的兽医保健措施之一。

简易化验可用芳香胺试纸法，其原理是根据亚硝酸盐可使芳香胺起重氮反应，再与相当的连锁剂化合成红色的偶氮染料，易于识别。

二、钠盐中毒

钠盐中毒是在动物饮水不足的情况下，过量摄入食盐或含盐饲料而引起以消化紊乱和神经症状为特征的中毒性疾病，主要的病理学变化为嗜酸性粒细胞（嗜伊红细胞）性脑膜炎。各种动物均可发病，主要见于猪和家禽，其次为牛、马、羊和犬等。

【病因】 舍饲家畜中毒多见于管理大意，配料疏忽，误投过量食盐或对大块结晶盐未经粉碎和充分拌匀，或饲喂含盐分高的泔水、酱渣、咸菜及腌菜水和卤咸鱼水等。

放牧家畜则多见于供盐时间间隔过长，长期缺乏补饲食盐的情况下，突然加喂大量食盐，加上补饲方法不当，如在草地撒布食盐不匀或让家畜在饲槽中自由抢食。用食盐或其他钠盐治疗大家畜肠阻塞时，一次用量过大，或多次重复应用。

鸡在炎热的季节限制饮水，寒冷的天气供给冰冷的饮水，容易发生钠离子中毒。鸡可耐受饮水中 0.25% 的食盐，湿料中含 2% 的食盐能引起雏鸭中毒。

各种动物的食盐内服急性致死量为：牛、猪及马约 2.2g/kg 体重，羊 6g/kg 体重，犬 4g/kg 体重，家禽 2～5g/kg 体重。动物缺盐程度和饮水的多少与致死量密切相关。

【发病机理】 大量高浓度的食盐进入消化道后，刺激胃肠黏膜发生炎症过程，同时因渗透压的梯度关系吸收肠壁血液循环中的水分，引起严重的腹泻、脱水，进一步导致全身血液浓缩，机体血液循环障碍，组织相应缺氧，机体的正常代谢功能紊乱。

经肠道吸收入血的食盐，在血液中解离出钠离子，造成高钠血症，高浓度的钠进入组织细胞中积滞形成钠潴留。高钠血症既可提高血浆渗透压，引起细胞内液外溢而导致组织脱水，又可破坏血液中一价阳离子与二价阳离子的平衡，而使神经应激性升高，出现神经反射活动过强的症状。钠潴留于全身组织器官，尤其脑组织内，引起组织和脑组织水肿，颅内压升高，脑组织供氧不足，使葡萄糖氧化供能受阻。同时，钠离子促进三磷酸腺苷转为一磷酸腺苷，并通过磷酸化作用降低一磷酸腺苷的清除速度，引起一磷酸腺苷蓄积而又抑制葡萄糖的无氧酵解过程，使脑组织的能量来源中断。另外，钠离子可使脑膜和脑血管吸引嗜伊红细胞在其周围积聚浸润，形成特征性的嗜伊红细胞套袖现象，连接皮质与白质间的组织连续出现分解和空泡形成，发生脑皮质深层及相邻白质的水肿、坏死或软化损害，故又称为"嗜伊红细胞性脑膜炎"。

【症状】 急性中毒主要表现神经症状和消化紊乱，因动物品种不同有一定差异。

病牛烦躁不安，食欲废绝，渴欲增加，流涎，呕吐，腹泻，腹痛，粪便中混有黏液和血液。黏膜发绀，呼吸迫促，心跳加快，肌肉痉挛，牙关紧闭，视力减弱，甚至失明，步态不稳，关节屈曲无力，肢体麻痹，衰弱及卧地不起。体温正常或低于正常。孕牛可能流产，子宫脱出。

猪主要表现神经系统症状，消化紊乱不明显。病猪口黏膜潮红，磨牙，呼吸加快，流涎，从最初的过敏或兴奋很快转为对刺激反应迟钝，视觉和听觉障碍，盲目徘徊，不避障碍，转圈，体温正常。后期全身衰弱，肌肉震颤，严重时间歇性癫痫样痉挛发作，出现角弓反张，有时呈强迫性犬坐姿势，直至仰翻倒地不能起立，四肢侧向划动。最后在阵发性惊厥、昏迷中因呼吸衰竭而死亡。

犬表现运动失调，失明，惊厥或死亡。

马表现口腔干燥，黏膜潮红，流涎，呼吸迫促，肌肉痉挛，步态蹒跚，严重者后躯麻痹。同时有胃肠炎症状。

禽表现口渴频饮，精神沉郁，垂羽蹲立，腹泻，痉挛，头颈扭曲，严重时腿和翅麻痹。小公鸡睾丸囊肿。

动物慢性食盐中毒常见于猪，主要是长时间缺水造成慢性钠潴留，出现便秘、口渴和皮肤瘙痒，突然暴饮大量水后，引起脑组织和全身组织急性水肿，表现与急性中毒相似的神经症状，又称"水中毒"。牛和绵羊饮用咸水引起的慢性中毒，主要表现食欲减退，体重减轻，体温下降，衰弱，有时腹泻，多因衰竭而死亡。

【诊断】　急性食盐中毒的病程一般为1~2d，牛的病程较短，多在24h内死亡。猪的病程较长，从数小时至3~4d。具体中毒病例的病程与治疗时机、饮水限制等因素有关。

诊断：根据病畜有摄入大量食盐或其他钠盐，同时饮水不足的病史，结合神经和消化机能紊乱的典型症状，病理组织学检查发现特征性的脑与脑膜血管嗜酸性粒细胞浸润，可作出初步诊断。

确诊需要测定体内氯离子、钠离子、食物中氯化钠或钠盐的含量。尿液氯含量大于1%为中毒指标。血浆和脑脊髓液钠离子浓度大于160mmol/L，尤其是脑脊液钠离子浓度超过血浆时，为食盐中毒的特征。大脑组织（湿重）钠含量超过1 800mg/kg即可出现中毒症状。

借助微生物学检验、病理组织学检查可与伪狂犬病、病毒性非特异性脑脊髓炎、马属动物霉玉米中毒、中暑及其他损伤性脑炎鉴别。还应与有机磷中毒、重金属中毒、胃肠炎等疾病进行鉴别诊断。

【治疗】　尚无特效解毒剂。对初期和轻症中毒病畜，可采用排钠利尿、二价离子等渗溶液输液及对症治疗。

1. 发现早期　立即供给足量饮水，以降低胃肠中的食盐浓度。猪可灌服催吐剂（硫酸铜0.5~1g或吐酒石0.2~3g）。若已出现症状时则应控制为少量多次饮水。

2. 应用钙制剂　牛、马可用5%葡萄糖酸钙溶液200~500ml或10%氯化钙溶液200 ml静脉注射；猪、羊可用5%氯化钙明胶溶液（明胶1%），0.2g/kg体重分点皮下注射。

3. 利尿排钠　可用双氢克尿塞，0.5mg/kg体重内服。

4. 解痉镇静　5%溴化钾、25%硫酸镁溶液静脉注射。

5. 缓解脑水肿、降低颅内压　25%山梨醇或甘露醇静脉注射；也可用25%~50%高渗葡萄糖溶液进行静脉或腹腔（猪）注射。

6. 其他对症治疗　口服石蜡油以排钠；灌服淀粉黏浆剂保护胃肠黏膜；鸡中毒初期可切开嗉囊后用清水冲洗。

【预防】　畜禽日粮中应添加占总量0.5%的食盐，或以0.3~0.5g/kg体重补饲食盐，以防因盐饥饿引起对食盐的敏感性升高。限用咸菜水、酱渣等喂猪，在饲喂含盐分较高的饲料时，应严格控制用量的同时供以充足的饮水。食盐治疗肠阻塞时，在估计体重的同时要考虑家畜的体质，掌握好口服用量和水溶解浓度（1%~6%）。

三、氢氰酸中毒

氢氰酸中毒是动物采食富含氰甙的青饲料，经胃内酶和盐酸的作用水解，产生游离的氢氰酸，发生以呼吸困难、震颤、惊厥等组织性缺氧为特征的中毒病。

【病因】　主要由于采食或误食富含氰甙或可产生氰甙的饲料所致。

1. 木薯　木薯的品种、部位和生长期不同，其中氰甙的含量也有差异，10月以后，木薯皮中氰甙含量逐渐增多。

2. 高粱及玉米　新鲜幼苗均含有氰甙，特别是再生苗含氰甙更高。

3. 亚麻子　含有氰甙，榨油后的残渣（亚麻子饼）可做为饲料；土法榨油中亚麻子经过蒸煮，氰甙含量少，而机榨亚麻子饼内氰甙含量较高。

4. 豆类 海南刀豆、狗爪豆等都含有氰甙。

5. 蔷薇科植物 桃、李、梅、杏、枇杷、樱桃的叶和种子中含有氰甙，当喂饲过量时，均可引起中毒。马、牛内服桃仁、李仁、杏仁等中药过量也可发生中毒。

【发病机理】 氰甙本身是无毒的。当含有氰甙的植物在动物采食咀嚼时，有水分及适宜的温度条件，经植物的脂解酶作用，产生氢氰酸。进入机体的氰离子能抑制细胞内许多酶的活性，如细胞色素氧化酶、过氧化物酶、接触酶、脱羟酶、琥珀酸脱氢酶、乳酸脱氢酶等，其中最显著的是细胞色素氧化酶。氰离子能迅速与氧化型细胞色素氧化酶的三价铁结合，并阻碍其被细胞色素还原为还原型细胞色素酶（Fe^{2+}）。结果失去了传递电子、激活分子氧的作用。抑制了组织内的生物氧化过程，阻止组织对氧的吸收作用，导致机体缺氧症。由于组织细胞不能从血液中摄取氧，致使动脉血液和静脉血液的颜色都呈鲜红色。由于中枢神经系统对缺氧特别敏感，而且氢氰酸在类脂质内溶解度较大，所以中枢神经系统首先受害，尤以血管运动中枢和呼吸中枢为甚，临床上表现为先兴奋，后抑制，并表现出严重的呼吸麻痹现象。

【症状】 家畜采食含有氰甙的饲料后约 15 ~ 20min，表现腹痛不安，呼吸加快，可视黏膜鲜红，流出白色泡沫状唾液；首先兴奋，很快转为抑制，呼出气有苦杏仁味，随之全身极度衰弱无力，行走不稳，很快倒地，体温下降，后肢麻痹，肌肉痉挛，瞳孔散大，反射减少或消失，心动徐缓，呼吸浅表，最后昏迷而死亡。

【诊断】 饲料中毒时，动物吃得多者死亡也快。根据病史及发病原因，可初步判断为本病。根据血液呈鲜红色可与亚硝酸盐中毒区别。毒物分析可作出最后确诊。

【治疗】特效疗法。发病后立即用亚硝酸钠，牛、马 2g，猪、羊 0.1 ~ 0.2g，配成 5% 的溶液，静脉注射。随后再注射 5% ~ 10% 硫代硫酸钠溶液，马、牛 100 ~ 200ml，猪、羊 20 ~ 60ml 或亚硝酸钠 3g，硫代硫酸钠 15g，蒸馏水 200ml，混合，牛一次静脉注射；猪、羊则为 1g 及 2.5g，溶于 50ml 蒸馏水，静脉注射。

根据病情可进行对症疗法。

【预防】 含氰甙的饲料，最好放于流水中浸渍 24h，或漂洗后再加工利用。此外，不要在含有氰甙植物的地区放牧家畜。

四、菜籽饼粕中毒

菜籽饼粕中毒是动物长期或大量摄入油菜籽榨油后的副产品，由于含有硫葡萄糖甙的分解产物，引起肺、肝、肾及甲状腺等器官损伤，临床上以急性胃肠炎、肺气肿、肺水肿和肾炎为特征的中毒病。常见于猪和禽类，其次为牛和羊。

【病因】

1. 硫葡萄糖甙 硫葡萄糖甙，简称硫甙，广泛存在于十字花科、白花菜科、金莲花科、番木瓜科、大戟科等植物中。

油菜是我国的主要油料作物之一，其中白菜型油菜、芥菜型油菜（*B. juncea*）和甘蓝型油菜，均为高芥酸、高硫葡萄糖甙含量的"双高"品种。油菜植株的各部分都含有硫葡萄糖甙，以种子中的含量最高，其他部分较少，顺序为种子 > 茎 > 叶 > 根。不同类型油菜种子中，硫葡萄糖甙的含量也不相同。

硫葡萄糖甙的种类已超过 100 种，绝大多数硫葡萄糖甙以钾盐的形式存在于植物中，但少数硫葡萄糖甙例外,如白芥籽甙中硫酸根的结合物是胆碱衍生物(即芥籽碱)。

2. 硫葡萄糖甙降解物 主要有异硫氰酸酯、硫氰酸酯、噁唑烷硫酮、腈等。

3. 芥籽碱 含量约 $1\% \sim 1.5\%$,易被碱水解生成芥子酸和胆碱;芥籽碱有苦味,影响适口性。鸡采食菜籽饼后,芥籽碱转化为三甲胺,由于褐壳蛋系鸡缺乏三甲胺氧化酶而积聚,蛋中含量超过 $1\mu g/g$ 时,产生鱼腥味。

4. 其他有害成分 菜籽外壳中的缩合单宁含量为 $1.5\% \sim 3.5\%$,也影响菜籽饼的适口性。菜籽饼中还含有 $2\% \sim 5\%$ 的植酸,以植酸盐的形式存在,在消化道中能与二价和三价的金属离子结合,主要影响钙、磷的吸收和利用。

【毒理与症状】 硫葡萄糖甙本身无毒,家畜长期食入菜籽饼之后,在胃内经芥籽酶水解,产生多种有毒物质,引起中毒症状。

异硫氰酸酯(ITC)的辛辣味严重影响菜籽饼的适口性。高浓度时对黏膜有强烈的刺激作用,长期或大量饲喂菜籽饼可引起胃肠炎、肾炎及支气管炎,甚至肺水肿。ITC 中的硫氰离子(SCN^-)是与碘离子(I^-)的形状和大小相似的单价阴离子,在血液中可与 I^- 竞争,浓集到甲状腺中去,抑制甲状腺滤泡细胞浓集碘的能力,从而导致甲状腺肿大,使动物生长速度降低。

硫氰酸酯的 SCN^- 能引起甲状腺肿大。其机制与异硫氰酸酯相同。

噁唑烷硫酮(OZT)的主要毒害作用是抑制甲状腺内过氧化物酶的活性,从而影响甲状腺中碘的活化、酪氨酸的碘化和碘化酪氨酸的耦联等过程,进而阻碍甲状腺素(T_4 和 T_3)的合成,引起垂体促甲状腺素的分泌增加,导致甲状腺肿大,故被称为甲状腺肿因子或致甲状腺肿素。同时,还可使动物生长缓慢。鸭对 OZT 的敏感性比鸡大,鸡比猪敏感。

腈进入体内后能迅速析出氰离子(CN^-),因而对机体的毒性比 ITC 和 OZT 大得多。腈的 LD_{50} 为 $159 \sim 240mg/kg$ 体重,OZT 的 LD_{50} 为 $1\ 260 \sim 1\ 415mg/kg$ 体重。腈的毒性作用与 HCN 氢氰酸相似,可引起细胞内窒息,但症状发展缓慢,腈可抑制动物生长,被称为菜籽饼中的生长抑制剂。据报道,腈能引起动物的肝、肾肿大。

此外,菜籽饼中的有毒物质可引起毛细血管扩张,使血容量下降和心率减慢。临床表现心力衰竭或休克。中毒动物有感光过敏现象。

【防治】 目前没有可靠的治疗方法,应注意采取预防措施,对菜籽饼进行去毒处理。

1. 限制饲喂量 菜籽饼中硫葡萄糖甙及其分解产物的含量,随油菜的品种和加工方法的不同有很大变化,中国的"双高"油菜饼粕中硫葡萄糖甙含量高达 $12\% \sim 18\%$。在饲料中的安全限量为:蛋鸡、种鸡 5%,生长鸡、肉鸡 $10\% \sim 15\%$,母猪、仔猪 5%,生长肥育猪 $10\% \sim 15\%$。

2. 与其他饲料搭配使用 菜籽饼与棉籽饼、豆饼、葵花籽饼、亚麻饼、蓖麻饼等适当配合使用,能有效地控制饲料中的毒物含量并有利于营养互补。

菜籽饼中赖氨酸的含量和有效性低,在单独或配合使用时,应添加适量的合成赖氨酸($0.2\% \sim 0.3\%$),或添加适量的鱼粉、血粉等动物性蛋白质。

五、棉籽饼粕中毒

棉籽饼粕中毒是家畜长期或大量摄入榨油后的棉籽饼粕,引起以出血性胃肠炎、全身水肿、血红蛋白尿和实质器官变性为特征的中毒性疾病。本病主要见于犊牛、单胃动物和家禽，少见于成年牛和马属动物。

【病因】

1. 棉酚 在锦葵科棉属植物的种籽色素腺体中，含有大量棉酚，根、茎、叶和花中含有少量棉酚。棉籽中的棉酚多以脂腺体或树胶状存在于子叶的腺体内，呈圆形或椭圆形，依发育期和环境条件不同，其颜色从淡黄、橙黄、红、紫到黑褐色，称为色素腺体或棉酚色素。

棉籽和棉籽饼粕中含有15种以上的棉酚类色素，其中主要是棉酚，可分为结合棉酚和游离棉酚两类，游离棉酚的分子结构中有多个活性基团，有三型互变异构体（酚醛型、半缩醛型和环状羰基型）；其他色素均为棉酚的衍生物，如棉紫酚、棉绿酚、棉蓝酚、二氨基棉酚、棉黄素等。

棉酚及其衍生物的含量因棉花的栽培环境条件、棉籽贮存期、含油量、蛋白质含量、棉花纤维品质、制油工艺过程等多种因素的变化而不同。

2. 环丙烯类脂肪酸 主要是苹果酸和锦葵酸，棉籽油和棉籽饼残油中的含量较高。

在棉酚类色素中，游离棉酚、棉紫酚、棉绿酚、二氨基棉酚等对动物均有毒性，它们对大鼠的口服 LD_{50}（mg/kg）分别为 2 570、6 680、660 和 327。其中，棉酚的毒性虽然不是最强，但因其含量远比其他几种色素为高，所以棉籽及棉籽饼粕的毒性强弱主要取决于棉酚的含量。

【发病机理】 棉酚对动物的毒性因种类、品种及饲料中蛋白质的水平不同而存在显著差异。对棉酚最敏感动物是猪、兔、豚鼠和小白鼠；其次是狗和猫；对棉酚耐受性最强的是羊和大白鼠。动物品种不同对棉酚的敏感性也有差别。

1. 直接损害作用 大量棉酚进入消化道后，可刺激胃肠黏膜，引起胃肠炎。吸收入血后，能损害心、肝、肾等实质器官。因心脏损害导致的心力衰竭又会引起肺水肿和全身缺氧性变化。棉酚能增强血管壁的通透性，促进血浆或血细胞渗入周围组织，使受害的组织发生浆液性浸润和出血性炎症，同时发生体腔积液。棉酚易溶于脂质，能在神经细胞积累而使神经系统的机能发生紊乱。

2. 与体内蛋白质、铁结合 棉酚可与许多功能蛋白质和一些重要的酶结合，使它们失去活性。棉酚与铁离子结合，从而干扰与血红蛋白的合成，引起缺铁性贫血。

3. 影响雄性动物的生殖机能 试验证明，棉酚能破坏动物的睾丸生精上皮，导致精子畸形、死亡，甚至无精子。造成繁殖能力降低或公畜不育。

4. 影响鸡蛋品质 环丙烯类脂肪酸能使卵黄膜的通透性增高，铁离子透过卵黄膜转移到蛋清中并与蛋清蛋白螯合，形成红色的复合物，使蛋清变为桃红色，称为"桃红蛋"。同时蛋清中的水分也可转移到蛋黄中，导致蛋黄膨大。

环丙烯类脂肪酸有抑制脂肪酸去饱和酶活性的作用，致使蛋黄中硬脂肪酸的含量增加，导致蛋黄的熔点升高，硬度增加，加热后可形成所谓的"海绵蛋"。鸡蛋品质的改变，可导致种蛋受精率和孵化率降低。

5. 致维生素 A 缺乏 棉酚能导致维生素 A 缺乏，引起犊牛夜盲症，并可使血钾降低，造成动物低血钾症。据实验表明，棉酚可引起小白鼠的凝血酶原缺乏。

【症状】 家畜的棉籽饼粕急性中毒极为少见。生产实践中多因长期不间断地饲喂棉籽饼，致使棉酚在体内积累而发生慢性中毒。哺乳犊牛最敏感，常因吸食饲喂棉籽饼的母牛乳汁而发生中毒。

非反刍动物慢性中毒的临床症状主要表现为生长缓慢、腹痛、厌食、呼吸困难、昏迷、嗜睡、麻痹等。慢性中毒病畜表现消瘦，有慢性胃肠炎和肾炎等，食欲不振，体温一般正常，伴发炎症腹泻时体温稍高。重度中毒者，饮食废绝，反刍和泌乳停止，结膜充血、发绀，兴奋不安，弓背，肌肉震颤，尿频，有时粪尿带血，胃肠蠕动变慢，呼吸急促带鼾声，肺泡音减弱。后期四肢末端浮肿，心力衰竭，卧地不起。

棉酚引起动物中毒死亡可分三种形式：急性致死的直接原因是血液循环衰竭；亚急性致死是因为继发性肺水肿；慢性中毒死亡多因恶病质和营养不良。

【诊断】　根据临床症状和棉酚含量测定以及动物的敏感性，可以作出确诊。

【防治】目前尚无特效疗法，应停止饲喂含毒棉籽饼粕，加速毒物的排出。采取对症治疗方法，去除饼粕中毒物后合理利用。

1. 选育无色素腺体棉花新品种　通过选育棉花新品种，使棉籽中不含或含微量棉酚，提高棉籽饼的质量并防止家畜中毒。

2. 改进棉籽加工工艺与技术　目前正在进行以下几方面的工作。

（1）低水分蒸炒法：传统的压榨—浸出工艺中，高水分蒸炒能提高出油率和油脂质量。但使棉籽蛋白质的消化率下降，必需氨基酸的有效性降低，从而大大降低了棉籽饼粕的营养价值。因此，将高水分蒸炒改为低水分蒸炒（即"干炒"），可减少色素腺体的破坏，减少游离棉酚与棉籽蛋白质的结合，保存部分赖氨酸。

（2）分离色素腺体法：这种工艺是根据棉酚主要集中于色素腺体的特点，采用旋液分离法（或称液体旋风分离法），将棉籽粉置入液体旋风分离器中，借高速旋转离心作用把色素腺体完整地分离出来，从而制得棉酚含量低的棉籽饼粕。此法的缺点是对技术设备和成本要求较高。

（3）溶剂浸出法（低温直接浸出法）：采用混合溶剂选择性浸出工艺，萃取油脂和棉酚，得到含棉酚浓度较高的混合油，同时制得棉酚含量低的棉籽饼粕作饲料。如丙酮－轻汽油（或正己烷）法、乙醇－轻汽油法等。也可采用不同溶剂分步浸出法，例如先用己烷浸出棉仁片中的油脂，再用丁醇或70%的丙酮水溶液浸出其中的棉酚。本法避免了高温处理时赖氨酸丢失的现象，又能保证棉籽饼粕的营养质量和完全性。但在工艺上较为复杂，设备投资大。

3. 棉籽饼的去毒处理　棉酚含量超过0.1%时，需经去毒处理后使用。

（1）化学去毒：在一定条件下，把某种化学药剂加入棉籽饼中，使棉酚破坏或变成结合物。研究证明，铁、钙离子、碱、芳香胺、尿素等均有一定的去毒作用。

硫酸亚铁法　硫酸亚铁中的二价铁离子能与棉酚螯合，使棉酚中的活性醛基和羟基失去作用，形成难以消化吸收的棉酚－铁复合物。这种作用不仅可作为棉酚的去毒和解毒剂，而且能降低棉酚在肝脏中的蓄积量，起到预防中毒的作用，是目前最常用的方法。应根据棉籽饼粕中游离棉酚的含量，向饼粕中加入5倍量的硫酸亚铁，使铁元素与游离棉酚的比呈1∶1，如果棉籽饼中的棉酚含量为0.07%，应按饼重的0.35%加入硫酸亚铁。

碱处理法　在棉籽饼粕中加入碱水溶液、石灰水等，并加热蒸炒，使饼粕中的游离棉酚破坏或形成结合物。本法去毒效果理想，但较费事，且成本高。在饲养场，可将饼粕用碱水浸泡后，经清水淘洗后饲喂。此法可使饼粕中的部分蛋白质和无氮浸出物流失，从而

降低饼粕的营养价值。

（2）加热处理：棉籽饼粕经过蒸、煮、炒等加热处理，使棉酚与蛋白质结合而去毒。本法适用于农村和小型饲养场，其最大缺点是降低了饼粕中赖氨酸等营养价值。

（3）微生物去毒法：利用微生物及其酶的发酵作用破坏棉酚，达到去毒目的。该法的去毒效果和实用价值仍处于试验阶段。

4. 合理利用

（1）控制棉籽饼粕的饲喂量：目前我国生产的机榨或预压浸出的棉籽饼，一般含游离棉酚 0.06% ~ 0.08%。在饲料中棉籽饼的安全用量为：肉猪、肉鸡可占饲料的 10% ~ 20%；母猪及产蛋鸡可占 5% ~ 10%；反刍动物的耐受性较强，用量可适当增大。农村生产的土榨饼中棉酚含量一般约为 0.2% 以上，应经过去毒处理后利用，若直接利用时，其在饲料中的比例不得超过 5%。

用无色素腺体棉籽加工的饼粕，棉酚含量极少，其营养价值不亚于豆饼，可以直接地大量地饲喂家畜。至于去毒处理后的棉籽饼粕，也应根据其棉酚含量，小心使用。

（2）提高饲料的营养水平：增加饲料的蛋白质、维生素、矿物质和青绿饲料，可增强机体对棉酚的耐受性和解毒能力。所以，用棉籽饼作饲料时，其配方中蛋白质含量应略高于规定的饲养标准。如添加 0.2% ~ 0.3% 的合成赖氨酸、等量豆饼或适量的鱼粉、血粉等动物性蛋白质。

六、马铃薯中毒

马铃薯中毒是动物采食富含龙葵素（也称茄碱）的马铃薯而引起的中毒病。其含量在马铃薯的花、块根幼芽及其茎叶内差别甚大。

【病因】　当贮存时间过长和保存不当，特别是发芽、变质或腐烂时，致龙葵素显著增量时，便能引起家畜中毒。马铃薯茎叶内尚含有硝酸盐或腐败毒，乃是引起马铃薯中毒的综合因素。马铃薯中毒主要发生于猪，其他家畜较少见。

【症状】　马铃薯中毒的共同症状是神经系统及消化系统机能紊乱。根据中毒程度的不同，其临床症状也有差异。

（1）重剧的中毒：多呈急性经过，病畜呈现明显的神经症状（神经型）。病初兴奋不安，表现狂暴，向前猛冲直撞。继则转为沉郁，后躯衰弱无力，运动障碍，步态摇晃，共济失调，甚至麻痹。可视黏膜发绀，呼吸无力，次数减少，心脏衰弱，瞳孔散大，全身痉挛，一般经 2~3d 死亡。

（2）轻度的中毒：多呈慢性经过，病畜呈明显的胃肠炎症状（胃肠型）。病初，食欲减退或废绝、口腔黏膜肿胀、流涎、呕吐、便秘。当发生胃肠炎时，出现剧烈的腹泻，粪便中混有血液。患畜精神沉郁，肌肉弛缓，极度衰弱，体温有时升高，皮温不整。孕畜往往发生流产。此外，由于家畜种类的不同，除见有上述共同症状外，尚见有各自的特殊症状。

猪　多半是饲喂生的发芽或腐烂的马铃薯所致。一般多于食后 4~7d 出现中毒症状。病猪神经症状较轻微，呈现明显胃肠炎症状（呕吐、腹泻、腹痛）。病猪垂头呆立或钻入垫草中，腹部皮下发生湿疹，头、颈和眼睑部发生水肿。

牛、羊　多于口唇周围、肛门、尾根、四肢的系凹部以及母畜的阴道和乳房部位发生湿疹或水泡性皮炎（亦称马铃薯性斑疹）。有时四肢，特别是前肢皮肤发生深层组织的坏疽性病灶。绵羊则常呈现贫血和尿毒症的症状。

【诊断】 根据临床症状和龙葵素含量测定以及动物的敏感性，可以作出确诊。

【防治】 目前尚无特效疗法，应停止饲喂含毒龙葵素的饲料，加速毒物的排出。采取对症治疗方法，合理利用。

当发现病畜有马铃薯中毒的可能时，应立即改换饲料，停止喂饲马铃薯并采取饥饿疗法。为排出胃肠内容物，牛、马等可应用0.5%高锰酸钾液或0.5%鞣酸液，进行洗胃；猪可应用催吐剂，1%硫酸铜液20～50ml，灌服。或应用阿朴吗啡0.01～0.02g，皮下注射；亦可应用盐类或油类泻剂。对狂暴不安的病畜，可应用镇静剂：溴化钠，马、牛15～50g，猪、羊5～15g，灌服；或应用其10%注射液，牛、马50～100ml，静脉注射，一日二次；硫酸镁注射液，牛、马50～100ml，猪、羊10～20ml，静脉或肌肉注射。

对胃肠炎患畜，可应用1%鞣酸液，牛、马500～2 000ml；猪、羊100～400ml；或应用黏浆剂、吸附剂灌服以保护胃肠黏膜。其他治疗措施可参看胃肠炎的治疗。

对中毒严重的病畜，为解毒或补液可应用5%～10%葡萄糖溶液，5%葡萄糖盐水或复方氯化钠注射液。对皮肤湿疹，可采取对患部应用消毒药液洗涤或涂擦软膏。

应用马铃薯作饲料时，饲喂量应逐渐增加。不宜饲喂发芽或腐烂发霉的马铃薯，如必需饲喂时，应进行无害处理：充分煮熟后并与其他饲料搭配饲喂；发芽的马铃薯应去除幼芽；煮熟者应将水弃掉。用马铃薯茎叶喂饲时，用量不宜过多，腐烂发霉的茎叶不宜作饲料。应与其他青绿饲料混合进行青贮后，再行喂饲。

第三节 有毒植物中毒

一、栎树叶中毒

栎树叶中毒是动物大量采食栎树叶后，发生以前胃弛缓，便秘或下痢，胃肠炎，皮下水肿，体腔积水及血尿，蛋白尿，管型尿等肾病综合征为特征的中毒病。栎树又叫青杠树，是壳斗科栎属植物的俗称，为多年生乔木或灌木。它广泛分布于世界各地，约有350种，中国约有140种，分布于华南、华中、西南、东北及陕甘宁的部分地区。其茎、叶、籽实均可引起家畜中毒，对牛羊危害最为严重，其籽实引起的中毒，称为橡子中毒。

【病因】 本病发生于生长青杠树的林带，尤其是乔木被砍伐后，新生长的灌木林带。据报道，牛采食青杠树叶数量占日粮的50%以上即可引起中毒，超过75%会中毒死亡。也有因采集青杠树叶喂牛或垫圈而引起中毒者。尤其是前一年因旱涝灾害造成饲草、饲料缺乏或贮草不足。翌年春季干旱，其他牧草发芽生长较迟，而青杠树返青早，这时被动物采食常可引起大批动物发病死亡。

【症状】 自然中毒病例多在采食青杠树叶5～15d，出现早期症状。人工发病试验中有的于采食嫩叶后第三天出现症状。病初表现精神沉郁，食欲、反刍减少，常喜食干草，瘤胃蠕动减弱，肠音低沉。很快发展为腹痛综合征：磨牙、不安、后退、后坐、回头顾腹以及后肢踢腹等。排粪迟滞，粪球干燥，色深，外表有大量黏液或纤维性黏稠物，有时混有血液。粪球干小常串联成捻珠状（黄牛较多见，有的长达数米）；严重者排出腥臭的焦黄色或黑红色糊状粪便。随着肠道病变的发展，除出现灰白腻滑的舌苔外，可见其深部黏膜发生豆大的浅溃疡灶。鼻镜多干燥，后期龟裂。

病初排尿频繁，量多，尿液稀薄而清亮，有的排血尿。随着病势加剧，饮欲逐渐减退以至消失，尿量减少，甚至无尿。可在会阴、股内、腹下、胸前、肉垂等躯体下垂部位出现水肿、腹腔积水，腹围膨大而均匀下垂。尿液检查，蛋白试验呈强阳性，尿沉渣镜检可发现大量肾上皮细胞、白细胞及各种管型。体温一般无变化，但后期由于盆腔器官水肿而导致肛门温度过低。也可见流产或胎儿死亡。病情进一步发展，病畜虚弱，卧地不起，出现黄疸、血尿、脱水等症状，最后因肾功能衰竭而死亡。

【诊断】 可根据采食青杠树叶或橡子的病史，发病的地区性和季节性，以及水肿、肝、肾功能障碍，排粪迟滞，血性腹泻等作出诊断。但是这些变化多数只能在发病中后期表现出来，而本病中后期治愈率较低。

【治疗】 本病无特效解毒药，治疗原则为排出毒物，解毒及对症治疗。

（1）排出毒物：立即禁食栎树叶，促进胃肠内容物的排出，可用1%～3%盐水1 000～2 000ml，瓣胃注射，或用鸡蛋清10～20个，蜂蜜250～500g，混合一次灌服。解毒可用硫代硫酸钠5～15g，制成5%～10%溶液一次静脉注射，每天一次，连续2～3d，对初、中期病例有效。碱化尿液，用5%碳酸氢钠300～500ml，一次静脉注射。

（2）对症疗法：对机体衰弱，体温偏低，呼吸次数减少，心力衰竭及出现肾性水肿者，使用糖盐水1 000ml，任氏液1 000ml，安钠咖注射液20ml，一次静注。对出现水肿和腹腔积水的病牛，用利尿剂，出现尿毒症的还可采用透析疗法。对肠道有炎症的，可内服磺胺脒30～50g。根据病情选用解毒、利胆、生津、通二便的中药。

【预防】

1. "三不"措施法 贮足冬春饲草，在发病季节里，不在青杠树林放牧，不采集青杠树叶喂牛，不采用青杠树叶垫圈。

2. 日粮控制法 在发病季节，耕牛采取半日舍饲半日放牧的办法，控制牛采食栎树叶的量在日粮中占40%以下。在发病季节，牛每日缩短放牧时间，放牧前进行补饲或加喂夜草，补饲或加喂夜草的量应占日粮的一半以上。

3. 高锰酸钾法 发病季节，每日下午放牧后灌服一次高锰酸钾水。方法是称取高锰酸钾粉2～3g于容器中，加清洁水4 000ml，溶解后一次胃管灌服或饮用，坚持至发病季节终止，效果良好。

二、苦楝子中毒

苦楝属楝科植物，我国尚有其同属植物川楝，均为高大的乔木，在温暖地带的村宅旁多有栽培。其根、皮、果均可用作灭癣或驱虫药，茎、叶则可用做农业杀虫和灭钉螺药。每年4～5月开淡紫色花，10～11月结成圆形的浆果或蒴果；成熟后果皮黄色有光泽，果肉多汁而带甜味。故散落地面后常被猪采食而引起中毒。在少数情况下，用苦楝子或根、皮驱虫时，也可能因用量过多引起中毒事故。

【病因】 苦楝的浆果中含苦楝子酮、苦楝子醇、苦楝三醇，以及有毒生物碱苦楝毒碱等；另在种子中尚含有脂肪油及楝脂苦素等多种苦味素。至于其根、皮则含有川楝素及其水溶性川楝素，三萜类化合物川楝酮，生物碱苦楝碱以及正三十烷，β-谷甾醇等许多成分；但对此等成分的毒性作用仍未完全查清。目前仅知在采食后对消化道具有刺激性，有毒成分经吸收后则将损害肝脏，并使血液的凝固性降低，血管壁的通透性升高，进而由于内脏出血以及血压降低，导致循环衰竭而死亡。

【症状】　开始时可见中毒病猪嘶叫、口吐泡沫或呕吐，有腹痛表现。很快全身发绀，体温降至常温以下，心动加速，呼吸困难，严重时即站立不稳，以至倒地不起。

【治疗】无特效疗法，仅可对症进行紧急救治。常用的疗法是用安钠咖、肾上腺素、葡萄糖等以强心保肝，在此基础上可以试用鞣酸、稀碘液、高锰酸钾液等一般有解毒功能的药剂口服。如能在病初发现，则可采用催吐、泻下等措施。

【预防】　注意采收苦楝子，避免其自然散落地面，诱使猪只采食。而在猪场周围不宜栽植苦楝树。

凡医药或农业方面使用苦楝时，都应注意用量及其用法，以确保猪只安全（猪的口服剂量应控制在：苦楝子 5 ~ 10g，苦楝皮 5 ~ 15g）。

三、毒芹中毒

毒芹为伞形科毒芹属多年生草本植物。株高 1m 左右，具有圆形、粗厚、多肉的根茎及枝干。生有二重或三重羽状全裂复叶。夏秋季节由茎顶、叶腋处抽出花茎，开出白色小花，排列成伞形花序。根茎味甜，家畜（牛、羊）喜采食。毒芹多生长于低洼的潮湿草地以及沼泽，特别是沟渠、河流、湖泊的岸边。中国东北、西北、华北地区均有毒芹生长，但以东北地区最多。

【病因】　毒芹的有毒成分是生物碱——毒芹素，存在于植物的各个部分，但以根茎内含量最多（新鲜根茎的毒芹素含量仅为 0.2%，干燥根茎含量可达 3.5%）。在早春开始放牧时，家畜不仅能采食毒芹的幼苗，而且也能采食到在土壤中生长不甚牢固的毒芹根茎，引起中毒。毒芹中毒多发生于牛、羊，有时也见于猪和马。毒芹的致死量：牛为 200 ~ 250g，羊为 60 ~ 80g。

【症状】　牛、羊吃食毒芹后，一般在 2 ~ 3h 内，出现临床症状。中毒病牛、病羊呈现兴奋不安、流涎、食欲废绝、反刍停止、瘤胃臌气、腹泻、腹痛等症状。同时，由头颈部到全身肌肉出现阵发性或强直性痉挛。痉挛发作时，患畜突然倒地，头颈后仰，四肢伸直，牙关紧闭，心动强盛，脉搏加快，呼吸迫促，体温升高，瞳孔散大。病至后期，躺卧不动，反射消失，感觉减退，四肢末端冷厥，体温下降（下降 1 ~ 2℃），脉搏细弱，多由于呼吸中枢麻痹而死亡。猪发生中毒时，呕吐，兴奋不安，全身搐搦，呼吸迫促，卧地不起呈麻痹状态。重症病猪多于数小时或于 1 ~ 2d 内死亡。

马中毒与牛相似，骚动不安，腹痛，很快陷入昏睡或呈昏迷状态，脉搏细弱，最后惊厥死亡。

【诊断】　毒芹中毒可根据放牧地植被调查的结果（在放牧地发现有毒芹生长、分布），并结合临床症状以及尸体剖检（胃内容物中混有未嚼碎的毒芹根茎或是毒芹茎叶），进行综合诊断。如仍有怀疑而不能确诊时，可以用毒芹的新鲜植株或根茎进行动物饲喂试验，则不难确诊。

【治疗】目前对毒芹中毒尚无特效疗法，一般均采取对症疗法。

首先应迅速排出含有毒芹的胃内容物。为此可应用 0.5% ~ 1% 鞣酸溶液，或者 5% ~

10%药用炭水剂洗胃，每隔3min一次，连洗数次。洗胃后，为沉淀生物碱，可灌服碘剂（碘1g，碘化钾2g，水1 500ml），马、牛200~500ml，羊、猪100~200ml，间隔2~3h，再灌服一次。亦可应用豆浆或牛乳灌服。对中毒严重的牛、羊，可施行瘤胃切开术，取出含有毒芹的胃内容物。

当清除胃内容物后，为防止残余毒素的继续吸收，可应用吸附剂、黏浆剂或缓泻剂。为缓解兴奋与痉挛发作，可应用解痉、镇静剂，如溴制剂、水合氯醛、硫酸镁等。为改善心脏机能，可选用强心剂。

据报道，有人应用5%~10%盐酸液，获得一定效果。剂量：成年牛1 000ml，犊牛（8~18月龄）500ml；成年羊5%盐酸溶液250ml，羔羊（3~8月龄）100~200ml，必要时可重复应用。亦有应用食盐加白酒（牛，食盐100g，白酒250ml；羊，食盐50g，白酒50ml）灌服而获得较好疗效的报道。

【预防】 对放牧草地应详细地进行调查，以掌握毒芹的分布和生长情况。应尽量避免在有毒芹生长的草地放牧。早春、晚秋季节放牧时，应于出牧前喂饲少量饲料，以免家畜由于饥不择食，而误食毒芹。改造有毒芹生长的放牧地，可深翻土壤，覆盖有毒植物。

四、黄曲霉毒素中毒

黄曲霉毒素中毒是人畜共患且有严重危害性的一种霉败饲料中毒病。该毒素主要引起肝细胞变性、坏死、出血、胆管和肝细胞增生。临床上以全身出血，消化机能紊乱，腹水，神经症状等为特征。

各种畜禽均可发生本病，但由于性别、年龄及营养状况的不同，其敏感性也有差别。一般地说，幼年动物比成年动物敏感，雄性动物比雌性动物（怀孕期除外）敏感，高蛋白饲料可降低动物对黄曲霉毒素的敏感性。各种畜禽的敏感顺序是：雏鸭>雏鸡>仔猪>犊牛>肥育猪>成年牛>绵羊。

【病因】 黄曲霉毒素（AFT）主要是黄曲霉和寄生曲霉等产生的有毒代谢产物。黄曲霉毒素并不是单一物质，而是一类结构极相似的化合物。它们在紫外线照射下都发荧光，根据它们产生的荧光颜色可分为两大类，发出蓝紫色荧光的称B族毒素，发出黄绿色荧光的称G族毒素。目前，已发现黄曲霉毒素及其衍生物有20余种，其中除AFTB1、B2和AFTG1、G2为天然产生的以外，其余的均为它们的衍生物。它们的毒性强弱与其结构有关，凡呋喃环末端有双键者，毒性强，并有致癌性。在这四种毒素中又以AFTB1的毒性及致癌性最强。所以在检验饲料中黄曲霉毒素含量和进行饲料卫生学评价时，一般以AFTB1作为主要监测指标。

黄曲霉毒素是目前已发现的各种霉菌毒素中最稳定的一种，在通常的加热条件下不易破坏。如AFTB1可耐200℃高温，强酸不能被破坏，加热到它的最大熔点268~269℃才开始分解。毒素遇碱能迅速分解，荧光消失，但遇酸又可复原。很多氧化剂如次氯酸钠、过氧化氢等均可破坏毒素。

黄曲霉和寄生曲霉等广泛存在于自然界中，菌株的产毒最适条件是基质水分在16%以上，相对湿度在80%以上，温度在24~30℃之间。主要污染玉米、花生、豆类、棉籽、麦类、大米、秸秆及其副产品——酒糟、油粕、酱油渣等。畜禽黄曲霉毒素中毒的原因多是采食上述产毒霉菌污染的花生、玉米、豆类、麦类及其副产品所致。

【症状】 黄曲霉毒素是一类肝毒物质。畜禽中毒后以肝脏损害为主，同时还伴有血管通透性被破坏和中枢神经损伤等，因此临床特征性表现为黄疸，出血，水肿和神经症状。由于畜禽的品种、性别、年龄、营养状况及个体耐受性、毒素剂量大小等的不同，黄曲霉毒素中毒的程度和临床表现也有显著差异。

家禽：雏鸭、雏鸡对黄曲霉毒素的敏感性较高，中毒多呈急性经过，且死亡率很高。幼鸡多发生于 2 ~ 6 周龄，临床症状为食欲不振，嗜眠，生长发育缓慢，虚弱，翅膀下垂，时时凄叫，贫血，腹泻，粪便中带有血液。雏鸭表现食欲废绝，脱羽，鸣叫，步态不稳，跛行，角弓反张，死亡率可达 80% ~ 90%。成年鸡、鸭的耐受性较强。慢性中毒，初期多不明显，通常表现食欲减退，消瘦，不愿活动，贫血，长期可诱发肝癌。

猪：采食霉败饲料后，中毒可分急性、亚急性和慢性三种类型。急性型发生于 2 ~ 4 月龄的仔猪，尤其是食欲旺盛、体质健壮的猪发病率较高。多数在临床症状出现前突然死亡。亚急性型体温升高 1 ~ 1.5℃ 或接近正常，精神沉郁，食欲减退或丧失，口渴，粪便干硬呈球状，表面被覆黏液和血液。可视黏膜苍白，后期黄染。后肢无力，步态不稳，间歇性抽搐。严重者卧地不起，常于 2 ~ 3d 内死亡。慢性型多发生于育成猪和成年猪。病猪精神沉郁，食欲减少，生长缓慢或停滞，消瘦。可视黏膜黄染，皮肤表面出现紫斑。随着病情的发展，病猪呈现神经症状，如兴奋，不安，痉挛，角弓反张等。

牛：成年牛多呈慢性经过，死亡率较低。往往表现厌食，磨牙，前胃弛缓，瘤胃臌胀，间歇性腹泻，乳量下降，妊娠母牛早产、流产。犊牛对黄曲霉毒素较敏感，死亡率高。

绵羊：由于绵羊对黄曲霉毒素的耐受性较强，很少有自然发病。

【诊断】 对黄曲霉毒素中毒的诊断，应从病史调查入手，并对饲料样品进行检查，结合临床表现（黄疸，出血，水肿，消化障碍及神经症状）和病理学变化（肝细胞变性、坏死，肝细胞增生，肝癌）等情况，可进行初步诊断。确诊必须对可疑饲料进行产毒霉菌的分离培养，饲料中黄曲霉毒素含量测定。必要时还可进行雏鸭毒性试验。

关于黄曲霉毒素的检验方法有生物学方法、免疫学方法和化学方法，后者是常用的实验室分析法。由于化学检测法操作烦琐、费时，在对一般样品进行毒素检测前，可先用直观过筛法（主要用于玉米样品，取可疑玉米放于盘内，摊成一薄层，直接在 360nm 波长的紫外灯光下观察荧光。如果样品中存在黄曲霉毒素 B_1，则可看到蓝紫色荧光），若为阳性再用化学检测法。

【治疗】对本病尚无特效疗法。发现畜禽中毒时，应立即停喂霉败饲料，改喂富含碳水化合物的青绿饲料和高蛋白饲料，减少或不喂含脂肪过多的饲料。

一般轻型病例，不给任何药物治疗，可逐渐康复。重度病例，应及时投服泻剂如硫酸钠、人工盐等，加速胃肠道毒物的排出。同时，采用保肝和止血疗法，可用 20% ~ 50% 葡萄糖溶液、维生素 C、葡萄糖酸钙或 10% 氯化钙溶液。心脏衰弱时，皮下或肌肉注射强心剂。为了防止继发感染，可应用抗生素制剂，但严禁使用磺胺类药物。

【预防】

1. 防止饲草、饲料发霉 防霉是预防饲草、饲料被黄曲霉菌及其毒素污染的根本措施。引起饲料霉变的因素主要是温度与相对湿度，因此在饲草收割时应充分晒干，且勿雨淋；饲料应置荫凉干燥处，勿使受潮、淋雨。为了防止发霉，还可使用化学熏蒸法或防霉剂，常用丙酸钠、丙酸钙，每吨饲料中添加 1 ~ 2kg，可安全存放 8 周以上。

2. 霉变饲料的去毒处理 霉变饲料不宜饲喂畜禽，若直接抛弃，则将造成经济上的很大浪费，因此，除去饲料中的毒素后仍可饲喂畜禽。常用的去毒方法有：

连续水洗法：此法简单易行，成本低，费时少。具体操作是将饲料粉碎后，用清水反复浸泡漂洗多次，至浸泡的水呈无色时可供饲用。

化学去毒法：最常用的是碱处理法。在碱性条件下，可使黄曲霉毒素结构中的内酯环破坏，形成香豆素钠盐且溶于水，再用水冲洗可将毒素除去。也可用5%～8%石灰水浸泡霉败饲料3～5h后，再用清水淘净，晒干便可饲喂；每千克饲料拌入12.5g的农用氨水，混匀后倒入缸内，封口3～5d，去毒效果达90%以上，饲喂前应挥发去除残余的氨气；还可用0.1%漂白粉水溶液浸泡处理等。

物理吸附法：常用的吸附剂为活性炭、白陶土、黏土、高岭土、沸石等，特别是沸石可牢固地吸附黄曲霉毒素，从而阻止黄曲霉毒素经胃肠道吸收。雏鸡和猪饲料中添加0.5%沸石，不仅能吸附毒素，而且还可促进生长发育。

微生物去毒法：据报道，无根根霉、米根霉、橙色黄杆菌对除去粮食中黄曲霉毒素有较好效果。

3. 定期检测饲料 严格实施饲料中黄曲霉毒素最高容许量标准。许多国家都已经制定了饲料中黄曲霉毒素容许量标准。

日本规定饲料中 AFTB1 的容许量标准为0.01～0.02mg/kg。中国1991年发布的饲料卫生标准（GB13078—91）规定黄曲霉毒素 B1 的允许量（mg/kg）为：玉米≤0.05，花生饼、粕≤0.05，肉用仔鸡、生长鸡配合饲料≤0.01，产蛋鸡配合饲料≤0.02，生长肥育猪配、混合饲料≤0.02。另有人建议猪日粮中黄曲霉毒素 B1 的容许量（mg/kg）应≤0.05，鸡日粮≤0.01，成年牛和绵羊日粮≤0.01。

五、玉米赤霉烯酮中毒

玉米赤霉烯酮中毒，又称 F-2 毒素中毒。本病以家畜阴户肿胀，流产，乳房肿大，过早发情等雌激素综合征为临床特征。本病以猪最为多发，尤其是3～5月龄仔猪。牛、羊等反刍动物也可发生。

【病因】 病原为玉米赤霉烯酮，它是由禾谷镰刀菌、粉红镰刀菌、拟枝孢镰刀菌、三隔镰刀菌、串珠镰刀菌、木贼镰刀菌、黄色镰刀菌和茄病镰刀菌等霉菌产生。发病原因是家畜采食被上述产毒霉菌污染的玉米、大麦、高粱、水稻、豆类以及青贮饲料等。

玉米赤霉烯酮首先由赤霉病玉米中分离出来。玉米赤霉烯酮是一种酚的二羟基苯酸内酯，其衍生物至少有15种，统称为赤霉烯酮类毒素。玉米赤霉稀酮的纯品为白色结晶，不溶于水、二硫化碳和四氯化碳，易溶于碱性溶液、乙醚、苯、氯仿和乙醇等。

【症状】 临床上最常见的是雌激素综合征或雌激素亢进症。

猪 猪中毒时首先表现拒食和呕吐。该毒素可使阴道黏膜呈现霉菌性炎症反应，出现阴道黏膜充血，肿胀，出血，外阴部异常肿大，有时导致排尿困难。母猪乳腺肿大，乳头潮红，哺乳母猪乳汁减少，甚至无乳。严重病例，阴道脱垂率约为40%，子宫脱垂率约为5%～10%。青春前期母猪多呈现发情征兆或周期延长。半数母猪第一次授精不易受胎，即使怀孕，也常发生早产、流产、胎儿吸收、死胎或弱胎等。公猪和去势公猪中毒时，也呈现雌性化，如乳腺肿大、睾丸萎缩、性欲减退等。

牛　发生中毒时，呈现雌激素亢进症，如兴奋不安、敏感、假发情等，可持续 1~2 个月之久。同时还表现生殖机能紊乱。

鸡　表现生殖道扩张，泄殖腔外翻和输卵管扩张等。

病理变化：F-2 毒素中毒的主要病理变化在生殖器官。阴唇、乳头肿大，乳腺间质性水肿。阴道黏膜水肿、坏死和上皮脱落。子宫颈上皮细胞增生，出现磷状细胞变性，子宫壁肌层高度增厚，各层明显水肿和细胞浸润，子宫角增大和子宫内膜发炎。卵巢发育不全，常出现无黄体卵泡，卵母细胞变性，部分卵巢萎缩。公畜睾丸萎缩。

【诊断】　根据病原、临床症状、病理变化及饲料中 F-2 毒素检测进行综合诊断。确诊尚需对饲料样品进行产毒霉菌的培养、分离和鉴定以及生物学实验。

【治疗】　当怀疑玉米赤霉烯酮中毒时，应立即停喂霉变饲料，改喂多汁青绿饲料，一般在停喂发霉饲料 7~15d 后中毒症状可逐渐消失，不需药物治疗。

六、黑斑病甘薯毒素中毒

黑斑病甘薯毒素中毒又称黑斑病甘薯中毒或霉烂甘薯中毒，俗称牛"喘气病"或牛"喷气病"，是家畜，特别是牛采食一定量黑斑病甘薯后，发生以急性肺水肿与间质性肺气肿、严重呼吸困难以及皮下气肿为特征的中毒性疾病。主要发生于种植甘薯的地区，其中以牛、水牛、奶牛较为多见，绵羊、山羊次之，猪也有发生。

本病的发生有明显的季节性，每年从 10 月份到翌年 4~5 月间，春耕前后为本病发生的高峰期，似与降雨量、气候变化有一定关系。

【病因】　黑斑病甘薯的病原是甘薯长喙壳菌和茄病镰刀菌。这些霉菌寄生在甘薯的虫害部位和表皮裂口处。甘薯受侵害后表皮干枯、凹陷、坚实，有圆形或不规则的黑绿色斑块。贮藏一定时间后，病变部位表面密生菌丝，甘臭，味苦。家畜采食或误食病甘薯后可引起中毒。另外，甘薯在感染齐整小核菌、爪哇黑腐病菌，被小象皮虫咬伤、切伤或用化学药剂处理时，均可产生毒素。表皮完整的甘薯不易被上述霉菌感染，也不产生毒素，这说明黑斑病甘薯毒素不是霉菌的有毒代谢产物，而是甘薯在霉菌寄生过程中生成的有毒物质。

黑斑病甘薯毒素（苦味质）含有 8 种毒素，研究得较清楚的是甘薯酮、甘薯醇、甘薯宁、4-甘薯醇和 1-甘薯醇。黑斑病甘薯毒素可耐高温，经煮、蒸、烤等处理均不能破坏其毒性，故用黑斑病甘薯作原料酿酒、制粉时，所得的酒糟、粉渣饲喂家畜仍可发生中毒。

【症状】　临床症状因动物种类、个体大小及采食黑斑病甘薯的数量有所不同。

牛：通常在采食后 24h 发病，病初表现精神不振，食欲大减，反刍减少和呼吸障碍。急性中毒时，食欲和反刍很快停止，全身肌肉震颤，体温一般无显著变化。

本病的特征是呼吸困难，呼吸次数可达 80~90 次/min 以上。随着病情的发展，呼吸动作加深而次数减少，呼吸用力，呼吸音增强，似"拉风箱"音。初期多由于支气管和肺泡出血及渗出液的蓄积，不时出现咳嗽。听诊时，有干湿啰音。继而由于肺泡弹性减弱，导致明显的呼气性呼吸困难。肺泡内残余气体相对增多，加之强大的腹肌收缩，使肺泡壁破裂，气体窜入肺间质，造成间质性肺泡气肿。后期可于肩胛、腰背部皮下（即于脊椎两侧）发生气肿，触诊呈捻发音。病牛鼻翼扇动，张口伸舌，头颈伸展，并取长期站立姿势增加呼吸量，但仍处于严重缺氧状态，表现可视黏膜发绀，眼球突出，瞳孔散大和全身性痉挛等，多因窒息死亡。在发生极度呼吸困难的同时，病牛鼻孔流出大量鼻液并混有血丝，口流泡沫性唾液。伴发前胃弛缓、瘤胃臌气和出血性胃肠炎，粪便干硬，有腥臭味，表面被覆血液和黏液。心脏衰弱，脉搏增数，可达100次/min以上。颈静脉怒张，四肢末梢冰凉。尿液中含有大量蛋白。乳牛中毒后，其泌乳量大为减少，妊娠母牛往往发生早产和流产。

羊 主要表现精神沉郁，结膜充血或发绀；食欲、反刍减少或停止，瘤胃蠕动减弱或废绝；脉搏增数达90~150次/min，心脏机能衰弱，心音增强或减弱，脉搏节律不齐，呼吸困难。严重者还出现血便，最终发展为衰竭、窒息而死亡。

猪 表现精神不振，食欲大减，口流白沫，张口呼吸，可视黏膜发绀。心脏机能亢进，节律不齐。肚胀，便秘，粪便干硬发黑，后转为腹泻，粪便中有大量黏液和血液。阵发性痉挛，运动失调，步态不稳。约1周后，重剧病猪多发展为抽搐死亡。

急性严重中毒大约经2~5d，多因窒息死亡。慢性中毒轻者由于能采食少量饲料，经及时治疗，可能康复。但有的在9~10d后突然体温升高，心力衰竭，预后不良。

【诊断】 主要根据病史，发病季节，并结合呼吸困难和皮下气肿、水肿等临床症状，剖检特征等进行综合分析，作出诊断。本病以群发为特征，易误诊为牛出血性败血病（即牛巴氏杆菌病）或牛肺疫（即牛传染性胸膜肺炎）。但从病史调查，病因分析及本病体温不高，剖检时胃内见有黑斑病甘薯残渣等，即可予以鉴别。

【治疗】 治疗原则为迅速排出毒物和解毒，缓解呼吸困难以及对症疗法。

排出毒物及解毒。如果早期发现，毒物尚未完全被吸收，可用洗胃和内服氧化剂两种方法。洗胃：用生理盐水大量灌入瘤胃内，再用胶管吸出，反复进行，直至瘤胃内容物的酸味消失。用碳酸氢钠300g、硫酸镁500g、克辽林20g，溶于水中灌服。内服氧化剂：1%高锰酸钾溶液，牛1 500~2 000ml，或者1%过氧化氢溶液，500~1 000ml，一次灌服。缓解呼吸困难。5%~20%硫代硫酸钠注射液，牛及马100~200ml，猪、羊20~50ml，静脉注射。亦可同时加入维生素C，马、牛1~3g，猪、羊0.2~0.5g。此外尚可用输氧疗法，当肺水肿时可用50%葡萄糖溶液500ml，10%氯化钙溶液100ml，20%安钠咖溶液10ml，混合，一次静脉注射。呈现酸中毒时应用5%碳酸氢钠溶液250~500ml，一次静脉注射。胰岛素注射150~300IU，一次皮下注射。

中药疗法。可试用白矾散：白矾、贝母、白芷、郁金、黄芩、葶苈、甘草、石苇、黄连、龙胆各50g，冬蜜200g，煎水调蜜灌服。

【预防】 首先防止甘薯黑斑病，可用温汤（50℃温水浸渍10min）浸种及温床育苗。在收获甘薯时尽量不伤表皮。贮藏时地窖应干燥密封，温度控制在11~15℃以内。对有病甘薯苗不能做种用，严防被牛误食。禁止用霉烂甘薯及其副产品喂家畜。

第四节　农药中毒

一、有机磷中毒

有机磷农药是磷和有机化合物合成的一类杀虫药。按其毒性强弱，可分为剧毒、强毒及弱毒等类别。有机磷农药中毒是家畜接触、吸入或采食某种有机磷制剂所引致的病理过程，以体内的胆碱酯酶活性受抑制，从而导致神经机能紊乱为特征。常用的制剂有：

剧毒类：对硫磷（1605）、内吸磷（1059）、甲基对硫磷（甲基1605）等。

强毒类：敌敌畏（DDVP）、乐果（Rogor）、甲基内吸磷（甲基1059）、杀螟松等。

弱毒类：敌百虫和马拉硫磷等。

【病因】　引起有机磷农药中毒的常见原因，主要有：

第一，违反保管和使用农药的安全操作规程。如保管、购销或运输中对包装破损未加安全处理，对农药和饲料未加严格分隔贮存，致使毒物散落或通过运输工具和农具间接沾染饲料；如误用盛装过农药的容器盛装饲料或饮水，以致家畜中毒；或误饲撒布有有机磷农药后且尚未超过危险期的田间杂草、牧草、农作物以及蔬菜等而发生中毒；或误用拌过有机磷农药的谷物种子造成中毒。

第二，不按规定使用驱除内外寄生虫的药物而发生中毒。

第三，人为的投毒等。

【发病机理】　有机磷农药进入动物体内后，主要是抑制胆碱酯酶的活性。正常情况下，胆碱能神经末梢所释放的乙酰胆碱，在胆碱酯酶的作用下被分解。胆碱酯酶在分解乙酰胆碱的过程中，先脱下胆碱并生成乙酰化胆碱酯酶的中间产物，继而水解，迅速分离出乙酸，使胆碱酯酶又恢复其正常生理活性。

有机磷化合物与胆碱酯酶结合，产生对位硝基酚和磷酰化胆碱酯酶。前者为除草剂，对机体具有毒性，但可转化成对氨基酚，并与葡萄糖醛酸相结合而经由泌尿道排出；而磷酰化胆碱酯酶则为较稳定的化合物，使胆碱酯酶失去分解乙酰胆碱的能力，导致体内大量乙酰胆碱积聚，引起神经传导功能紊乱，出现胆碱能神经的过度兴奋现象。但由于健康机体中一般都贮备有充足的胆碱酯酶，故少量摄入有机磷化合物时，尽管部分胆碱酯酶受抑制，但仍不显临床症状（如潜在性中毒的初期）。

【症状】　有机磷农药中毒时，因制剂的化学特性、病畜种类及造成中毒的具体情况等不同。其所表现的症状及程度差异极大，但都表现为胆碱能神经受乙酰胆碱的过度刺激而引起过度兴奋的现象，临床上将这些症状归纳为三类症候群：

1. 毒蕈碱样症状　当机体受毒蕈碱作用时，可引起副交感神经的节前和节后纤维，以及分布在汗腺的交感神经节后纤维等胆碱能神经发生兴奋，按其程度不同可具体表现为食欲不振，流涎，呕吐，腹泻，腹痛，多汗，尿失禁，瞳孔缩小，可视黏膜苍白，呼吸困难，支气管分泌增多，肺水肿等。

2. 烟碱样症状　当机体受烟碱作用时，可引起支配横纹肌的运动神经末梢和交感神经节前纤维（包括支配肾上腺髓质的交感神经）等胆碱能神经发生兴奋；但乙酰胆碱蓄积过多时，则将转为麻痹，具体表现为肌纤维性震颤、血压上升、肌紧张度减退（特别是呼吸肌）、脉搏频数等。

3. 中枢神经系统症状　这是病畜脑组织内的胆碱酯酶受抑制后，使中枢神经细胞之间的兴奋传递发生障碍，造成中枢神经系统的机能紊乱，表现为病畜兴奋不安；体温升高，搐搦，甚至陷于昏睡等。

当然，并非每一病例都表现所有上述症状，不同畜种，会有某些症状特别明显或缺失。临床根据病情程度可分为以下三种：

1. 轻度中毒　病畜精神沉郁或不安，食欲减退或废绝，猪、狗等单胃动物恶心呕吐，牛羊等反刍动物反刍停止，流涎，微出汗，肠音亢进，粪便稀薄。全血胆碱酯酶活力为正常的 70% 左右。

2. 中度中毒 除上述症状更为严重外，瞳孔缩小，腹痛，腹泻，骨骼肌纤维震颤，严重时全身抽搐、痉挛，继而发展为肢体麻痹，最后因呼吸肌麻痹而窒息死亡。

3. 重度中毒 以神经症状为主，表现体温升高，全身震颤、抽搐，大小便失禁，继而突然倒地、四肢作游泳状划动，随后瞳孔缩小，心动过速，很快死亡。

牛主要以毒蕈碱样症状为主，表现不安，流涎，鼻液增多，反刍停止，粪便往往带血，并逐渐变稀，甚至出现水泻。肌肉痉挛，眼球震颤，结膜发绀，瞳孔缩小，不时磨牙，呻吟。呼吸困难，听诊肺部有广泛性湿啰音。心跳加快，脉搏增数，肢端发凉，体表出冷汗。最后因呼吸肌麻痹而窒息死亡。怀孕牛流产。红细胞数在生理值的低限，并出现红细胞大小不均和异型红细胞症，嗜酸性白细胞减少，大淋巴细胞减少并含有嗜碱性颗粒。

羊病初表现神经兴奋，病羊奔腾跳跃，狂暴不安，其余症状与病牛基本一致。

猪烟碱样症状明显，如肌肉发抖，眼球震颤，流涎。进而行走不稳，身躯摇摆，不能站立，病猪侧卧或伏卧。呼吸困难或迫促，部分病例可有失明和麻痹后遗症。

鸡病初表现不安，流泪，流涎。继而食欲废绝，下痢带血，常发生嗉囊积食，全身痉挛逐渐加重，最后不能行走而卧地不起，麻痹，昏迷而死亡。

【诊断】 根据流涎，瞳孔缩小，肌纤维震颤，呼吸困难，血压升高等症状进行诊断。在检查病畜存在有机磷农药接触史的同时，应采集病料测定其胆碱酯酶活性和毒物鉴定，以此确诊。同时，还应根据本病的病史、症状、胆碱酯酶活性降低等变化同其他可疑病相区别。

【治疗】 立即停止使用含有机磷农药的饲料或饮水。因外用敌百虫等制剂过量所致的中毒，应充分水洗用药部位（勿用碱性药剂），以免继续吸收。同时，尽快用药物救治。常用阿托品结合解磷定解救。阿托品为乙酰胆碱的生理拮抗药，是速效药剂，可迅速使病情缓解。但由于仅能解除毒蕈碱样症状，而对烟碱样症状无作用，须有胆碱酯酶复活剂的协同作用。常用的胆碱酯酶复活剂有解磷定（α – PAM）、氯磷定（PAM – Cl）、双复磷（DMO$_4$）等。

通用的阿托品治疗剂量为：牛、马 10 ~ 50mg，猪、羊 5 ~ 10mg。按上述剂量首次用药后，若经 1h 以上仍未见病情好转时，可适量重复用药。同时密切注意病畜反应，当出现瞳孔散大，停止流涎或出汗，脉数加速等现象时，即不再加药，而按正常药量每隔 4 ~ 5h 给以维持量，持续 1d 或 2d。

解磷定 20 ~ 50mg/kg 体重，溶于葡萄糖溶液或生理盐水 100ml 中，静脉注射或皮下注射或注入腹腔。对于严重的中毒病例，应适当加大剂量，给药次数同阿托品。

解磷定在碱性溶液中易水解成剧毒的氰化物，故忌与碱性药剂配伍使用。解磷定的作用快速，持续时间短，约 1.5 ~ 2h。对内吸磷、对硫磷、甲基内吸磷等大部分有机磷农药中毒的解毒效果确实，但对敌百虫、乐果、敌敌畏、马拉硫磷等小部分制剂的作用则较差。

氯磷定可作肌肉注射或静脉注射，剂量同解磷定。氯磷定的毒性小于解磷定，对乐果中毒的疗效较差，且对敌百虫、敌敌畏、对硫磷、内吸磷等中毒经 48 ~ 72h 的病例无效。

双复磷的作用强而持久，能通过血脑屏障对中枢神经系统症状有明显的缓解作用（具有阿托品样作用）。对有机磷农药中毒引起的烟碱样症状，毒蕈碱样症状及中枢神经系统症状均有效。对急性内吸磷、对硫磷、甲拌磷、敌敌畏中毒的疗效良好；但对慢性中毒效果不佳。剂量为 40 ~ 60mg/kg 体重。因双复磷水溶性较高，可供皮下、肌肉或静脉注射用。

对症治疗，以消除肺水肿，兴奋呼吸中枢，输入高渗葡萄糖溶液等，提高疗效。

【预防】

健全对农药的购销、保管和使用制度，药品专人负责，严防坏人破坏。

开展经常性的宣传工作，普及和深化有关使用农药和预防家畜中毒的知识，以推动群众性的预防工作。

由专人统一安排施用农药和收获饲料，避免互相影响。对于使用农药驱除家畜内外寄生虫，也可由兽医人员负责，定期组织进行，以防意外的中毒事故。

二、有机氟中毒

有机氟中毒是指误食氟乙酰胺、氟乙酸钠等有机氟杀鼠药引起的中毒。临床上以发生呼吸困难、口吐白沫、兴奋不安为特征。

【病因】　有机氟中毒中以误食氟乙酰胺中毒的老鼠而发生中毒者为多，氟乙酰胺（商品名为灭鼠灵、三步倒或敌蚜胺）为农作物害虫及消灭鼠类的一种高效杀虫剂，现为中国禁止使用的剧毒有机氟类农药，但目前农村仍有使用，犬猫误食这类制剂的毒饵或毒死的鼠类后引起急性中毒。占鼠药中毒的91.3%。

【症状】　有机氟化物进入机体后，需经活化、渗透、假合成等过程，因此动物摄入毒物后经过一定的潜伏期才出现临床症状，一般马 0.5 ~ 2h，牛羊更长。动物一旦出现症状，病情发展很快。临床上主要表现中枢神经系统和心血管系统损害的症状，因动物品种不同，症状有一定的差异。

深度中毒的病畜，突然出现神经症状，兴奋不安，无目的奔跑、吠叫、乱窜、乱撞、乱跳，有的走路摇晃，似"醉酒"样，呕吐白沫，呼吸困难，心跳加快，节律不齐，瞳孔散大，体温稍低，频频排尿和排便，全身肌肉震颤，痉挛抽搐、癫痫，十几分钟后死亡，特别是冲撞时遇到障碍物即倒地死亡。轻度中毒病畜，初期精神沉郁，随后兴奋不安，心跳、呼吸加快，流涎增多，结膜发绀，感觉灵敏，吠叫，体温偏低。从发病到死亡在 3h 以内。倒地后四肢不停地划游，呈"角弓反张"姿势。舌伸出口腔外，多数被自己咬破而从口鼻腔流出带血色的泡沫，最后终因衰竭而死。

牛、羊主要表现心血管症状，有急性与慢性两种。急性型又称为突然发病型，无前驱症状，摄入农药后 9 ~ 18h 内，突然倒地，剧烈抽搐，惊厥或角弓反张，迅速死亡。有的病例虽可暂时恢复，但心动过速，心律不齐，卧地颤抖，迅速复发，口吐白沫死亡。慢性型又称潜伏发病型，一般在摄入毒物5 ~ 7d 后发病，初期食欲不振，反刍停止，离群或单独倚墙而立或卧地，肘肌震颤，有时轻微腹痛，个别病畜排恶臭稀粪，心率加快（每分钟60 ~ 120 次），节律不齐，心房纤颤。有些病例在中毒次日，表现精神沉郁，食欲、反刍减少，约经 3 ~ 5d，因外界刺激或无明显外因而突然发作惊恐，全身震颤，吼叫，狂奔，呼吸急促，头颈伸直或屈曲于胸部，持续 3 ~ 6min 后逐渐缓解，但又可重复发作，往往在抽搐中，因呼吸抑制、循环衰竭而死亡，死前四肢痉挛，角弓反张，口吐白沫，瞳孔散大，呻吟。在整个病程中，体温正常或偏低。

猪在摄入毒物后数小时发作，初期狂奔乱冲，不避障碍或跳高转圈，继而卧地痉挛、抽搐，尖声吼叫，流涎，呕吐，呼吸急促，心动过速，瞳孔散大，很快死亡。

犬、猫直接摄入有机氟化合物后30min出现症状，吞食鼠尸或其他动物尸体后4～10h发作，表现兴奋，狂奔，嚎叫，喜钻往暗处，心动过速，强直性痉挛。瞳孔持续性散大，排粪排尿频繁，猫有时出现心室纤维性颤动。后期对外界刺激反应迟钝，呼吸困难，在症状出现后数小时因循环和呼吸衰竭而死亡。

马主要表现精神沉郁，黏膜发绀，呼吸急促，心率加快（每分钟80～140次），心律失常，肢端发凉，肌肉震颤。有时表现轻度腹痛，最后惊恐，鸣叫，倒地抽搐，很快死亡。

取胃内容物60g，加甲醇浸泡5～6h，滤过，滤液置于水浴上蒸干。残渣加水溶解（稍加温），移入分液漏斗，加乙醚反复抽提除去油脂、色素等杂质，去掉醚层，把水层仍置水浴上蒸干，残渣加少量甲醇溶解后作检液，经硫靛蓝反应呈阳性。

【诊断】 根据病畜体温偏低、发病急、症状和剖检变化等特点，以及市场有鼠药出售和使用鼠药灭鼠的事实，可初步诊断。确诊需测定血液柠檬酸含量和可疑样品的毒物分析。

1. 血液生化测定 主要测定血液中氟、柠檬酸和血糖含量。有机氟化合物中毒时血糖、氟和柠檬酸含量明显升高。

2. 毒物分析 取可疑饲料、饮水、呕吐物或胃内容物进行有机氟化合物的定性和定量分析，阳性结果为确诊提供依据。

本病与有机磷、有机氯、士的宁中毒及急性胃肠炎等相似，应进行鉴别诊断。

【治疗】 对病畜应及时采取清除毒物和应用特效解毒药相结合的治疗方法。

1. 清除毒物 及时通过催吐、洗胃、缓泻以减少毒物的吸收。犬、猫和猪使用硫酸铜催吐，牛可用0.05%～0.1%高锰酸钾洗胃，再灌服蛋清，最后用硫酸镁导泻。其他动物则用硫酸钠、石蜡油下泻治疗。经皮肤染毒者，尽快用温水彻底清洗。

2. 特效解毒 解氟灵（50%乙酰胺），按0.1～0.3g/kg体重的剂量，肌肉注射，首次用量加倍，每隔4h注射1次。直到抽搐现象消失为止，可重复用药。

乙二醇乙酸酯又名醋精，100ml溶于500ml水中口服，也可按0.125ml/kg体重肌肉注射。95%酒精100～200ml，加适量常水，每日1次口服，或用5%乙醇和5%醋酸，按2ml/kg体重口服。

3. 对症治疗 解除肌肉痉挛，有机氟中毒常出现血钙降低，故用葡萄糖酸钙或柠檬酸钙静脉注射。镇静用巴比妥、水合氯醛口服。兴奋呼吸可用山梗菜碱（洛贝林）、尼可刹米、可拉明解除呼吸抑制。

所有中毒动物均给予静脉补液，以10%葡萄糖为主，另加维生素B_1 0.025g，辅酶A 200U，ATP 40mg，维生素C 3～5g，1次静脉滴注。昏迷抽搐的患犬常规应用20%甘露醇以控制脑水肿。肌肉注射地塞米松2～10mg/只，以防感染。

较为严重的动物可适量肌注硫酸镁0.5～1g，同时静注50%葡萄糖适量，以强心利尿，促进毒物排出。

【预防】

严加管理剧毒有机氟农药的生产和经销、保管和使用。

喷洒过有机氟化合物的农作物，从施药到收割期必须经60d以上的残毒排出时间，方可作饲料用，禁止饲喂刚喷洒过农药的植物叶、瓜果以及被污染的饲草饲料。

有机氟化合物中毒死亡的动物尸体应该深埋，以防其他动物食入。

对可疑中毒的家畜，暂停使役，加强饲养管理，同时内服绿豆浆解毒。

三、尿素中毒

尿素是动物体内蛋白质分解的终末产物，在农业上广泛用做肥料。自从用作反刍动物的蛋白质饲料来源以来，由于各种原因，引起尿素中毒所造成的事故不断发生。

【病因】

尿素被堆放在饲料的近旁，导致发生误用（如误认为食盐）或被动物偷吃。

尿素饲料使用不当。如将尿素溶解成水溶液喂给时，易发生中毒。饲喂尿素的动物，若不经过逐渐增加用量，初次就按定量喂给，也易发生中毒。此外，不严格控制定量饲喂或对添加的尿素未均匀搅拌等，都能造成中毒。尿素的饲用量，应控制在全部饲料总干物质量的 1% 以下或精饲料的 3% 以下，成年牛每天以 200 ~ 300g，羊以 20 ~ 30g 为宜。

个别情况下，牛、羊因偷吃大量人尿而发生急性中毒的病例。人尿中含有尿素约在 3% 左右，故可能与尿素的毒性作用有一定的关系。

【症状】 牛采食尿素后约 20 ~ 30min 即可发病。开始呈现不安，呻吟，反刍停止，瘤胃臌气，肌肉震颤和步态不稳等，继则反复发作痉挛，呼吸困难，口、鼻流出泡沫状液体，心搏动亢进，脉数增至 100 次/min 以上。后期出汗，瞳孔散大，肛门松弛。急性中毒病例，病程仅不过 1 ~ 2h 以内即因窒息死亡。如延长一天，可发生后躯不完全麻痹。羊尿素中毒出现类似症状，痉挛发作时眼球震颤，呈角弓反张姿势。

【诊断】 采食尿素史、血氨值升高对本病有确诊意义。由于本病的病情急剧，对误饲或偷吃尿素等偶然因素所致的中毒病例，救治工作常措手不及，多遭死亡。而在饲用尿素饲料的畜群，如能早期发现中毒病例，及时救治，一般均可获得满意的疗效。

【治疗】 早期可灌服大量的食醋或稀醋酸等弱酸类，以抑制瘤胃中脲酶的活力，并中和尿素的分解产物氨。成年牛灌服 1% 醋酸溶液 1L，糖 0.5 ~ 1kg 和水 1L。此外，可用硫代硫酸钠溶液静脉注射，作为解毒剂，同时对症应用葡萄糖酸钙溶液、高渗葡萄糖溶液、水合氯醛以及瘤胃制酵剂等，可提高疗效。

【预防】 必须严格饲料保管制度，不能将尿素肥料同饲料混杂堆放，以免误用。在畜舍内尤其应避免放置尿素肥料，以免家畜偷吃。

饲用尿素饲料的畜群，要控制尿素的用量及同其他饲料的配合比例。而且在饲用混合日粮前，必须先经仔细地搅拌均匀，以避免因采食不匀，引起中毒事故。为提高补饲尿素的效果，尤其要严禁溶在水中喂给。有条件的单位，可将尿素与过氯酸铵配合使用或改用尿素的磷酸块供补饲用，以利安全。

四、氨中毒

氨肥是氮质肥料，有硝酸铵、硫酸铵等。氨水（即氢氧化铵溶液，含量约为 20%）为化肥生产的副产品，故氨水中毒见于全国各地农村，尤以水牛较为多见。

【病因】

由于氨水桶放置田头，耕牛偷饮氨水或因误饮刚经施用氨肥的田水，造成中毒事故，沙土地的沟水尤有危险性。

硝酸铵为白色或淡黄色晶体，硫酸铵（肥田粉）为白色晶体，在外观上易同硫酸钠、食盐等混淆，在化肥缺乏严密保管的情况下，易因误用引起畜禽中毒事故。

氨水散发的氨气具有强烈的刺激性，空气中的最大允许浓度为 $30mg/m^3$，如达到 $70mg/m^3$ 上时，就可接触致病。或较低浓度经过较长时间，也可发生毒害作用。故在氮肥厂或氨水池密闭不严时，其所散逸的氨气可使邻近畜禽受害。鸡舍用氨气作熏蒸杀菌剂，在熏蒸后，如舍内未经充分换气，过早地放入畜禽，易发生氨中毒。

【症状】　饮入氨水或含氨肥的田水所致的中毒病例，首先出现严重的口炎，整个口唇周围都沾满唾液泡沫。病牛精神委顿，步态蹒跚，肌肉震颤和呻吟，食欲废绝，口黏膜潮红、肿胀以至糜烂。胃肠蠕动几乎停止，瘤胃臌气。因咽喉也发生水肿和糜烂而有剧烈的咳嗽，并出现呼吸困难和肺水肿，有湿啰音。若继发支气管肺炎，体温也随之升高，脉数疾速，节律不齐，有时出现颈静脉搏动。濒死时则发生狂乱的挣扎和惨声吼叫。

氨气灼伤者多呈角膜、结膜炎或角膜浑浊，有呼吸道的刺激症状或上呼吸道感染。

【治疗】　与尿素中毒相同，即初期可灌服稀盐酸、稀醋酸等弱酸性药液，试用硫代硫酸钠，水合氯醛，以及瘤胃制酵剂等。如有继发感染者，则应加抗生素药剂。对于眼部灼伤，可涂敷红霉素等软膏。

【预防】　注意化肥的保管和使用，特别是氨水池的构筑必须符合密闭要求，确保人、畜安全，不致耗损肥效。必须用密闭的容器装运氨水，避免在有耕牛作业或牲畜放牧的田头、路边放置敞露的氨水桶。禁止饮用刚施氨肥的田水或下流沟水。

第五节　灭鼠药中毒

灭鼠药中毒系因家畜误吃了灭鼠用的毒饵或吃了中毒死亡的老鼠出现的中毒症状。常见的灭鼠药有有机氟化物、安妥、磷化锌、双香豆素类。有机氟化物中毒见前面叙述。

一、安妥中毒

安妥（$C_{11}H_{10}N_2S$），又称甲-萘硫脲，为白色无臭味结晶粉末，是一种强有力的灭鼠药。犬、猫较敏感，犬中毒致死量 $60\sim150mg/kg$ 体重，猫为 $100\sim200mg/kg$ 体重。

【病因】　误食毒饵或吞食毒死鼠类而中毒。安妥经肠道吸收后分布于肺、肝、肾和神经组织。生成氨和硫化氢，呈局部刺激作用。但主要毒性作用是经交感神经系统，阻断缩血管神经，造成肺部微血管壁的通透性增加，大量血浆漏入肺组织和胸腔，从而引起严重的呼吸障碍。此外，安妥有抗维生素 K 的作用，使血液凝固性下降，引起组织器官出血。

【症状】　安妥主要引起肺部毛细胞管的通透性加大、血浆大量进入肺组织，迅速导致肺水肿。其主要症状是呕吐、呼吸困难、口吐白沫、咳嗽、精神沉郁、虚弱，可视黏膜发绀、鼻孔流出泡沫血色黏液。有的腹泻、运动失调。后期，张口呼吸，骚动不安，常发生强直性痉挛，最后窒息死亡。

【诊断】　根据病史、症状和剖检可见胃肠道、呼吸道充血，呼吸道内充满带血性泡沫，肺水肿和胸腔积液等变化，可作出初步诊断。胃内容物和残剩饲料中检出安妥，即可确诊。

【治疗】无特效解毒药，中毒不久给予催吐剂，如硫酸铜；给予镇静剂（如巴比妥）以减少对氧的需要，有条件可以输氧；投予阿托品、地塞米松、维生素C等药，减少支气管分泌物，增强抗休克作用，给予渗透性利尿剂（如50%葡萄糖溶液和甘露醇溶液）以解除肺水肿和胸膜渗出，也可静脉注射10%硫代硫酸钠溶液。亦可采用强心，保肝等措施。

二、磷化锌中毒

磷化锌是一种强力、价廉的灭鼠药。犬猫中毒致死量为20~40mg/kg体重。

【病因】猫、犬常由于误食毒饵或毒死的老鼠等引起中毒。误食的磷化锌在胃内遇酸能产生剧毒的磷化氢和氯化锌。磷化氢吸收后分布于肝、心、肾和骨骼肌等组织器官，抑制所在组织的细胞色素氧化酶，影响细胞内代谢过程，造成细胞内窒息，使组织细胞发生变性、坏死，肝脏和血管受到损害，引起全身泛发性出血。中枢神经系统受损害，出现痉挛、昏迷等表现。氯化锌具有剧烈的腐蚀性，能刺激胃黏膜，引起急性炎性充血、出血和溃疡。

【症状】磷化锌是一种胃毒剂，在胃中与胃酸反应，生成极毒的磷化氢直接刺激胃肠黏膜；被吸收进入血液后，分布于全身各组织，即可直接损害血管黏膜和红细胞，发生血栓和溶血，又能导致所在组织细胞变性、坏死，最终由于全身广泛性出血，组织缺氧以致昏迷而死。中毒后出现食欲减退，继而呕吐不止，呕吐物（在暗处可发出磷光）或呼出气体有蒜味或乙炔气味，腹痛不安。呼吸加快加深，发生肺水肿，初期过度兴奋甚至惊厥、后期昏迷嗜眠；此外，还伴有腹泻，粪便中混有血液等症状。

【诊断】根据病史，临床症状（流涎、呕吐、腹痛和腹泻症状，呕吐物带大蒜臭味，在暗处呈现磷光等），剖检变化（肺充血、水肿以及胸膜渗出）和胃肠内容物的蒜臭味可作出诊断。呕吐物、胃内容物中检出磷化锌，可以确诊。

【治疗】无特效药，病初可用5%碳酸氢钠溶液洗胃，以延缓磷化锌分解为磷化氢。亦可灌服0.2%~0.5%硫酸铜，与磷化锌形成不溶性的磷化铜，阻滞磷化锌吸收而降低毒性，促使患病动物呕吐，排出一部分毒物。也可用0.1%高锰酸钾洗胃，使磷化锌变为毒性较低的磷酸盐。为防止酸中毒，可静脉注射葡萄糖酸钙或乳酸钠溶液。发生痉挛时给予镇静和解痉药对症治疗。

第六节 药物中毒

在养禽生产中，为预防或治疗各种疾病，需要对禽群进行投药，但若剂量过大、拌料不均、用药时间过长等投药不当，则会引起药物中毒，导致饲料报酬降低，生长缓慢或产蛋下降，严重可引起死亡。这些都应引起养殖者的重视，下面介绍几种常见药物中毒病及其防治。

一、磺胺类药物中毒

磺胺类药是人工合成的一类广谱抗菌药物，有20多种。这类药物能抑制大多数革兰氏阳性菌和一些阴性菌。在临床上能够预防和治疗多种细菌感染，集抗菌增效于一身和能通过饲料添加给药的途径等特点，为现代集约化畜禽生产创造了有利条件，被广泛应用。当动物用药剂量过大、用药时间过长，有些磺胺药静脉注射速度过快所引起的以皮肤、肌肉和内脏器官出血为特征的急性或慢性中毒性疾病。各种动物均可发生，常见于家禽、犬和猫。

【病因】　超量或持续服用磺胺类药物所致。

【中毒机理】　禽类对磺胺药的吸收率比其他动物高。一般而言，肉食动物内服后 3 ~ 4h，达血药峰浓度；草食动物为 4 ~ 6h；反刍动物为 12 ~ 24h。药物被机体吸收后，一部分在肝脏内经过乙酰化变为无抗菌作用、但有毒性的乙酰磺胺。乙酰磺胺溶解度小，若用量过大，则大量乙酰磺胺常在肾小管内析出结晶，造成肾小管阻塞和肾损害。磺胺药的溶解性在酸性尿中比碱性尿中低，因此肉食动物的尿比草食动物更容易形成结晶。磺胺药干扰碘代谢，可引起甲状腺肿大。过量的磺胺还可导致粒细胞缺乏，血小板减少，高铁血红蛋白形成，胚胎发育停止，甚至出现急性药物性休克。家禽和牛可引起周围神经炎。磺胺药局部应用可抑制伤口愈合。反刍动物口服磺胺药可干扰瘤胃微生物合成 B 族维生素或肠道合成维生素 K。有些磺胺药可在肝脏直接对抗维生素 K 的活性，家禽和犬可改变凝血功能，增加了凝血酶原时间、活化的部分凝血活酶时间和凝血时间。

所有的磺胺药都可与血浆蛋白有不同程度的结合。用量过大，则血液中游离胆红质增高，会引起黄疸和过敏反应。由过敏还可引起造血系统功能失调和免疫器官的损害，使机体抵抗力下降，是继发混合感染和死亡的主要原因。此外，磺胺药还是碳酸酐酶的抑制剂，过量的磺胺可引起多尿和酸中毒。最近研究发现，磺胺二甲嘧啶对实验动物致甲状腺肿大的同时具有致癌性，因此动物性食品中这类药物的残留受到极大的关注。

【症状】　发生急性中毒时主要表现为痉挛和神经症状。慢性中毒时精神沉郁，食欲不振或消失，饮水增加，拉稀，粪黄色或带血丝。鸡冠和肉髯萎缩苍白，贫血，黄疸，生长缓慢。产蛋鸡表现为产蛋明显下降，产软壳蛋和薄壳蛋。剖检主要表现血液凝固不良，皮肤、肌肉、内部脏器广泛出血。胸部和腿部皮肤、冠、髯、颜面和眼睑均有出血斑。胸部和腿部肌肉有点状出血或条状出血。心外膜和心肌有出血点。肝肾肿大，有散在出血点，肝脏黄染，脾脏肿大出血、梗死或坏死。肠胃浆膜和黏膜出血。肌胃角质膜下出血。肠道浆膜和黏膜可见出血点或出血斑。骨髓呈淡红色或黄色。肾脏苍白，输尿管增粗，内积有大量白色尿酸盐。

【诊断】　可根据渐进性贫血的临床症状，结合长期性饲喂磺胺类药物的病史，参考剖检时以广泛性出血、肾及输尿管大量尿酸盐沉积等基本可作出初步诊断。有条件时可作血液的重氮反应试验或显微结晶对应而获得确诊。

【治疗】　发现中毒应立即停药，供给充足的饮水、在饮水中加入0.5% ~ 1%的碳酸氢钠或5%葡萄糖。也可在饲料中加 0.05%的维生素 K，或将日粮中维生素含量提高 1 倍。中毒严重的病鸡心肌内注射维生素 B$_{12}$1 ~ 2μg 或叶酸50 ~ 100μg。

【预防】　谨慎使用磺胺类药物。如必须使用时，饲料和药物要充分混匀，要严格掌握用药剂量和疗程，连续用药时间不超过一周。在使用此药时，应使禽群充分饮水，促进药物排出，避免蓄积中毒，同时适当补充维生素 K、维生素 B。采用2 ~ 3 种磺胺类药联合使用的方法，可提高治疗效果，减慢细菌耐药性的形成，并且用药量相对减少，药物毒性反应也较轻。

二、喹乙醇中毒

喹乙醇又名倍育诺、快育灵、喹酰胺醇，本品为浅黄色结晶粉末，无臭、味苦，溶于热水，微溶于冷水，在乙醇中几乎不溶。具有生长作用和良好的抗菌作用。但其安全范围小，若使用不当会引起中毒。

【病因】 由于用药量过大，或者大剂量连续应用所致。喹乙醇作为家禽生长促进剂，一般在饲料中加入 25 ~ 30mg/kg（g/t）。预防细菌性传染病，一般在饲料中添加 100mg/kg 喹乙醇，连用 7d，停药 7 ~ 10d。治疗量一般在饲料中添加 200mg/kg 喹乙醇，连用 3 ~ 5d，停药 7 ~ 10d。据报道，饲料中添加 300mg/kg 喹乙醇，饲喂 6d，鸡就呈现中毒症状。饲料中添加 1 000mg/kg 喹乙醇饲喂 240 日龄蛋鸡，第三天即出现中毒症状。喹乙醇在鸡体内有较强的蓄积作用，小剂量连续应用，也会蓄积中毒。

【症状】 病鸡精神沉郁，缩头嗜睡，羽毛松乱，减食或不食，排黄色水样稀粪。鸡喙、冠、颜面及鸡趾变紫黑，卧地不动，很快死亡。轻度中毒时，发病较迟缓，大剂量中毒时，可在数小时内发病。产蛋鸡产蛋急剧下降，甚至绝产。对喹乙醇中毒，雏禽比成禽敏感，雄性比雌性敏感。剖检变化发现，皮肤、肌肉发黑，血液凝固不良。消化道出血尤以十二指肠、泄殖腔严重，腺胃乳头和乳头间出血，肌胃角质层下有出血斑、点，腺胃与肌胃交界处有黑色的坏死区。心冠状脂肪和心肌表面有散在出血点，心肌柔软。肝肿大有出血斑，色暗红，质脆，切面糜烂多汁，脾、肾肿大，质脆。成年母鸡卵泡萎缩、变形、出血。输卵管变细。

【诊断】 根据有大剂量或连续应用喹乙醇的病史，临床特征及剖检变化可诊断。应注意与典型新城疫鉴别，新城疫有呼吸道症状、口流黏液、黄绿色稀便、抗体水平高低差距大。

【防治】 严格掌握添加量，家禽拌料量为 25 ~ 35mg/kg。发现中毒时，立即停药，并以 5% 葡萄糖溶液和电解多维饮水；或用 5% 硫酸钠溶液给患鸡连饮 3d，并补充适量葡萄糖水和维生素 C。

病例分析

病例一：某日，一畜主早上贪图方便，用苦楝子碾碎拌入饲料，同槽饲喂每头约 45kg 重的 5 头猪，驱蛔虫。上午 8 时求诊，兽医赶到他家时，1 头猪已经反应消失，瞳孔散大，体温降到 34℃，死亡，其他猪表现精神不振，食欲减退或废绝，流涎，有时呻吟，用嘴拱地，腹痛腹胀，四肢无力，步态不稳，站立困难。重度中毒的猪表现为口吐白沫，呕吐，全身震颤，痉挛，前肢反应迟钝，后肢无力，以致四肢麻痹，卧地不起，嘶叫，呼吸困难。

病例二：2011 年 4 月 20 日上午，一头病牛被牵到兽医院门诊部，畜主告知，牛昨晚可能吃了一些倒掉的马铃薯芽，早晨发现牛腹胀、流涎、食欲减退。经临床检查发现病牛精神沉郁、流涎、腹胀，在病牛的口唇周围、肛门、阴道、后肢、乳房、头、颈部出现湿疹，听诊心率减少，体温下降，呼吸困难。

病例三：某肉鸡场饲养的 40 日龄肉鸡，近期时常出现病鸡，其症状为眼睛流泪，分泌物多，个别鸡盲目运动，精神状态、饮食欲变化不大，体温正常，腿部皮肤黄色变淡。

病例四：某鸡场新进一批肉鸡，为了节省饲料成本，自己配料，20 日龄后出现个别生长快的鸡精神沉郁，不愿走动，行走时飞节着地，病鸡脚趾向内蜷曲或两侧均为内偏，严重时两趾出现完全蜷曲，似拳头样，行走时似踩高跷。消瘦，贫血，体温正常。

病例五：某猪场 40 日龄仔猪近期食欲降低，精神沉郁，生长缓慢，消瘦，有异嗜现象，前肢屈曲呈跪地姿势，腿发抖，不能迈步，重者可见硬腭肿胀而致口腔不能闭合。体温正常。

病例六：某日，一养殖户购买了 250 只土杂鹅，上笼育雏前没有给雏鹅进行任何免疫。为了加强雏鹅的抵抗力，从 4 月 10 日开始，在鹅饲料中添加了土霉素和克球粉，连续饲喂了 10d。从第 6d 起鹅开始出现轻微的啄毛。自此，鹅病情加重，出现了大量的啄毛现象，还表现出易惊、怕冷、狂叫不止、在舍内转圈等神经症状，且采食量、饮水量猛增（受惊后则不饮、不吃），脚和嘴色泽由深黄变浅黄，脚发凉，背部皮肤变色、干燥，走起路来脚尖着地，不听使唤，嘴流黏液。

要求：

1. 对以上病例，依据所给临床症状，提出初步诊断。
2. 写出治疗原则。
3. 制定出治疗措施，开出正规处方。

第八章

家禽疾病

知识目标：

◇ 掌握常见家禽内科疾病如家禽痛风、肉鸡腹水综合征、卵黄性腹膜炎、脂肪肝综合征等疾病的诊疗方法。

◇ 理解常见家禽疾病的概念和防治原则。

◇ 了解常见家禽疾病的发病机制。

技能目标：

◇ 能应用所学知识诊治常见家禽疾病。

◇ 能测定血液和饲料中主要营养物质的含量。

◇ 能使用常用诊疗仪器和器械，对家禽疾病进行诊断和治疗。

一、家禽痛风

家禽痛风是由于蛋白质代谢障碍或肾脏受损导致尿酸盐在体内蓄积的营养代谢障碍性疾病。临床上以病禽行动迟缓，腿、翅关节肿大，厌食，跛行，衰弱和腹泻为特征。其病理特征为血液中尿酸盐水平增高，尿酸盐在关节囊、关节软骨、内脏、肾小管及输尿管中沉积。痛风可分为关节型和内脏型两种。近年来，集约化饲养的鸡群，尤其是肉仔鸡、蛋鸡群发病率很高，该病是常见的禽病之一。

【病因】　家禽痛风的致病因素很多，而且两种类型的痛风发病因素也有一定的差异，可归纳为两个方面。

1. 尿酸盐生成过多

（1）高蛋白饲料：大量饲喂富含核蛋白和嘌呤碱的蛋白质饲料，可产生过多尿酸盐。高蛋白饲料是指禽类饲料中粗蛋白含量超过28%。这类饲料有动物内脏（肝、肠、脑、肾、胸腺、胰腺）、肉屑、鱼粉、大豆、豌豆等。

（2）遗传因素：在某些品系的鸡中，存在着痛风的遗传易感性。有些研究者还从关节型痛风的高发鸡群中选育出了一些遗传性高尿酸血症系鸡。

2. 尿酸排泄障碍因素

（1）传染性因素：鸡传染性支气管炎病毒，其中有强嗜肾性毒株。能引起肾炎和肾损伤，造成尿酸排泄障碍。

（2）非传染性因素

中毒因素　包括一些嗜肾性化学毒物、药物及细菌毒素。能引起肾脏损伤的化学毒物有重铬酸钾、镉、铊、锌、铅、丙酮、石炭酸、升汞和草酸。化学药品中主要是磺胺类药物中毒；而霉菌毒素中毒因素更显重要，如赭曲霉毒素、黄曲霉菌毒素、桔青霉菌毒素等。

营养因素　最常见的是禽日粮中长期缺乏维生素 A，导致肾小管和输尿管上皮细胞代谢障碍，造成尿酸排出受阻。其次高钙低磷和镁过高，均可引起尿石症损伤肾脏，导致尿酸排泄受阻。饮水不足或食盐过多，造成尿液浓缩，尿量下降，进而导致尿酸排泄障碍。据报道，对 18 周龄以下的鸡，饲喂含钙量 0.9% 以上的饲料，产蛋鸡的饲料含钙量达 3% ~ 3.5%，饲喂 50 ~ 60d 即可发生痛风。

【症状】　本病多呈慢性经过，病禽表现为全身性营养障碍，食欲减退，逐渐消瘦，羽毛松乱，精神委靡，禽冠苍白，不自主地排出白色黏液状稀粪，含有多量尿酸盐。母鸡产蛋量降低，甚至完全停产。血液中尿酸水平持久增高至 150mg/L 以上，甚至可达 400mg/L。

临床表明，两种类型痛风的发病率有较大差异。在临床上，以内脏型痛风为主，而关节型痛风较少发生。

内脏型痛风　主要是营养障碍，病禽的胃肠道紊乱症状明显，腹泻，粪便白色，厌食，衰弱，贫血，有的突然死亡。血液中尿酸水平增高。此特征颇似家禽单核细胞增多症。

关节型痛风　一般呈慢性经过，病鸡食欲降低，羽毛松乱，多在趾前关节、趾关节发病，也可侵害腕前、腕及肘关节，关节肿胀，初期软而痛，界限多不明显，中期肿胀部逐渐变硬，微痛，形成不能移动或稍能移动的结节，结节有豌豆大或蚕豆大小。病后期，结节软化或破裂，排出灰黄色干酪样物，局部形成出血性溃疡。病禽往往呈蹲坐或独肢站立姿势，行动困难，跛行。

【诊断】　根据病因、病史和特征性症状和病理变化可作出诊断。必要时采集病禽血液检测尿酸含量或采集腿、肢肿胀处的内容物作显微镜观察，见到尿酸盐结晶，可进一步确诊。

【治疗】针对具体病因采取切实可行的措施，往往可收到良好的效果。

目前尚没有特别有效的治疗方法。可试用阿托方（又名苯基喹啉羟酸）0.2 ~ 0.5g/kg 体重，每天 2 次，口服；但伴有肝、肾疾病时禁止使用，此药可增强尿酸的排泄和减少体内尿酸的蓄积及减轻关节疼痛。有的试用别嘌呤醇 10 ~ 30mg/kg 体重，每天 2 次，口服。其化学结构与次黄嘌呤相似，是黄嘌呤氧化酶的竞争抑制剂，能减少尿酸的形成。用药期间可导致急性痛风发作，供给秋水仙碱 50 ~ 100mg/kg 体重，每天 3 次，可使症状缓解。

【预防】　在鸡的饮水中加入 5% 的碳酸氢钠，配成 0.1% ~ 0.5% 的浓度饮水，加入适量的氨茶碱和维生素 A、维生素 C 等，以及改善饲养管理条件，防潮、通风、减少鸡群的应激因素，对预防本病的发生有重要意义。

实践表明，在饲料中加 2% 鱼肝油乳剂，并增加病禽光照时间，适当增加运动，改变饲料后，轻微痛风病例逐渐康复，新病例未见发生。

二、肉鸡腹水综合征

肉鸡腹水综合征又称"肉鸡腹水症"、"肉鸡肺动脉高压综合征"、"心衰综合征"、"高海拔病"，主要危害快速生长幼龄肉鸡，以浆液性液体过多地聚积在腹腔，右心扩张肥大，肺部淤血水肿和肝脏病变为特征的非传染性疾病。临床上以病鸡腹部膨大，腹部皮肤变薄发亮，站立时腹部着地，行动缓慢，严重病例鸡冠和肉髯紫红色，抓捕时突然死亡为特征。该病主要发生于肉鸡，尤其是 4 ~ 6 周龄的肉仔鸡，也见于火鸡、肉鸭、蛋鸡、雏鸡和观赏禽类。

【病史】 1946 年首次报道于美国，当时是雏火鸡发生，1958 年北美的一些地方连续报道本病的发生。随后，腹水症很快成为高海拔（海拔 1 500m 以上）寒冷地区养鸡业的常见病，当初认为该病发生与海拔高度有关，故称为"高海拔病"。该病的突出症状是腹腔内积有多量液体，因此称为腹水症。近年来在世界许多国家陆续出现，且发病率和死亡率都呈上升趋势，给养鸡业带来的危害日益加重，与猝死综合征、生长障碍综合征一起被认为是目前对肉鸡养殖威胁最为突出的三种新疾病。

中国 1986 年开始见有此病的报道，江苏、青海、河南、甘肃、浙江、福建、北京、上海、山东、吉林、湖北等省市鸡场曾有发生。

【发病特点】

1. 发病地区 在高海拔地区和高钠盐区，腹水症的发病率高。1940 年首次发生于美国，其后发生于南美、墨西哥、南非、玻利维亚、秘鲁、厄瓜多尔、哥伦比亚、肯尼亚等一些高海拔地区。近些年也见于非高海拔的国家。最近发现，钠盐含量过高的沿海，其发病率亦高。

2. 品种与性别 快速生长期的肉仔鸡如罗斯、AA 鸡、艾维茵、红宝、三黄鸡等常发生本病，其中艾维茵鸡、AA 鸡略高于其他品种的肉鸡。雄鸡发病率高。据陈仁桃等报道，艾维茵公鸡发病率为 1.07%，母鸡的发病率为 0.14%；夏成报道，商品肉公鸡发病率为 64.7%，母鸡发病率为 35.29%。也有报道公鸡的发病率达 72%。公鸭发病率比母鸭多。

3. 发病日龄 主要发生于快速生长的幼龄仔鸡，最早见于出壳后的 3 日龄仔鸡，发生在 4~10 周龄的鸡，以 3~5 周龄多发。发病与肉鸡快速生长有密切关系。

4. 季节性 发病有较明显的季节性，寒冷季节发病率高。柴田勋等采用低温（−5~5℃）饲养 3~9 周龄肉鸡，复制出腹水症，发病率 16.7%。美国佐治亚州冬季的几个月里，2 周龄肉仔鸡死亡原因，有一半是腹水症。刘深延等报道，冬季发病率最高（约占 70%），死亡率也高于其他季节（达 40%），其他季节死亡率为 20% 左右。肖明报道，29 和 35 周龄伊沙褐蛋鸡的腹水症在寒流后发生，产蛋率下降 10% 左右。

5. 与饲养环境有关 饲养环境差，发病率高。据钟学军调查，腹水综合征的发生与饲养环境密切相关。饲养密度过大，通风不良，卫生条件差，鸡舍一氧化碳、二氧化碳、氨气浓度过大，氧相对不足等均可导致鸡发病。张书杰（1996）通过对比试验结果表明，饲喂高能量饲料，舍内条件差，通风不好，气味浓的鸡舍中 AA 肉鸡出现了严重的腹水症。

6. 死亡率 出现死亡率高峰多见于 4~6 周龄肉鸡。墨西哥、秘鲁高原地带病鸡的死亡率达 15%，有的国家病鸡死亡率为 1%~13%，最高达 42.4%。

【病因及发病机理】肉鸡腹水症的病因较为复杂，其中最重要因素是缺氧，肺动脉血压升高，导致右心衰竭，肝脏门脉循环及腹腔内脏器官血压升高。同时与下列因素有关：

1. 遗传因素 肉鸡是能自发性发生肺动脉高压的动物。育种学家在选育肉鸡的品种中是以增重为目的的，但是随着肉鸡体重的增加，肺容积与体重的比重变小。据报道，肉鸡的肺容积占体重之比比野鸟小 20%~30%，因而 144 日龄的肉鸡比 1 日龄肉鸡的肺容积与体重之比减少 32%。Odom（1993）的试验显示，公鸡在出壳后的头 3 周内，肺部血管阻力和肺内压始终比正常高 40%，他认为肉鸡肺部血管系统没有跟上机体的发育和成熟的程度，是产生慢性肺动脉高血压的基础。

因此，当肉鸡快速生长时，代谢率增强，需要更多富含氧的血液来维持，机体反馈性调节使心脏输往肺部的血液增多，以换回更多的氧气。但肺的体积和可容纳的血量并没有增加，这就引起肺部动脉压上升，使得右心室向肺供血的阻力增大，使右心室扩张和肥大，久之则右心衰竭，促使组织与内脏器官血液回流障碍，使内脏器官和静脉淤血，尤以肝脏为甚，淤血导致血液的液体成分渗出而发生腹水。

2. 原发性病因　慢性缺氧或因机体需氧量增加而造成相对缺氧，是引起肉鸡腹水症的原发性因素。

高海拔地区，大气中氧浓度减少；

饲养密度过大，鸡舍换气不良，或低海拔地区鸡舍冬季寒冷，关禁饲养，舍内一氧化碳、二氧化碳、氨气及尘埃浓度增高，氧气浓度下降，形成慢性缺氧环境；

高能量和高蛋白饲养条件下，或者光照时间长，使鸡采食增加，生长速度加快，机体需氧量增加；

孵化时鸡胚缺氧，从孵化开始，因孵化室封闭较严，造成缺氧的环境。

由于上述原因造成的缺氧，或在低氧环境下，机体一方面反馈性地使呼吸和心搏加强，输往肺部的血液增多，肺动脉血压上升；另一方面，机体缺氧使氧化还原酶活性降低，糖分解过程障碍，丙酮酸和乳酸含量增加，导致中毒、肺血管收缩、肺动脉血压上升、发生腹水症。而有害气体引起呼吸困难、呼吸减慢或呼吸暂停，导致氧气吸入减少，在其腹水症发生过程中也有同上的致病性。

3. 继发性因素

（1）中毒：食盐、药物、霉菌毒素或植物毒素中毒均可导致腹水症。有的毒物可使毛细血管的脆性和通透性增加，有的则破坏凝血因子或损伤骨髓造成贫血性缺氧。

（2）营养水平：日粮中磷缺乏，肉鸡易患佝偻病。由于病鸡的肋骨软化，胸廓变窄，影响呼吸功能，导致相对性缺氧而造成腹水症，但硒和维生素E缺乏与腹水症发生率间的关系已进一步明确。苏琪等（1994）报道在高海拔（3 900m）、缺氧和缺硒条件下，血硒仅为正常值的1/10，补硒后，血硒增加13～23倍，腹水症死亡率明显减少。减少率与海拔高度呈正相关。

（3）疾病因素：应激、曲霉菌性肺炎、大肠杆菌、沙门氏杆菌等均可引起呼吸系统、心脏和肝脏的病变，从而继发腹水症。

【**症状**】　本病多为群发性，其突出的症状是病鸡腹部膨大，用手触诊有波动感，穿刺时有多量草黄色透明液体流出。病鸡动作迟缓，精神委靡不振，走路呈鸭步样，有的站立困难，以腹部着地似企鹅状，有时发出怪叫声。病鸡肉髯及冠部、腹部皮肤发绀，体温正常，呼吸困难，心跳加快。有的病鸡拉稀。常在出现腹水后1～3d内死亡。

血液学检查：病鸡红细胞数、血红蛋白量、红细胞压积显著升高。白细胞和嗜中性白细胞增多。血清总蛋白、血液总胆固醇值降低，血清谷草转氨酶活性升高，血钾值升高。

【**诊断**】　根据病鸡腹部膨大，腹部皮肤变薄发亮和站立腹部着地，行走呈鸭步状等特征性临床症状，结合腹水、右心扩张、肝脏病变及病史分析，可初步诊断。必要时可作血液检查，作出确诊。

【**治疗**】治疗原则是改善和加强心、肺功能，减缓或终止腹水形成及对症治疗。

选用健脾利水、助消化的中草药，并在饲料中添加维生素C和维生素E，补硒和补抗生素等对症治疗，对减少发病和死亡有一定帮助。给鸡群饮用 0.2% 浓度"腹水消"和"腹水停"等中草药制剂，连用 3d。特效腹水康（主要成分为茯苓、姜皮、泽泻、木香、白术、厚朴、大枣、山楂、甘草和维生素 C），按 1.5% 混饲，连用 3 ~ 5d。"腹水克星"每羽 0.5g，拌料饲喂，连用 3 ~ 4d。

双氢克尿塞，每只 4 ~ 5mg，口服，每天 2 次，连用 3d。

在鸡饮水中按 0.05% 比例加入维生素 C，并在鸡饲料中拌入氯化胆碱（每吨饲料加 5% 氯化胆碱 1 000g），能显著控制腹水症的发展和发生。

在饲料中添加 125mg/kg 脲酶抑制剂，并在低压条件下，在日粮中添加 1% 亚麻油，可降低腹水症的死亡率。

【预防】

选育出对缺氧和腹水症有抗性的肉鸡新品种。

改善孵化和饲养环境。于孵化后期，适当向孵化器内补氧可产生有益作用。

早期限饲，控制生长速度，日粮中补充维生素 C、维生素 E 和硒。

合理搭配饲料，按照肉鸡生长需要供给优质饲料，减少高油脂饲料，按营养要求适当添加食盐和补充磷、钙。

不用发霉变质的饲料，合理使用药物及消毒剂，防止对心、肝、肺造成损伤。

控制大肠杆菌等传染性疾病。

三、脂肪肝综合征

脂肪肝综合征，又称脂肪肝出血综合征，是以肝脏发生脂肪变性为特征的一种营养代谢性疾病。临床上以病禽个体肥胖，产蛋减少，个别病禽因肝功能障碍或肝破裂、出血而死亡为特征。该病主要发生于笼养产蛋鸡，但平养的肉用型种鸡及蛋鸡也有发生。

脂肪肝综合征最早见于美国 1956 年的报道。随着养禽业的发展，在中国浙江、甘肃、安徽、河南、福建、青海、陕西、江苏等省陆续有鸡、鸭发病的报道。发病鸡群产蛋率比正常低 20% ~ 30%，死亡率仅为 2% 左右。

【病因】

1. 饲料因素　有以下几种。

高能量、高蛋白饲料都会转化为脂肪。鸡场饲喂试验表明，为了提高鸡的产蛋率而过多的提高蛋鸡饲料中的粗蛋白的含量，让鸡自由采食而使食入过量的饲料，结果引起了脂肪肝综合征。国外有人试验，发现饲喂玉米、大豆日粮的鸡群脂肪肝综合征发生率比饲喂小麦、大豆日粮的要多。

饲料中缺乏胆碱、烟酸、锰、蛋氨酸、维生素 E 等容易引起禽类脂肪肝综合征。

饲料中霉菌毒素（如黄曲霉毒素、青霉菌毒素）和菜籽饼含量过多都能引起脂肪肝综合征。有人发现，在温暖潮湿的南方地区，饲料易发霉变质，而采食霉饲料的鸡群，易发生脂肪肝综合征。

2. 其他因素　许多报道认为，遗传背景对脂肪肝综合征有重要影响，例如高产蛋量品系对脂肪肝综合征较为敏感，由于产蛋量高是与高雌激素活性有关，而雌激素可刺激肝脏合成脂肪。

此外，饲养密度大，环境温度高，应激频繁都会促使脂肪肝综合征的发生。这可能与笼养时活动量小，能量消耗少而使脂肪过度沉积，以及在温度过高等应激条件下可使代谢加快而失去平衡有关。

【症状】　发病和死亡的家禽多数为母禽，并过度肥胖，其体重比正常高出 20%。尤其是体况良好的鸡、鸭更易发病。发病鸡、鸭全群产蛋率减少（产蛋率常由 80% 以上降低至 50%），有的停止产蛋。常突然发病，喜卧、腹下软绵下垂，冠和肉髯褪色、甚至苍白。严重者嗜眠，瘫痪，体温 41.5 ~ 42.8℃，进而肉髯和冠及脚变冷，可在数小时内死亡。一般从发病到死亡约 1 ~ 2d。

病禽血清胆固醇增高达 6 050 ~ 11 480mg/L 以上（正常为 1 120 ~ 3 160mg/L），血钙高达 280 ~ 740mg/L（正常为 150 ~ 206mg/L），血浆雌激素增高，平均含量为 1 019μg/ml（正常含量为 305μg/ml）。

【诊断】　根据病因、发病特点、临床特征和血液化验指标，以及特征性病理变化，一般可作出诊断。但注意与脂肪肝和肾综合征相鉴别，后者，主要发生于肉仔鸡，肝和肾均有肿胀，多死于突然嗜睡和麻痹。

【治疗】本病无特效治疗方法，每 1kg 饲料中加入 22 ~ 110mg 胆碱，连用 7d，有一定效果。在每吨日粮中补加氯化胆碱 1 000g，维生素 E 10 000 IU，维生素 B_{12} 12mg，肌醇 900g，连续喂 10d，有一定的效果。

【预防】

1. 饲料配方要科学，合理的日粮能量，以减少脂肪肝综合征　国外有资料报道，通过额外添加富含亚麻酸的花生油来减轻脂肪肝综合征。

2. 在饲料中添加某些营养物质　有资料介绍，饲料中添加胆碱、肌醇、甜菜碱、蛋氨酸、维生素 E、维生素 B_{12}、锰、亚硒酸钠等对预防和控制脂肪肝综合征都有一定的作用。

3. 重视蛋用鸡育成期的日增重　在 8 周龄时应严格控制体重，不可过肥。开产后，加强饲养管理，适当控制光照时间，保持舍内环境安静，温度适宜，不喂发霉变质的饲料，尽量减少噪声、捕捉等应激因素，对防止脂肪肝综合征亦有较好的效果。

四、卵黄腹膜炎

卵黄性腹膜炎是由于卵子进入腹腔或输卵管破裂，导致卵黄进入腹腔，形成黄色干酪样团块，释放出一种混浊的黄卵液，覆盖在腹膜上或内脏器官的表面而使卵巢、输卵管及腹膜发生炎症的疾病。临床上以病禽腹部下垂，行走迟缓，食欲不振，停止产蛋，触诊腹部及泄殖腔周围有硬块为特征。本病多发于产蛋母鸡和母鹅。

【病因】

1. 病原微生物作用　当产蛋期家禽感染禽副伤寒、鸡白痢沙门氏杆菌，尤其是感染大肠杆菌时，可见输卵管增厚，有畸形卵阻滞，甚至卵破裂溢于腹腔内，导致卵黄性腹膜炎。临床上，母鹅或母鸡大肠杆菌病引起的卵黄腹膜炎，俗称"蛋子瘟"。

2. 营养因素　由于饲料中钙、磷及维生素 A、D、E 不足，或蛋白质过多，使代谢发生障碍，卵巢、卵泡膜或输卵管伞损伤，致使卵黄落入腹腔，诱发腹膜炎。

3. 应激因素　据报道，当成熟卵黄即将向输卵管伞落入时，鸡突然受到惊吓，卵黄往往可误落入腹腔中，引起腹膜炎。

【症状】 病初，母鸡不产蛋，随后则精神不振，食欲下降，腹部下垂，行走不便，触诊腹部及泄殖腔周围，病禽疼痛，手感有硬块或有时有液体波动。多数母鸡腹部拖地，有的很快死亡，但大多数呈慢性经过，往往发生贫血、下痢以及呈现进行性消瘦。尸体剖检，腹部肥大而下垂，腹腔内有黄色干酪样团块，或有一定量的混浊卵液。根据临床特征和腹部触诊，一般可作出诊断，必要时进行尸体剖检，进一步确诊。

【防治】 本病无治疗意义，发现病禽应作淘汰处理。

预防主要是保证母鸡有足够的运动，供给丰富的钙、磷及维生素饲料，调整蛋白质日粮。产蛋时避免惊扰，肥育不能过度。在选育产蛋母鸡时也要注意体型。此外，还应及时防治鸡白痢、禽副伤寒沙门氏杆菌病与大肠杆菌病。

五、家禽嗉囊疾病

禽类嗉囊的主要功能是贮存、浸泽和软化食物。鸡的嗉囊较发达，食物充满时，呈球状突出胸前而偏右侧，鸭、鹅没有真正的嗉囊，仅在食管颈段形成一纺锤形扩大部以贮存食物。嗉囊壁的构造与食管相似，黏膜内有大量黏液腺分泌黏液，肌膜也由外纵肌层和内环肌层组成，以进行收缩和运动。在嗉囊内含有大量的微生物，对食物进行初步的发酵作用。多数人认为，嗉囊疾病与寄生虫和霉菌的寄生有关。

(一) 嗉囊卡他

嗉囊卡他，又称软嗉病，是嗉囊黏膜的一种炎症。临床上以嗉囊黏膜发炎、显著膨胀和柔软为特征。本病多见于雏禽，偶见于成年禽。

【病因】 本病发生的原因，主要是家禽采食了霉败变质和容易发酵的饲料，如变质鱼粉、腐肉、酒糟等，在嗉囊内腐败发酵，产生有毒分解产物和气体；过食或采食了难以消化的食物，长期停滞在嗉囊中刺激和使嗉囊胀满，引发本病。

此外，寄生虫（鸡的胃虫）、鹅口疮、维生素缺乏等引起嗉囊肌肉弛缓；某些中毒，如磷、砷、食盐及氯化物中毒均可导致该病。有些传染病，如鸡新城疫、法氏囊炎等以及饲养管理不当，如舍温过低或忽高忽低或饲槽过高，雏鸡体小嗉囔在饲槽处刺激，或者突然变换饲料等均可诱发本病。

【症状】 病禽食欲减退乃至不食，精神委靡，羽毛蓬松，嗉囊膨大，柔软，囊内充满大量气体，用手触摸，嗉囊柔软、富有弹性，有如触摸橡皮球一样，故称软嗉病，当用手挤压时，口腔中流出带黄色酸臭黏液，并混有气泡，发出恶臭或酸败的臭味。严重病禽，常见反复伸颈，吞咽困难，频频张嘴，呼吸极度困难。由于嗉囊发炎，收缩力减弱，消化机能紊乱，病禽迅速消瘦、衰弱，最终因窒息而死亡。本病多呈急性经过，若病期延长则可发展为嗉囊下垂。

【诊断】 本病特征性病变为禽冠呈紫色，嗉囊充满浆液及黏液性液体或气体，嗉囊柔软，黏膜易脱落。病禽嗉囊膨大，充满气体或液体，触诊柔软或有波动感，结合病史即可作出诊断。

【治疗】

1. 清除嗉囊内容物 将病禽尾部抬高，头朝下，并轻轻挤压嗉囊，使酸臭液体经口排出，再灌服或嗉囊注射 0.2% 的高锰酸钾溶液或 1.5% 的碳酸氢钠溶液，至嗉囊略感膨胀时，轻轻揉捏嗉囊 1~2min，再倒提病禽使之排出药液。在注入或挤出药液过程中，用力不宜过猛，同时防止消毒液进入气管。冲洗完毕后，给予消毒或收敛药液，如 2% 硼酸、1% 硫酸亚铁或 3% 明矾等，每次一茶匙。并在饮水中加入 1% 稀盐酸或 5% 人工盐。也可在冲洗后喂服大黄苏打片（雏鸡每只 1/6 片，成年鸡每只 1/3 片），以中和发酵时产生的酸，兼有健胃功效。如嗉囊内气体较多，可用细橡皮管或导尿管插入嗉囊放气，并灌服适量活性炭，吸附有毒气体，减轻症状。

2. 消炎、杀菌 除在冲洗嗉囊后采用上述措施外，也可按每千克禽体喂给氨苄青霉素 5 000IU，土霉素 0.05 ~ 0.07g 或磺胺类药。亦可用大蒜一瓣，加酵母片 0.5g，大黄苏打片 0.15g 饲喂。每天 2 次。

经试验证实，绿茶叶 30g 煎水，冷后，喂 1 000 只雏鸡，每天 2 次，具有中和酸的作用，并兼有健胃、助消化、利尿、杀菌和增加维生素等治疗作用。

【预防】 本病的预防主要是加强饲养管理，防止饲喂霉败变质的饲料、容易发酵和粗硬而不易消化的饲料；防止各种毒物中毒；饲喂时不宜饲喂过饱。禽舍应保持温暖和防止潮湿，保证饮水清洁、充足。

（二）嗉囊阻塞

嗉囊阻塞，亦称硬嗉病，是因嗉囊内容物积滞，不能向胃肠运送而引起。临床上以嗉囊膨大、坚硬为特征。各种年龄的家禽都可发病，其中雏鸡、幼鸭多见。

【病因】 长期饲喂粗硬纤维和发霉的饲料，采食过量的干硬谷物，如玉米、高粱、麦秸、籽实或骨片、破布、绳索、玻璃片等均可使嗉囊阻塞扩张。此外，突然增加饲料或劣质饲料转换为优质饲料，饥饱不均或维生素及矿物质缺乏等也都可诱发本病。

【症状】 病禽食欲减退或不食，精神沉郁，呆立不动，冠髯青紫色，翅下垂，表现不安。病禽嗉囊高度膨胀而坚硬，长时间不能排空。若嗉囊蓄积气体，常张口并流出恶臭、淡色液体，具有酸败难闻的气味。

嗉囊阻塞的病禽，轻者影响食物的消化和吸收，使其生长发育迟缓、贫血和消瘦，蛋鸡则产蛋量下降或停产；重者，可导致腺胃、肌胃和十二指肠全部发生阻塞，使整个消化道处于麻痹状态，有时造成嗉囊破裂或穿孔，导致死亡。

【诊断】 嗉囊膨大而且坚硬是诊断本病的主要依据。尸体剖检，嗉囊中有大量粗硬、带壳的谷粒堆积，或积滞大量干、硬的异物。内容物坚实，嗉囊壁弛缓而胀满。

【治疗】

1. 治疗原则 排出嗉囊内的阻塞物，加强护理。

2. 治疗措施 轻度阻塞时可给病禽饲喂 20 ~ 30ml 植物油或 2 ~ 10ml 白醋，也可直接从嗉囊注入；将病禽头向下垂，尾部抬高，然后轻轻按摩嗉囊，使停滞在嗉囊内的食物软化，阻塞物向下排入食道。也可嗉囊内注入 1.5% 碳酸氢钠溶液或生理盐水，轻轻揉压嗉囊，使积食和水从口腔排出，可反复进行，直至将阻塞物排完为止。

当上述治疗方法无效时，可采取嗉囊切开，取出阻塞物。切口宜沿嗉囊正中线，嗉部拔毛，用 2% 碘酊消毒，作 3 ~ 4cm 长的切口，切开皮肤和浅筋膜，再切开嗉囊前壁，用镊子取出嗉囊阻塞物。然后先缝合嗉囊，再缝合皮肤，并用碘酊消毒切口。手术后禁食、禁水 12h，1 ~ 2d 内喂些易消化的饲料，一周后拆去皮肤缝线，即可恢复正常。

【预防】 本病预防宜从加强饲养管理着手，严格遵守饲喂制度，坚持定时、定量、定质饲喂，经常清扫禽舍，清除各种异物，保证充足饮水和适当运动。

饲料中的纤维含量应适当，一般不超过3%，成年鸡饲料中不超过5%。不喂干硬、难以消化的饲料，防止家禽啄吃难消化的食物。预防异食癖的发生。

病例分析

病例一：某鸡场饲养的肉鸡，40日龄，近期食欲减退，精神委顿，饮水增加，羽毛松乱，鸡冠苍白，呆立，排石灰水样粪便。剖检肾脏肿大、色苍白，表面有白色花纹（花斑肾），其内充满石灰样沉淀物。

病例二：某鸡场饲养的肉鸡，40日龄，近期部分鸡只精神沉郁，食欲减退，不愿活动、常斜卧，腹部皮肤发红，皮肤血管充血，羽毛粗乱无光泽，生长迟滞，呼吸困难，心跳加快，冠皱缩，严重时发绀，体温正常。患鸡走路呈企鹅状，下腹部明显膨大，状如水袋，触诊有波动感。腹腔穿刺流出透明清亮液体或淡黄色液体，有时混有少量血细胞或纤维蛋白凝块。

病例三：某鸡场饲养的肉鸡，个别体况极佳的鸡喜卧、腹下软绵下垂，无前驱症状而突然死亡。剖检体腔内有血凝块，肝脏被膜下有血凝块。

要求：

1. 根据以上病例症状及资料进行综合分析并判定病名。
2. 拟定治疗方案。
3. 开出正规处方。

参考文献

［1］陈可毅．实用水牛疾病学［M］．长沙：湖南科学技术出版社，1994

［2］陈玉库，周新民．犬猫内科学［M］．北京：中国农业出版社，2006

［3］陈振旅．实用家畜内科学［M］．上海：上海科学技术出版社，1980

［4］程安春．现代禽病诊断和防治全书［M］．重庆：四川大学出版社，1997

［5］邓华学．中兽医学［M］．重庆：重庆大学出版社，2007

［6］甘孟候．中国禽病学［M］．北京：中国农业出版社，1999

［7］高得仪．犬猫疾病学（第二版）［M］．北京：中国农业大学出版社，2001

［8］高福，苏敬良主译．禽病学（第十版）［M］．北京：中国农业出版社，1999

［9］韩谦，郑四军等译．默克兽医手册（第七版）［M］．北京：中国农业大学出版社，1997

［10］何得肆．动物临床诊疗与内科病［M］．重庆：重庆大学出版社，2007

［11］贺普霄．家畜营养代谢病［M］．北京：中国农业出版社，1999

［12］黄有德，刘宗平．动物中毒与营养代谢病学［M］．兰州：甘肃科技出版社，2001

［13］姜聪文等．中兽医学［M］．北京：中国农业出版社，2006

［14］金惠铭．病理生理学（第五版）［M］．北京：人民卫生出版社，2000

［15］李国江．动物普通病［M］．北京：中国农业出版社，2001

［16］李毓义，杨宜林．动物普通病学［M］．吉林：吉林科学技术出版社，1994

［17］李祚煌．家畜中毒及毒物检验［M］．北京：农业出版社，1994

［18］倪有煌，李毓义．兽医内科学［M］．北京：中国农业出版社，1996

［19］谈建明．实用禽病学［M］．上海：同济大学出版社，1994

［20］王建华．家畜内科学（第三版）［M］．北京：中国农业出版社，2003

［21］王建华．动物中毒病及毒理学［M］．西安：天则出版社，1993

［22］王俊东，董希德．畜禽营养代谢与中毒病［M］．北京：中国林业出版社，2001

［23］王小龙．兽医内科学［M］．北京：中国农业大学出版社，2004

［24］王宗元．动物营养代谢病和中毒病学［M］．中国农业出版社，1997

［25］文传良．兽医验方新编［M］．成都：四川科学技术出版社，1990

［26］西北农学院．家畜内科学［M］．北京：中国农业出版社，1980

［27］西北农业大学．家畜内科学（第二版）［M］．北京：农业出版社，1985

［28］肖定汉．奶牛病学［M］．北京：北京农业大学出版社，2002

［29］胥洪灿．犬猫疾病诊疗学［M］．重庆：西南师范大学出版社，2006

［30］许以平．现代免疫学检验与临床实践［M］．上海：上海科学技术文献出版社，1999

［31］颜世铭等．实用元素医学［M］．郑州：河南医科大学出版社，1999

［32］杨风．动物营养学（第二版）［M］．北京：中国农业出版社，2001

［33］杨若等．新编中兽医学［M］．甘肃：甘肃人民出版社，1979

［34］于船．现代中兽医大全［M］．广西：广西科学技术出版社，2000

［35］于船．中兽医学［M］．北京：中国农业出版社，1979

［36］于匆．实用兽医诊疗学［M］．哈尔滨：黑龙江人民出版社，1976

［37］张乃生．畜禽营养代谢病防治［M］．北京：金盾出版社，2005